"十四五"时期国家重点出版物出版专项规划项目

| 数字中国建设出版工程·"新城建 新发展"丛书 |

梁 峰 总主编

市政基础设施智能感知与监测

袁宏永 主编

中国城市出版社

图书在版编目（CIP）数据

市政基础设施智能感知与监测 / 袁宏永主编. —北京：中国城市出版社，2023.12
（“新城建 新发展”丛书 / 梁峰主编）
数字中国建设出版工程
ISBN 978-7-5074-3663-1

Ⅰ.①市… Ⅱ.①袁… Ⅲ.①市政工程—基础设施建设—研究—中国 Ⅳ.①TU99

中国国家版本馆CIP数据核字（2023）第228811号

本书是数字中国建设出版工程·“新城建 新发展”丛书中的一本。全书共分为4篇。第1篇为基础篇，介绍市政基础设施基本情况和智能监测理念、国际经验与借鉴以及国内理念与技术革新。第2篇为方法篇，介绍了市政基础设施智能感知与监测总体架构，燃气管网及相邻地下空间、桥梁、供水管网、排水管网、城市水环境、供热管网以及综合管廊的安全监测方法。第3篇为实践篇，介绍了四个全国典型创新实践案例。第4篇为展望篇，展望市政基础设施智能感知与监测的产业发展趋势并给出发展建议。本书内容全面，具有较强的实用性，对住房和城乡建设领域数字化管理水平的提高具有一定的推动意义。

本书可供城市管理者、决策者以及城市安全产业从业人员参考使用。

总 策 划：沈元勤
责任编辑：徐仲莉 王砾瑶 范业庶
书籍设计：锋尚设计
责任校对：赵 颖
校对整理：孙 莹

数字中国建设出版工程·“新城建 新发展”丛书
梁 峰 总主编
市政基础设施智能感知与监测
袁宏永 主编
*
中国城市出版社出版、发行（北京海淀三里河路9号）
各地新华书店、建筑书店经销
北京锋尚制版有限公司制版
北京富诚彩色印刷有限公司印刷
*
开本：787毫米×1092毫米 1/16 印张：16¾ 字数：316千字
2023年12月第一版 2023年12月第一次印刷
定价：**99.00**元
ISBN 978-7-5074-3663-1
（904634）

丛书编委会

本书编委会

让新城建为城市现代化注入强大动能
——数字中国建设出版工程·“新城建　新发展”丛书序

城市是中国式现代化的重要载体。推进国家治理体系和治理能力现代化，必须抓好城市治理体系和治理能力现代化。2020年，习近平总书记在浙江考察时指出，运用大数据、云计算、区块链、人工智能等前沿技术推动城市管理手段、管理模式、管理理念创新，从数字化到智能化再到智慧化，让城市更聪明一些、更智慧一些，是推动城市治理体系和治理能力现代化的必由之路，前景广阔。

当今世界，信息技术日新月异，数字经济蓬勃发展，深刻改变着人们生产生活方式和社会治理模式。各领域、各行业无不抢抓新一轮科技革命机遇，抢占数字化变革先机。2020年，住房和城乡建设部会同有关部门，部署推进以城市信息模型（CIM）平台、智能市政、智慧社区、智能建造等为重点，基于信息化、数字化、网络化、智能化的新型城市基础设施建设（以下简称新城建），坚持科技引领、数据赋能，提升城市建设水平和治理效能。经过3年的探索实践，新城建逐渐成为带动有效投资和消费、推动城市高质量发展、满足人民美好生活需要的重要路径和抓手。

党的二十大报告指出，打造宜居、韧性、智慧城市。这是以习近平同志为核心的党中央深刻洞察城市发展规律，科学研判城市发展形势，作出的重大战略部署，是新时代新征程建设现代化城市的客观要求。向着新目标，奋楫再出发。面临日益增多的城市安全发展风险和挑战，亟须提高城市风险防控和应对自然灾害、生产安全事故、公共卫生事件等能力，提升城市安全治理现代化水平。我们要坚持“人民城市人民建、人民城市为人民”重要理念，把人民宜居安居放在首位，以新城建驱动城市转型升级，推进城市现代化，把城市打造成为人民群众高品质生活的空间；要更好统筹发展和安全，以时时放心不下的责任感和紧迫感，推进新城建增强城市安全韧性，提升城市运行效率，筑牢安全防线、守住安全底线；要坚持科技是第一生产力，推动新一代信息技术与城市建设治理深度融合，以新城建夯实智慧城市建设基础，不断提升城市治理科学化、精细化、智能化水平。

新城建是一项专业性、技术性、系统性很强的工作。住房和城乡建设部网络安全和信息化工作专家团队编写的数字中国建设出版工程·“新城建　新发展”丛书，分7个专题介绍了新城建各项重点任务的实施理念、方法、路径和实践案例，为各级领导干部推进新城建提供了学习资料，也为高校、科研机构、企业等社会各界更好参与新城建提供了有益借鉴。期待丛书的出版能为广大读者提供启发和参考，也希望越来越多的人关注、研究、推动新城建。

姜万荣

2023年9月6日

丛书前言

加快推进数字化、网络化、智能化的新城建，是将现代信息技术与住房城乡建设事业深度融合的重大实践，是住房城乡建设领域全面践行数字中国战略部署的重要举措，也是举住房城乡建设全行业之力发展“数字住建”，开创城市高质量发展新局面的有力支点。

新城建，聚焦城市发展和安全，围绕百姓的安居乐业，充分运用现代信息技术推动城市建设治理的提质增效和安全运行，是一项专业性、技术性、系统性很强的创新性工作。现阶段新城建主要内容包括但不限于全面推进城市信息模型（CIM）平台建设、实施智能化市政基础设施建设和改造、协同发展智慧城市与智能网联汽车、建设智能化城市安全管理平台、加快推进智慧社区建设、推动智能建造与建筑工业化协同发展和推进城市运行管理服务平台建设，并在新城建试点实践中与城市更新、城市体检等重点工作深度融合，不断创新发展。

为深入贯彻、准确理解、全面推进新城建，住房和城乡建设部网络安全和信息化专家工作组，组织专家团队和专业人士编写了这套以“新城建 新发展”为主题的丛书，聚焦新一代信息技术与城市建设管理的深度融合，分七个专题以分册形式系统介绍了推进新城建重点任务的理念、方法、路径和实践。

分册一：城市信息模型（CIM）基础平台。城市是复杂的巨系统，建设城市信息模型（CIM）基础平台是让城市规划、建设、治理全流程、全要素、全方位数字化的重要手段。该分册系统介绍CIM技术国内外发展历程和理论框架，提出平台设计和建设的技术体系、基础架构和数据要求，并结合广州、南京、北京大兴国际机场临空经济区、中新天津生态城的实践案例，展现了CIM基础平台对各类数字化、智能化应用场景的数字底座支撑能力。

分册二：市政基础设施智能感知与监测。安全是发展的前提，建设市政基础设施智能感知与监测平台是以精细化管理确保城市基础设施生命线安全的有效途径。该分册借鉴欧美、日韩、新加坡等发达国家和地区经验，提出我国市政基础设施智能感知与监测的理论体系和建设内容，明确监测、运行、风险评估等方面的技术要求，同时结合合肥和佛山的实践案例，梳理总结了城市综合风险感知监测预警及细分领域的建设成效和典型经验。

分册三：智慧城市基础设施与智能网联汽车。智能网联汽车是车联网与智能车的有机结合。让“聪明的车”行稳致远，离不开“智慧的路”畅通无阻。该分册系统梳理了实现“双智”协同发展的基础设施、数据汇集、车城网支撑平台、示范应用、关键技术和产业体系，总结广州、武汉、重庆、长沙、苏州等地实践经验，提出技术研发趋势和下一步发展建议，为打造集技术、产业、数据、应用、标准于一体的“双智”协同发展体系提供有益借鉴。

分册四：城市运行管理服务平台。城市运行管理服务平台是以城市运行管理“一网统管”为目标，以物联网、大数据、人工智能等技术为支撑，为城市提供统筹协调、指挥调度、监测预警等功能的信息化平台。该分册从技术、应用、数据、管理、评价等多个维度阐述城市运行管理服务平台建设框架，并对北京、上海、杭州等6个城市的综合实践和重庆、沈阳、太原等9个城市的特色实践进行介绍，最后从政府、企业和公众等不同角度对平台未来发展进行展望。

分册五：智慧社区与数字家庭。家庭是社会的基本单元，社区是基层治理的“最后一公里”。智慧社区和数字家庭，是以科技赋能推动治理理念创新、组建城市智慧治理“神经元”的重要应用。该分册系统阐释了智慧社区和数字家庭的技术路径、核心产品、服务内容、运营管理模式、安全保障平台、标准与评价机制。介绍了老旧小区智慧化改造、新建智慧社区等不同应用实践，并提出了社区绿色低碳发展、人工智能和区块链等前沿技术在家庭中的应用等发展愿景。

分册六：智能建造与新型建筑工业化。建筑业是我国国民经济的重要支柱产业。打造“建造强国”，需要以科技创新为引领，促进先进制造技术、信息技术、节能技术与建筑业融合发展，实现智能建造与新型建筑工业化。该分册对智能建造与新型建筑工业化的理论框架、技术体系、产业链构成、关键技术与应用进行系统阐述，剖析了智能建造、新型建筑工业化、绿色建造、建筑产业互联网等方面的实践案例，展现了提升我国建造能力和水平、强化建筑全生命周期管理的宝贵经验。

分册七：城市体检方法与实践。城市是“有机生命体”，同人体一样，城市也会生病。治理各种各样的“城市病”，需要定期开展体检，发现病灶、诊断病因、开出药方，通过综合施治补齐短板和化解矛盾，“防未病”“治已病”。该分册全面梳理城市体检的理论依据、方法体系、工作路径、评价指标、关键技术和信息平台建设，系统介绍了全国城市体检评估工作实践，并提供江西、上海等地的实践案例，归纳共性问题，提出解决建议，着力破解“城市病”。

丛书编委人员来自长期奋战在住房城乡建设事业和信息化一线的知名专家和专业人士，包含了行业主管、规划研究、骨干企业、知名大学、标准化组织等各类专业机构，保障了丛书内容的科学性、系统性、先进性和代表性。丛书从编撰启动到付梓成书，历时两载，百余位编者勤恳耕耘，精益求精，集结而成国内第一套系统阐述新城建的专著。丛书既可作为领导干部、科研人员的学习教材和知识读本，也可作为广大新城建一线工作者的参考资料。

丛书编撰过程中，得到了住房和城乡建设部部领导、有关司局领导以及城乡建设和信息化领域院士、权威专家的大力支持和悉心指导；得到了中国城市出版社各级领导、编辑、工作人员的精心组织、策划与审校。衷心感谢各位领导、专家、编委、编辑的支持和帮助。

推进现代信息技术与住房城乡建设事业深度融合应用，打造宜居、韧性、智慧城市，需要坚持创新发展理念，持续深入开展研究和探索，希望数字中国建设出版工程·“新城建　新发展”丛书起到抛砖引玉作用。欢迎各界批评指正。

丛书总主编

2023年11月于北京

前　言

安全是发展的前提，发展是安全的保障。统筹好发展与安全两件大事，是实现国家治理体系和治理能力现代化的重要举措。党和国家对城市安全，尤其是城市基础设施安全高度重视。习近平总书记指示，城市发展要把安全放在第一位，把住安全关、质量关，并把安全工作落实到城市工作和城市发展的各个环节各个领域。

当前我国城市发展方式、产业结构和区域布局发生深刻变化，新材料、新能源、新工艺广泛应用，新产业、新业态、新领域大量涌现，流动人口多、高层建筑密集、经济产业集聚等特征越来越明显，城市运行系统日益复杂，城市安全新旧风险交织叠加，导致我国城市安全风险呈现“雪崩倍增”态势。城市公路、桥梁、燃气管网、供水管网、排水管网、污水管网和轨道交通等城市生命线系统变得愈加复杂，加上生命线设施逐渐老化，使得城区频繁出现交通拥堵、环境污染、路面塌陷、燃气泄漏、供水爆管等一系列“城市问题”，给城市管理和经济社会发展带来巨大挑战。习近平总书记强调：“城市发展不能只考虑规模经济效益，必须把生态和安全放在更加突出的位置，统筹城市布局的经济需要、生活需要、生态需要、安全需要。”

城市基础设施是城市安全健康运行的基石。改革开放以来，我国大规模建设城市基础设施，城市人居环境显著改善、城市综合承载能力显著增强。但是由于过去城市基础设施薄弱和历史欠账较多，建设运行标准不高，运行管理粗放等制约城市安全发展的瓶颈因素仍未消除，绝大多数城市尚未建成包括燃气、桥梁、电梯、供排水等在内的安全监测“里子工程”。《市政基础设施智能感知与监测》聚焦监测预警的技术与创新实践，从理念与技术革新、监测预警技术方法、创新实践案例等角度系统阐述了我国市政基础设施安全运行监测的发展概况。本书详尽地描述了市政基础设施安全监测的技术方法，并清晰地提供了我国在此方面的相关实践成果，回答了如何绘制市政基础设施“一张图”、构建城市综合管理“一张网”，以及如何坚持数字赋能以提升住房和城乡建设领域数字化水平等相关问题。

本书分为4篇。第1篇为基础篇，包含3个章节，介绍市政基础设施基本情况和智能监测理念、国际经验与借鉴以及国内理念与技术革新。第2篇为方法篇，包含8个章节，按照总分思路，先介绍市政基础设施智能感知与监测总体架构，再分别介绍燃气管网及相邻地下空间、桥梁、供水管网、排水管网、城市水环境、供热管网以及综合管廊的安全监测方法。第3篇为实践篇，包含4个章节，每章介绍一个典型创新实践案例，期望为我国市政基础设施智能感知与监测建设提供借鉴和思路。第4篇为展望篇，包含2个章节，展望市政基础设施智能感知与监测的产业发展趋势并给出发展建议。

本书主要面向城市管理者、决策者，以及城市安全产业从业人员。为此，重点介绍了市政基础设施智能感知与监测重点应监测什么内容、使用哪些技术，以及开展怎样的风险评估与预警。因书中部分案例涉及了案例提供方内部数据，故对部分图片进行了模糊处理。

囿于水平，编写虽百密而难免一疏，敬请读者朋友们批评指正。

目　录

1　基础篇

2　方法篇

3 实践篇

4 展望篇

1
基础篇

第 1 章

概述

1.1 市政基础设施基本概念

根据世界银行（1994）分类，基础设施分为经济性和社会性两大类，经济性基础设施定义为永久性的建筑、设备和设施，其能够为居民和经济生产提供相应服务，包括公用事业（能源、通信、供水、卫生和污水处理设施）、公共工程（道路、水坝、灌溉和排水渠道）和其他交通设施（城市和城际铁路、市政交通、港口和水路、机场）三个方面；社会性基础设施一词通常指那些为社会健康和福祉提供服务的系统。该术语可用于描述提供医疗、教育、住房、用水和卫生、法治、文化和娱乐等相关服务的基础设施。

我国基础设施可分为城市工程性基础设施和社会性基础设施。城市工程性基础设施包含交通系统、水资源与给水排水系统、能源系统、通信系统、环境系统、防灾系统六大系统的各项设施。（1）交通系统，含城市对外交通和市内交通等设施，如城市外交通的航空、铁路、公路、水运等多项设施，城市内部交通的道路、桥梁、客货站、停车场、轨道交通、交通管理等设施。（2）水资源与给水排水系统，含水资源开发保护和给水、排水等设施，如水源工程、输水工程和管理设施、自来水生产及供应设施、雨水排放、污水处理与排放等工程设施。（3）能源系统，含电力、燃气、热力等设施，如电力生产及输变电设施、煤气、天然气、石油液化气供应设施、热源、传热管网等工程设施。（4）通信系统，含邮政、电信、广播、电视等设施，如邮政与电信局所、有线电话与无线电通信网络、广播与电视台站等工程设施。（5）环境系统，含环境保护、园林绿化、环境卫生等设施，如空气、水体净化设施、废弃物、垃圾处理设施、环境监测设施、环境卫生和市容管理设施、园林绿化设施等。（6）防灾系统，含防火、防洪、防风、防雪、防地面下沉、防震、防海水入侵、防海岸线侵蚀及人防战备等设施，以及城市抗灾救灾指挥中心、城市救灾生命线系统等。城市社会性基础设施包含行政管理、金融保险、商业服务、文化娱乐、体育运动、医疗卫生、教育、科研、宗教、社会福利、大众住宅等方面的各种设施。本书中提到的市政基础设施，主要指城市功能性基础设施中的燃气管网、桥梁、供水管网、排水管网、水环境、供热管网等。

1.2　市政基础设施智能监测背景

安全是实现人民美好生活的重要前提，统筹好发展与安全两件大事，是实现国家治理体系和治理能力现代化的重要举措。2018年1月，中共中央办公厅、国务院办公厅印发的《关于推进城市安全发展的意见》文件指出，城市基础设施建设要坚持把安全放在第一位，加强城市安全源头治理。《中华人民共和国国民经济和社会发展第十四个五年规划和2035年远景目标纲要》指出，实施城市更新行动，加强特大城市治理中的风险防控，构建系统完备、高效实用、智能绿色、安全可靠的现代化基础设施体系。

我国城市发展进入了从“增量扩张”转向“高质量发展”的新阶段。根据国家统计局数据（截至2023年1月），我国城镇化率达到65.22%。对标国际发达国家80%左右的高城镇化率，我国城市正处在向高度城市化的递进阶段，在“十四五”和今后较长一段时期内，我国的城市化水平仍将持续增长。另外，我国的城市发展进入了转型期，随着科学发展、绿色发展、可持续发展理念的落实，从以城市规模扩张为主的“增量扩张”阶段转向注重城市品质提升的“高质量发展”阶段。新阶段城市发展中安全风险呈现出“雪崩倍增”态势。随着城镇化持续推进，城市结构日趋复杂，生产要素聚集度急剧提高，产业链、供应链、价值链日趋复杂，生产生活空间高度关联，各类承灾体暴露度、集中度、脆弱性大幅增加，高速度建设、高负荷使用以及前期城市大发展中遗留下的“欠账”、隐患、问题、矛盾到了凸显期。与此同时，随着人口大量流动、产业高度集聚、关键基础设施高度密集，许多过去单一的城市安全风险交织演变成叠加风险，比如轨道交通修筑过程除了自身面临的土方坍塌、地下水侵袭等危险外，还可能造成邻近地下市政管线受损，影响地面交通设施和建筑物的结构安全。各类灾害事故风险相互交织，灾害事故连锁效应、非线性叠加效应、放大效应进一步凸显。据统计，2010年以来，死亡100人以上的重特大事故发生在城市的比例为75%，且主要集中在城市建（构）筑物、交通枢纽、地下管线管廊集中与人员密集场所，给人民群众生命和财产安全带来重大损失，严重影响了经济与社会的和谐健康发展。

城市基础设施是城市安全健康运行的基石，是国民经济发展的“稳定器”。城市基础设施是围绕改善城市人居环境、增强城市综合承载能力、提高城市运行效率建设的城市公用事业设施，是城市正常运行和健康发展的物质基础。在当前城市的新发展阶段，在“新基建”的牵引下，融合物联网应用和智能化改造的城市基础设施有力支撑了智慧城市构建和社会治理能力提升。从国民经济发展角度看，城市基础设施投资一般占全社会固定资产投资的15%以上，是制造业、房地产、基础设施三大投资领域中唯一占比上升的行业，城市基础设施安全是保障这一经济“稳定器”稳定发挥作用的根本前提。

城市基础设施安全是城市高质量发展的“里子”问题，是增强城市安全韧性、建设安全发展城市的核心要务。近年来我国城市超常规发展，城市基础设施面貌发生了翻天覆地的变化。然而，由于过去城市基础薄弱和历史欠账多，建设运行标准不高、运行管理粗放等制约城市安全发展的瓶颈因素仍未消除，有着宽敞、漂亮大广场等“面子工程”的城市比比皆是，但有完善的燃气、桥梁、电梯、供排水安全监测等“里子工程”的城市却屈指可数。解决中国城市基础设施中的“里子”问题，成为新发展阶段城市安全的必然需求。2021年8月31日，住房和城乡建设部在对《关于在实施城市更新行动中防止大拆大建问题的通知》进行解读时指出：城市更新行动要“更注重补短板、惠民生的‘里子工程’，统筹地上地下设施建设，提高城市的安全和韧性”。

城市基础设施面临多种安全风险，如各类自然灾害、事故灾难威胁下的公共建筑结构安全风险，火灾威胁下的消防安全风险，前期城市建设中“欠账”严重导致的管道“跑冒滴漏”、停水、停电等威胁下的市政基础设施安全风险，以及桥梁垮塌、隧道拥堵威胁下的交通设施安全风险等。这些灾害事故都将引发“城市病”，严重的甚至会造成城市瘫痪或停摆。与此同时，由于城市基础设施在城市地上与地下空间相互交叉耦合，各类安全风险相互交织，一旦发生灾害事故，容易形成大规模、复杂的次生衍生灾害，对城市安全造成更严重损害。

随着互联网、大数据、人工智能等技术迅速发展，新型基础设施和智慧融合基础设施建设蓬勃发展，同时伴随出现了“未认知、未发现、未监控”的新型风险，新老风险的叠加耦合造成城市“免疫力”进一步下降，导致更加严重的“城市病”。

综上所述，保障城市基础设施安全是城市健康、高质量发展的必由之路，是“十四五”规划关于优化城市空间结构、提升城市品质等新型城镇化建设目标的基

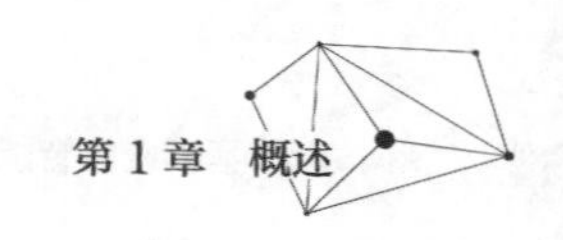

本需求，是增强城市安全韧性，助力安全发展城市创建，支撑城市高质量、绿色、可持续发展的关键保障，是国家长远发展的坚实基础，是顺应新时代发展的必然要求。

1.3 市政基础设施安全运行风险

市政基础设施状况体现了城市的经济、发展和治理水平，是城市运转和发展的基石。近三十年来，随着我国综合国力迅速攀升、经济实力逐步提升、人民日益增长的对美好生活的向往，我国市政基础设施也经历了稳步增长阶段（2000年以前）、快速增长阶段（2000—2010年）、平稳改善阶段（2010年以后）。随着城市化进程的推进和人口的增多，市政基础设施运行负荷逐渐增加，运行过程中的风险随之增加。

近年来，我国市政基础设施事故频发。在燃气管网方面，根据住房和城乡建设部发布的《城市建设统计年鉴》，截至2020年底，我国城市天然气管道长度已超过85.10万km，城市天然气用气人口已超过4.13亿人。根据中国城市燃气协会安全管理工作委员会发布的《全国燃气事故分析报告》（2021年第四季度报告暨全年综述），2021年全年共收集到媒体报道的国内（不含港、澳、台）燃气事故1140起，造成106人死亡，763人受伤，其中重大事故1起、较大事故8起。在给水排水管网方面，根据中国城市规划协会地下管线专业委员会发布的《2021年全国地下管线事故统计分析报告》，2020年给水管道事故719起，排水管道事故94起。在桥梁方面，2001—2019年国内至少有83座桥梁垮塌，其中60%的桥梁年龄还不到20年。据新华社报道，目前全国公路路网中在役桥梁约40%服役超过20年，超过10万座桥梁为危桥，安全隐患和事故风险倍增，平均不到两个月就会发生一起公路桥梁坍塌事件。桥梁突发安全事故诱因众多，例如超载、维修加固措施不当、地震等，因此对桥梁进行安全监测显得尤为重要。在供热管网方面，我国城镇建筑面积不断增长，集中供热面积逐渐扩大。截至2020年，我国城市的集中供热管道长度增加到42.60万km，集中供热面积已经增加到98.80亿m^2。

近几年国内发生的部分典型市政基础设施事故如表1-1所示。市政基础设施安全事故一旦发生，会造成巨大的经济损失和人员伤亡，不利于城市的发展和社会的稳定。识别和总结市政基础设施在运行过程中可能引起安全事故的风险，可以有效地避免安全事故的发生。

近几年国内发生的部分典型市政基础设施事故　　表1-1

序号	时间	事故类型	事故地点	伤亡人数	事故原因	事故后果
1	2010.07.24	桥梁垮塌	河南栾川	至少 50 人遇难	暴雨	伊河汤营大桥整体垮塌，桥上众多滞留人员不幸落入水中
2	2013.11.22	输油管线爆炸	山东青岛	62 人死亡、136 人受伤	输油管线泄漏事故处置不当	原油进入市政排水暗渠，遇火花发生爆炸，进而导致大规模供水、燃气、排水、道路等受损，直接经济损失 75172 万元
3	2014.07.31	管线爆炸	台湾高雄	32 人遇难、321 人受伤	管线腐蚀	丙烯管线破碎，沿着排水管线蔓延、聚集，遇火源引发连环爆炸，导致大规模燃气、供水、排水、道路被毁
4	2017.07.04	管线爆炸	吉林松原	5 人死亡、89 人受伤	施工破坏	燃气泄漏到排水管线，通过管线和土壤扩散到医院内发生爆炸
5	2018.02.07	路面塌陷	广东佛山	11 人死亡、8 人受伤、1 人失联	轨道交通施工处置不当	轨道交通施工过程中透水导致地面塌陷，导致道路封闭，数百户居民断水、断电、断气
6	2019.10.10	桥梁垮塌	江苏无锡	3 人死亡、2 人受伤	超载	运输车辆超载导致桥面侧翻
7	2020.01.13	路面塌陷	青海西宁	9 人遇难、1 人失踪、15 人受伤	路面塌陷	路面塌陷，导致大面积停气停水停电
8	2021.06.13	燃气爆炸	湖北十堰	26 人死亡、138 人受伤	中压钢管锈蚀破裂，燃气聚集爆炸	26 人死亡、138 人受伤，其中重伤 37 人，直接经济损失约 5395.41 万元

1.3.1 基础设施底数不清

市政基础设施飞速发展阶段，由于当时的科技水平不高，基础设施的基本信息（例如建设年代、建设地点、建设长度、埋深等）未能进行详细地记录、系统地整理以及妥善地保存。现如今市政基础设施风险底数不清，一方面导致市政基础设施统筹协调力度不够、运行管理不到位，严重阻碍了加强市政基础设施统筹建设管理，保障城市高质量发展的进程。另一方面，信息不足导致无法准确定位到许多需要进行改造、替换、维修的建成年代较久的市政基础设施，这无疑给市政基础设施的安全运行埋下了巨大的隐患。

为解决这一问题，2020年12月30日，住房和城乡建设部印发《关于加强城市地下市政基础设施建设的指导意见》，针对目前设施底数不清的问题，开展设施普查，摸清设施种类、构成、规模、位置关系、运行安全状况等情况，建立设施危险源及风险管理台账，排查设施隐患，加强设施养护，逐步实现管理精细化、智能化、科学化。

1.3.2 基础设施进入老化阶段

2000—2010年为我国市政基础设施快速增长阶段，在这一阶段我国市政基础设施普及率大幅度提升，2010—2020年不同种类管道长度如图1-1所示。2020年我国城市管道长度约310万km，其中供水管道总长度为100.69万km，燃气管道长度为86.44万km，供热管道长度为42.60万km，排水管道长度为80.27万km。2010年用水普及率为96.68%、燃气普及率为92.04%、污水处理率为82.31%。

随着管道敷设时间长，自然腐蚀、人为破坏、机械伤害等因素导致我国市政基础设施逐渐进入老化阶段，尤其是老城区市政基础设施，建设时间久、建设标准低、维护长期不到位，老化程度突出。截至2020年，超过37万km的排水管网其运行年龄在10年以上，约占管网总长度的46%。这些老旧管网在环境腐蚀、材质落后、年久失修、施工破坏和自然灾害等多种因素的综合影响下，出现较多破裂、变形、错位、脱节等结构性缺陷，以及淤积、渗漏等功能性缺陷，导致排水管网面临较高风险。排水管网老化导致我国供水管网漏损率居高不下。根据2020年《城市建设统计年鉴》，我国管网平均漏损率约13.4%，目前存在较多城镇区漏损率高达23.7%，每年供水流失约80亿m^3，按照全国饮用水均价为1.5元/t计算，由于输送漏损水量造成的经济损失超过120亿元。而美国、日本、法国、德国的漏损率仅分别为8%、10%、9.5%、4.9%。

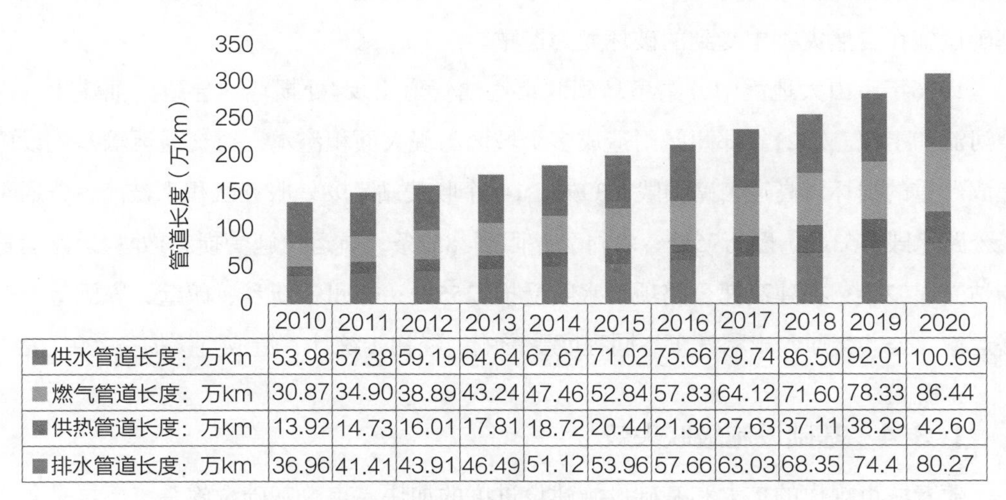

	2010	2011	2012	2013	2014	2015	2016	2017	2018	2019	2020
■供水管道长度：万km	53.98	57.38	59.19	64.64	67.67	71.02	75.66	79.74	86.50	92.01	100.69
■燃气管道长度：万km	30.87	34.90	38.89	43.24	47.46	52.84	57.83	64.12	71.60	78.33	86.44
■供热管道长度：万km	13.92	14.73	16.01	17.81	18.72	20.44	21.36	27.63	37.11	38.29	42.60
■排水管道长度：万km	36.96	41.41	43.91	46.49	51.12	53.96	57.66	63.03	68.35	74.4	80.27

图1-1 2010—2020年不同种类管道长度

根据应急管理部初步统计，全国已有近10万km的管道出现不同程度老化。管道一旦老化，不仅会造成资源的浪费，更构成了严重的安全隐患。一旦发生爆管、爆炸等事故，会造成严重的经济损失和人员伤亡。根据《2021年全国地下管线事故统计分析报告》，2021年共收集地下管线相关事故1723起。给水、排水、燃气和热力管线泄漏事故数量最多，达到1076起，占地下管线相关事故总数的62.45%。爆炸事故造成的人员伤亡数量最多，共造成45人死亡、235人受伤。由管线问题引起的路面塌陷事故最多，达到65起，占地下管线破坏事故总数的18.73%。截至2021年全国公路桥梁96.11万座、公路隧道23268处。由于早期建设标准低，且大量公路桥梁老化现象严重。仅2020年5月，媒体报道的全国范围内道路塌陷事故就高达165起；2019年，桥梁事故约60起。各类城市生命线系统相互交叉耦合，一旦发生事故，容易形成大规模、复杂的次生衍生灾害。

1.3.3 气候变化导致自然灾害加剧

联合国政府间气候变化专门委员会（IPCC）第六次评估报告（AR6）第一工作组报告《气候变化2021：自然科学基础》中指出，近年来气候变化范围更广、速度快、强度大，极端事件更加频繁和严重。我国幅员辽阔、地形多变，自然灾害种类多、分布地域广、发生频率高，造成损失重。

基础设施是城市安全运行和可持续发展的物质基础。在日益严峻的气候危机下，市政基础设施面临的风险不断升级。其中交通基础设施，供水、供热基础设施，通信基础设施在自然灾害中受到的破坏尤为严重。

1976年唐山大地震中，秦皇岛到北京输油管道出现4处损坏，导致原油流出，污染河流和土壤。2021年郑州暴雨造成多个城区出现大面积淹水，对交通运输基础设施造成严重的损坏。高速公路损毁2639处，149个收费站、98处服务区积水被淹；普通干线公路水毁6553段、断行95处；农村公路阻断3852条；航运设施受损351处；道路运输场站受损52个；在建高速公路项目水毁受损1255处；郑州、新乡、鹤壁、安阳等市道路运输、公共交通、出租汽车不同程度受影响。经初步统计，造成直接损失109亿元。

1.3.4 基础设施级联失效

随着城市规模的扩大和基础设施建设进度的加快，市政基础设施系统不再是各类基础设施的简单组合，而是各类基础设施相互依存，相互联系形成多层次复杂的关联基础设施网络。在自然灾害、外力破坏或自然老化等条件下，可能由于某一基础设施网络功能失效而造成基础设施网络功能丧失，像多米诺骨牌倒塌似的引起更多的基础设施失效，该现象称为级联失效。

市政管线交叉易引发耦合事故，导致出现管线泄漏、燃气爆炸、地面塌陷、城市内涝等次生灾害。例如供水和热力管网明漏暗漏导致土壤地基形成地下空洞，引发道路塌陷和建筑物垮塌。供水管网的漏失一方面造成水资源浪费，另一方面由于漏失水流长期冲刷道路基础，导致城市道路基础形成大面积地下空洞，易引发路面塌陷事故。据统计，2015—2019年，我国共发生地面塌陷事故上千起，造成数百人伤亡，其中近55%是由供水、排水管网泄漏、爆管破损导致的。如2019年12月1日，在广州市广州大道北与禺东西路交界处出现地面塌陷，事发路段为地铁十一号线沙河站施工区域，事故导致3人死亡，同时由于供水关停、交通管制等带来经济损失数千万元。2020年1月13日，青海省西宁市南大街发生路面坍塌，一辆行驶的公交车陷入其中，导致9人遇难，15人受伤，1人失踪，路段基本完全封锁，严重影响城市正常运行，而此次事故由于供水主管道长期受压损伤，破裂涌水造成地下空洞导致坍塌。

此外，城市地下燃气管道泄漏爆炸也会对其周边市政基础设施造成破坏。如2017年7月，吉林省松原市发生了一起燃气爆炸事故，事故原因是第三方施工单位将天然气管道贯通性钻漏，造成天然气大量泄漏，并扩散至道路两侧的办公楼内，积累达到爆炸极限遇明火发生爆炸。事故共造成5人死亡，89人受伤，造成直接经济损失4419万元。2021年6月13日6时30分许，湖北省十堰市张湾区艳湖小区发生天然气爆炸事故，造成25人死亡，138人受伤（其中37人重伤）。此类事故主要是由于燃气管道泄漏后，可燃气体扩散至相邻的雨污井、电缆沟等地下受限空间，达到爆炸极限后再遇明火导致大规模爆炸事故。以天然气等为代表的可燃气体爆炸事故正逐渐成为威胁城市安全运行的主要风险。

随着城镇内市政基础设施网络的不断扩大，密度不断提高，各基础设施之间的级联效应更加深入，必然给基础设施的运行埋下安全隐患，一旦一处基础设施网络失效就会造成大规模事故和严重的经济损失。

1.4　市政基础设施智能监测理念

为了解决我国基础设施体系不完善、系统协调性不足、设施服务效能低、智能化水平不高等现状，“十四五”规划纲要中明确提出要统筹推进传统基础设施和新型基础设施建设，打造系统完备、高效实用、智能绿色、安全可靠的现代化基础设施体系。2020年12月30日，住房和城乡建设部印发《关于加强城市地下市政基础设施建设的指导意见》，要求加强城市地下市政基础设施体系化建设，加快完善管理制度规范，补齐规划建设和安全管理短板，同时要求推动数字化智能化建设，运用新一代信息技术，提升城市地下市政基础设施数字化、智能化水平。

市政基础设施监测的核心理念是，从城市整体安全运行出发，以预防燃气爆炸、桥梁倒塌、城市内涝、路面塌陷、大面积停水停气等重大安全事故为目标，以公共安全科技为核心，以物联网、云计算、大数据等信息技术为支撑，透彻感知城市运行状况，分析市政基础设施风险及耦合关系，实现对市政基础设施的风险识别、透彻感知、分析研判、辅助决策。

1.4.1 风险评估

针对市政基础设施进行风险评估，是保障基础设施安全运行的基础。住房和城乡建设部发布的《关于加强城市地下市政基础设施建设的指导意见》指出，城市地下市政基础设施建设是城市安全有序运行的重要基础，是城市高质量发展的重要内容。《关于进一步加强城市基础设施安全运行监测的通知》要求，全面掌握城市基础设施的运行状况，对管网漏损、防洪排涝、燃气安全等进行整体监测、及时预警和应急处置，推动跨部门、跨区域、跨层级应用，实现城市基础设施从源头供给到终端使用全流程监测“一网统管”。

“十二五”以来，我国在市政基础设施安全保障方面加大科研力度，在城市市政管网系统科技展示示范工程、城镇油气管网重大事故风险防控与应急处置、城镇燃气管网风险评估方法体系等方面取得了系列关键技术成果。我国研发了管线探测雷达与地面气体检测、管道流体、振动和声学等多参数诊断技术，建立了风险隐患识别、物联网感知、多网融合传输、大数据分析、专业模型预测和事故预警联动的“全链条”城市安全防控技术体系架构；研制了在线式激光燃气传感器、供水管道泄漏定位智能检测球、排水管网清淤自主式机器人等成套化装备；研发了城市生命线工程安全运行监测系统；创新了市政基础设施安全运行精细化管理模式，构建了精细前端感知、精准风险定位、专业评估研判、协同预警联动的市政基础设施安全运行管理模式。

1.4.2 监测预警

市政基础设施监测预警，是保障市政基础设施安全运行的根本途径。2022年，住房和城乡建设部印发通知，在浙江省、安徽省及北京市海淀区、辽宁省沈阳市等22个市（区）开展城市基础设施安全运行监测试点工作，推动各地提高城市基础设施安全运行监测水平，有效防范安全事故，维护人民群众生命和财产安全。文件强调要强化科技创新和应用。支持试点城市与科研单位、高校院所和企业合作，推动产学研深度融合，以场景应用为依托，充分运用5G（第五代移动通信技术）、BIM（建筑信息模型）、物联网、人工智能、大数据、云计算等技术，开展运行监测预警技术产品研发和迭代升级，提升管理效率和监测预警防控能力。

1．5G技术

5G技术具备高速传输、短时延、低能耗、泛在网、可拓展的特性，可以扩张互联网技术运用的广度和深度。依托5G网络超高带宽、超低时延以及超大规模的优势，可提供物—物、人—物、人—人多档位场景智能网联无线解决方案。

已有学者提出将5G技术与北斗技术相结合，利用5G技术将地面基础设施监测传感器的数据进行传输和汇集，建立5G+北斗天地空一体化综合通信体系，利用北斗系统对风险点进行精准定位，实现城市基础设施安全监测。针对排水系统，利用5G实时高清视频结合AI计算机视觉技术，智能识别水体黑臭等风险事件。针对燃气系统，将北斗高精定位能力和5G网络融合搭载于燃气监测巡检车，可大大缩短现场管道定位时间，为抢险救灾争取时间，有效防止次生灾害发生。

5G技术同样广泛应用于桥梁监测中。港珠澳大桥管理局正开展5G智慧桥梁监控科研项目，依托5G网络毫秒级的低时延以及北斗卫星毫米级的高精度定位等技术优势，为机器人巡检、视频实时回传及远程控制作业等一系列新型监测和养护工作提供实时、安全、高精度的监测和应急管控能力。甘肃省兰州市市政工程服务中心与中国移动甘肃公司、中国移动兰州公司、中国移动（上海）产业研究院等多方协作，建成了甘肃省首例5G+北斗智慧桥梁项目，依托该项目，管理者可实时获取桥梁的结构健康监测数据，掌控桥梁运行的关键状态指标，保障桥梁设施安全。

2．物联网技术

2017年，工业和信息化部《关于全面推进移动物联网（NB-IoT）建设发展的通知》明确以14条举措全面推进低功耗移动物联网（NB-IoT）建设发展，到2020年建设150万个NB-IoT基站、发展超过6亿的NB-IoT连接总数。通知明确建设广覆盖、大连接、低功耗移动物联网（NB-IoT）基础设施、发展基于NB-IoT技术的应用，有助于推进网络强国和制造强国建设、促进“大众创业、万众创新”和“互联网+”发展。

中国信息通信研究院2018年4月发布的《NB-IoT行业发展研究报告》显示，NB-IoT在水表、燃气表、水务检测、气体监控、消防等领域都开展了广泛的商用或试点，呈现出了良好的发展势头。

2021年，工业和信息化部、中央网信办、科技部等八部门联合印发《物联网新型基础设施建设三年行动计划（2021—2023年）》，指出2023年底，在国内主要城市初步建成物联网新型基础设施，社会现代化治理、产业数字化转型和民生消费升级的基础更加稳固。

功能完整的物联网系统涉及数据采集、数据传输和数据处理等多个环节，数据采集是物联网系统应用的重要一环。物联网针对不同的市政基础设施，利用相应的传感器对其物理量进行监测，形成一张全面覆盖的监测网，通过网络接入，实现物与物、物与人的连接，实现智能设备的动态感知、互联互通，实现城市燃气、电力、供水、热力等数据的自动采集、实时监测、智能报警。

作为现代新型信息基础设施的重要组成部分，物联网是新一轮产业变革的重要方向和推动力量，支撑社会经济数字化转型发展，最终构建出全面感知和泛在连接的数字孪生社会。

3．大数据技术

随着互联网和信息技术的发展，21世纪已然成为“大数据”时代。大数据推动了社会治理现代化建设的进程，推动数据资源开放、融合、共享。利用大数据技术对无数的碎片化数据进行整合、处理、分析，“数据说话、数据决策、数据管理、数据创新”的管理机制使科学决策在市政基础设施监测过程中得以实现。

构建大数据平台，对城市基础设施，比如轨道交通、供水供电、消防安全等进行相关数据的采集和深度分析，可以为准确预测资源使用情况、及时预警异常情况、合理调配城市资源科学决策提供依据，推动城市基础设施运行水平的进一步完善。

2021年4月21日，国家发展改革委印发了《2021年新型城镇化和城乡融合发展重点任务》，明确提出要建设“城市数据大脑”等数字化智慧化管理平台，推动数据整合共享，提升城市运行管理和应急处置能力。城市数据大脑包含超大规模计算平台、数据采集系统、数据交换中心、开放算法平台、数据应用平台，基于大数据技术，集中数据资源，实现高效统一的运行调度和精准治理。2016年10月，杭州发布了全球第一个城市大脑计划，让数据帮助城市来做思考和决策，并在交通领域进行了先行试验。2018年，杭州城市数据大脑综合版上线，功能从此前单一的交通领域扩展至城管、卫健、旅游、环保、警务、政法等领域。贵阳市贵安新区将大数据技术融入城市发展的多个领域，打造各类手机端、云平台、数据库、电子地图等辅助分析、管理、决策和服务系统，其中智慧水务信息化系统平台，可自动监测供水系统的运行状况，

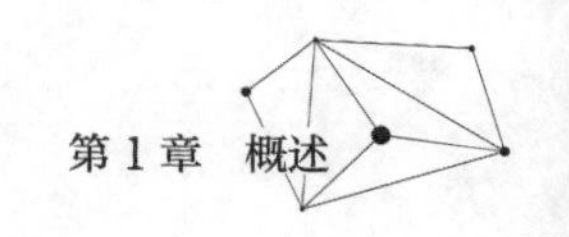

动态掌握供水管网运行工况，并实时监控污水处理厂的运行状况。

1.4.3　安全运行监测中心

市政基础设施安全运行监测中心作为开展风险感知、监测报警、研判预警和联动处置的中枢，其物理场所包括综合展示区、值班区（操作区）、监测区、会商研判区、应急决策区、运行保障区等功能区。在功能上，安全运行监测中心主要承担市政基础设施监测数据展示和跟踪处置、运行监测和报警处置、各类突发风险事件的专家研讨分析、主要领导对各类突发事件的决策、指挥等功能。

第2章 国际经验与借鉴

随着城市化、全球化进程推进，城市逐步成为人类聚集的主要场所。2020年以来，韧性城市建设体现出前所未有的紧迫性。从更宽领域、更高层次防范“黑天鹅”“灰犀牛”等现象带来的城市风险，确保城市居民的生命财产安全和城市运行安全，成为全球城市共同的职责和愿景。拓展城市空间韧性、提升城市工程韧性、提升城市管理韧性和培育城市社会韧性，使城市具备在逆变环境中承受、适应和迅速恢复的能力。即受到较小强度冲击时，城市可以将冲击吸收；受到中等强度冲击时，城市可以将冲击消减；受到较大强度冲击时，城市能够承受并可以迅速恢复。从全球风险社会发展的新特点、新趋势出发，厘清韧性城市更广义的理论内涵，审视全球各大城市的韧性建设实践经验，对寻求中国韧性城市建设的路径对策具有重要意义。

韧性城市的建设离不开对基础设施的实时监测、动态感知。完善市政基础设施管理及监测监控，构建城市智慧基础设施在线监测及预警预报体系，利用智慧化手段整合市政基础设施资源，通过传感数据监测为相关部门应急决策提供数据支持，实现城市从规划、建设到管理的全过程、全要素、全方位的数字化、网络化、智能化。全面提升城市基础设施信息化水平和资源管理、运维养护、应急处置的能力，为城市的安全运行管理提供有力保障。智慧化基础设施监测手段是推动城市安全韧性的关键要素和驱动力量。在市政基础设施智能化建设方面，世界各国已将传感网络作为风险源监测预警的重要手段，并积极开展市政基础设施智能感知与监测相关的研发工作。

国际上，英国、美国、新加坡、韩国和日本等国家处于智慧国家建设的前列，为我国基础设施智能化建设提供了经验与借鉴。美国是最早提出智慧化发展的国家，其基础设施的弹性建设包括隧道、移动桥梁、交通信号和街道，通过提高设施和系统的韧性与监测能力，增强业务规划的连续性。英国基础设施智慧化发展以伦敦市为首，从数字、可视化平台、能源、水和绿色基础设施等方面考虑了广泛的基础设施类型。

日本将基础设施视为建设重点，通过对城市设施、人流物流、各类建筑的网格化、智能化管理，提供高效的公共服务，体现在智慧能源、智慧水务、综合管廊等方面。韩国基础设施智能化建设以首尔、釜山为示范城市，通过在城市内设置传感设施随时监控城市的状况，并完成信息传递与出警系统的联动，构建智慧安全系统。利用第四次工业革命相关的尖端技术（物联网、大数据、人工智能等）预测事故的发生和波及情况，保障市民安全。新加坡在智慧化建设方面提倡数字优先，将智能国家传感器平台作为国家战略项目，其使用传感器收集基础设施基本数据，可以对其进行分析并创建智能解决方案。

此外，德国的传感器技术、澳大利亚的“智慧桥”与“智能走廊”试验在基础设施智能感知方面具有特色优势。德国将传感器作为优先发展技术，感知技术发展应用十分迅速。2017年，基于软件数据库系统的智能基础设施布线管理方式，德国罗森伯格发布Pyxis第三代智能基础设施管理系统。系统具备LED端智能导航、图形化的简化操作界面、网络实时监控与报警、实时连接文档与报表、网络远程实时管理等丰富的功能，是一种智能的基础设施配置与管理工具。德国开发新型3D激光扫描仪可在恶劣环境下精确高效检查道路交通基础设施、密切监控交通基础设施并及时制定维护措施。澳大利亚的“智慧桥”试验通过在大桥上安装各种传感器，实现桥梁安全自动报警和交通管理部门的实时安全评估。桥梁上安装的传感器可以检测获取桥上现有车辆的数量、车辆的重量、车辆的排放、车辆的年份等信息，也可以分析车辆对这座桥的混凝土结构所产生的压力。由此，相关管理部门可以进行实时评估，获得桥梁结构强度数据，当所承受压力超出某一阈值后产生预警信息，相关管理部门立即获取警报。此外，澳大利亚墨尔本开展“Intelligent Corridor”（智能走廊）试验，从一个巨大而多样的传感器网络中获取实时数据，该项目旨在利用深度学习建模来处理海量数据，被描述为“全球智能生态系统，用于在复杂的城市环境中大规模测试新兴互联技术”。

随着新一代信息技术的发展，基础设施感知与监测向智慧化发展已成为国际趋势。亚欧各国在物联网基础上，建立了城市智慧基础设施在线监测平台并应用于水务、燃气、桥梁等领域，实现了运用智能感知与监测对自然灾害和事故灾难进行精准分析的目标。下文将详细介绍美国、英国等欧美国家以及日本、韩国、新加坡等亚洲国家在基础设施智能感知与监测方面的发展现状，全面分析国际经验和主要发展趋势。

2.1 欧美国家

2.1.1 美国

2008年，美国科技公司IBM提出智慧化发展的概念，其目标为让人、设施与服务透过网络相互联结。基于此，美国开始推动“智慧基础设施”建设，把新一代信息技术充分运用在电网、铁路、桥梁、隧道、公路等各种物体中，协助政府把港口、机场、火车、超市、学校、医院等系统整合起来，使各地方资源运用更有效率，让城市更智能。

2009年9月，美国迪比克市与IBM达成战略协议，以物联网为核心实现基础设施智能化。物联网技术把迪比克市的水、电、油、气、交通等公共服务资源连成一体，其中能源和水务是重点建设领域，广泛存在的传感器和互联网相结合，随时监测、分析相关数据，方便居民和城市管理者根据实际状况及时进行调整，使城市更加节能和智能化。

2015年纽约市政府（NYC）出版了《“一个纽约”规划：建设一个富强而公正的纽约》（One New York - The Plan for a Strong and Just City）。在基础设施建设方面，其目标是调整该市和整个地区的基础设施系统，以承受气候变化的影响，确保紧急情况下关键服务的连续性，并更快地恢复服务。基础设施的弹性建设包括隧道、移动桥梁、交通信号和街道，通过提高设施和系统的韧性与监测能力，增强业务规划的连续性。

2020年，纽约市启动了一项智慧城市试点计划，对各区的基础设施安装了数百个智能传感器，引入了非接触式技术、Wi-Fi功能收集数据以帮助管理服务，包括智慧电网、燃气监测、供水排水系统检测、绿色基础设施等（图2-1）。

1. 智慧电网

科罗拉多州的波尔得市是美国首个智能电网城市。波尔得市较早启动了智能电网

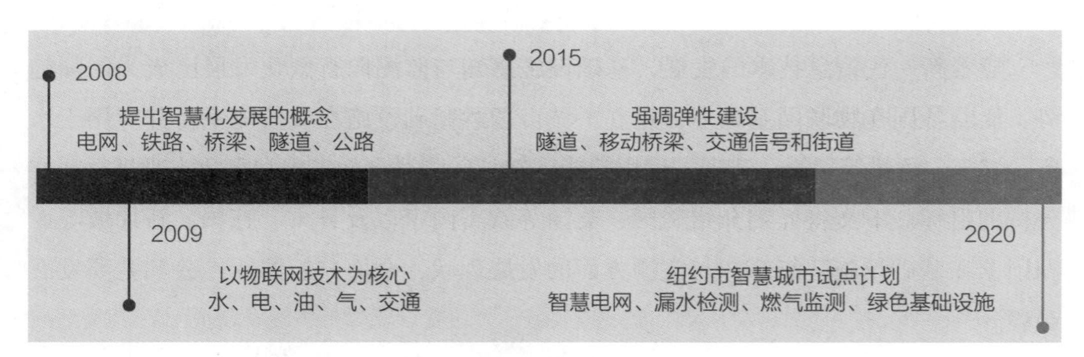

图2-1 美国基础设施智慧化发展历程

工程，成功建立了智能化的电网系统，该系统可以将电网信息实时、高速、双向地进行传递。每个家庭也安装有智能电表，能够和电网进行互动，实时了解电价和用电状况，合理安排用电。

2．燃气监测

美国在燃气新科技、新设备的应用方面具有领先水平，运用无人巡线机、激光测漏设备、多功能分析仪、自动化系统等设备设施，大大减少了人工成本投入与无用巡查，实现了高效化、科技化的运行管理。例如运用可视化智能安检系统规范了燃气户内安检管理；推广NB-IoT物联网民用燃气表，一方面其支持多种网上支付方式，极大地方便用户购气，另一方面物联网采集平台具有强大数据采集和分析功能，可助力企业开展用气预测与大数据分析，实现安全预警；在地下管网情况不明时，使用安全性更高的管道机器人进行数据采集，既能节省人工成本，又能提高工作效率。

3．供水排水系统监测

在供水排水系统监测方面，美国ADS公司液位系统ECHO为市政部门提供了一种经济型的解决方案，能够为管网堵塞提供早期预警，以帮助用户应对管网内出现油脂、树根入侵、淤泥沉积和垃圾阻塞等情况。该系统主要用于溢流预警，预警方式为连续监测报警，涵盖液位持续上升的早期预警和过载报警整个过程。在洪水监测预警方面，美国采用成熟的水文水力学模型，利用降雨时空分布预报数据的分布式水文模型、一维和二维水力学洪水分析模型，河道断面测量技术等进行流域洪水监测预警。

4．绿色基础设施

纽约城市正在规划五个行政区的绿色基础设施，包括生物湿地、雨水花园、透水路面和绿色屋顶，以减少进入下水道系统的雨水，从而帮助防止下水道超过其容量。

2.1.2 英国

2013年伦敦市政府提出《智慧伦敦计划》（Smart London Plan）。计划中提到，伦敦的人口将在未来十年里增加100万人，无疑会增加水、电、热等城市生命线系统建设的压力，处理废物和污染的需求日益增长。面对这一问题，2014年，伦敦发布了《伦敦2050基础设施计划》（The London Infrastructure Plan 2050），其中考虑了广泛的基础设施类型——通信、可视化平台、能源、水和绿色基础设施。

1．智慧通信

伦敦拥有超过500家数字连接基础设施供应商，在伦敦提供各种固定和无线服务。该市89%的地区可以使用快速连接数字技术，例如从监控录像记录拥堵情况时的红绿灯变化；准确预测公交车何时到站等。

2．3D可视化图

伦敦针对基础设施开发3D可视化图，包括地上和地下的管网。该系统不仅提供全域展示，还会随时更新最新发生的设施变动，为空间监测预警与风险评估提供准确数据。

3．能源监测

Islington's Bunhill Ward是伦敦智能电网的示范基地。伦敦推广应用智能电网（Smart Grid）技术，可以很大程度提高用电效率，更好地管理能源和水的供需，它可以收集和利用发电厂生产的多余电量、在用电高峰智能降低用电量等。类似的，智能水表（Smart Water Metering）可以更高效地管理和监测水消耗及泄漏，也在能源智能管理的范畴。

4．排水系统

伦敦的排水系统由河流、排水沟、下水道和联合下水道组成。联合污水管网的一些部分已接近满负荷运行，绿色基础设施网络方案对于解决这一问题非常重要。例如可持续排水系统包括一系列干预措施，如绿色屋顶、雨水花园、洼地和滞留盆地，以集水区规模规划和实施，可以显著减少排放到管网的径流量，从而减少对升级硬基础设施的需求，并带来诸如改善水质、增强生物多样性和提高舒适性等额外效益。

5．绿色基础设施

绿色基础设施网络旨在通过规划、设计和管理吸收洪水，保持城市凉爽，鼓励健康的生活方式，并增强生物多样性和生态复原力。绿色基础设施除了提供休闲空间外，还为应对洪灾风险和交通运输等提供了更有价值、更可持续、更具互补性的解决方案。例如绿色的自行车和步行路线可以鼓励人们将出行模式转变为骑自行车和步行，从而有助于缓解道路网络的拥堵，同时改善空气质量。

2.2 亚洲国家

2.2.1 日本

日本政府于2009年推出的“I-Japan（智慧日本）战略2015”，提出要在2015年实现“安心且充满活力的数字化社会”，即改变城市基础设施的建设理念，重点以基础设施建设为核心。对水务、交通出行、农业、公共健康、能源等通过新的智能技术进行整合，从能源、安全、移动性和健康等不同角度考虑居民的舒适性、社区特征和未来生活，设计了如图2-2所示的三层智能城市模型，通过对城市设施、人流物流、各

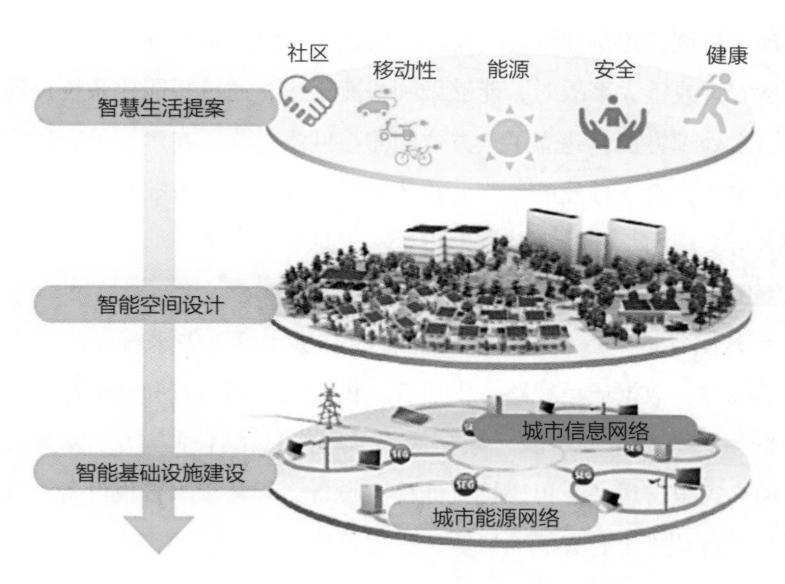

图2-2　日本三层智能城市模型

类建筑的网格化、智能化管理，提供高效的公共服务，实现高效、节能、绿色、环保的低碳城市目标，其发展特色体现在智慧能源、智慧水务、综合管廊等方面。

1. 智慧能源

日本智慧能源的建设起步于智能电网，智能电网的第一个特点在于智能化整合、分配、调节各类能源供给系统，实时监控、调节区域供电、用能单位的现实用能与计划用能，实现能源间的智能调节和高效利用。第二个特点是以建筑太阳能、小型风能、生物质能、垃圾发电、区域储能装置等作为电力供给的重要来源，通过区域电网和电动车辆的运营，来减少化石能源的使用。第三个特点是建立区域的能源管理系统。这个系统充分利用现代智能技术和大数据应用，通过区域内公共建筑、商业企业建筑、居民建筑的能源使用情况，建立能源利用规划，并通过对各用能单元的实时监控和智能调度，向用户的可视化智能终端推送合理化能源使用建议，以实现区域用能最合理的利用，最高程度地实现节能减排目标。

2. 智慧水务

日本政府对水资源关注的重点是合理使用和污水的治理与排放。在城市供水设施建设方面，通过设置传感器、水质监测仪等先进的监测设备，利用现代智能技术，对水资源的利用数据进行分析和处理，构筑信息通信技术（ICT）供水控制系统。通过GIS及水质远程监控器对水道供水量、水压分布进行在线实时控制，实现水压分布平均化、水质优化和对能源利用的削减。其监测系统目前已实现对水源、供水、排水设备运行的自动化检测、评价和管理，可远程监控供水量、水压的实施情况。尤其是在面临重大自然灾害或重大事故时，能够做到快速反应，通过智能化系统提前预警并应对处置。在污水处理方面，建立了全方位的监控网络，除了在污水处理厂实现全自动检测、远程监控外，对于排放的监测实现了远程自动报警、事故报警和应急处置的自动控制，同时可实现向不同管理单位发出警示信息。

3．综合管廊

日本东京日比谷地下综合管廊铺设的管线有供水管、中水管、污水管、配电线路、电话通信线路、数据通信线路、供热管、供冷管、燃气管和垃圾输送管道，承担了几乎所有的市政公益服务功能。综合管廊采用信息化管理方式，设置防灾安全设备，包括自动火灾报警设备、可燃性气体检测设备、异常渗水警报设备、远程监控、缺氧检测监视、自动排水、智能通风等，确保管廊内安全运行。

2.2.2 韩国

2009年，韩国颁布了《第一次U-City综合规划（2009—2013）》，为初期韩国基础设施智能感知与监测提供指导，并取得一定成果。在城市基础设施管理方面，韩国利用无线传感器网络，管理人员可以随时随地掌握道路桥梁、地下管网等设施的运行状态。

为应对国际形势变化以及克服实施中的不足，韩国对U-City模式进行了两次修正。2019年，韩国政府制定《第三次智慧城市综合规划（2019—2023）》，主要目标是在打通和完善数据与技术的基础层面上，推进更高质量的城市管理、服务和运营工作。该规划计划在全国普及，涉及环境、安全、生活、能源、经济等领域的技术创新及数据底层建设，如图2-3所示，包括以数据为基础的智慧城市运营管理及应用模型、超大规模物联网基础设施及网络技术、灾害预测与响应技术、空气污染预测技术、建筑综合能源管理技术等。通过各类创新技术与城市融合，解决城市问题，改善人民生活质量，主要体现在智慧能源、三维空间信息系统、智慧通信、先进机器人、智慧水务系统等方面。

1．智慧能源

首尔在建设U-City的基础上，利用无所不在的无线传感器网络，管理人员可以随时随地掌握道路、停车场、地下管网等设施的运行状态。例如城市供水系统的管道漏水会浪费水资源。韩国供水系统管道漏水率的全国平均水平为14.1%，大城市供水系统管道漏水率为10%。漏水率每降低1%，一个城市一年可节约40万美元。利用基于

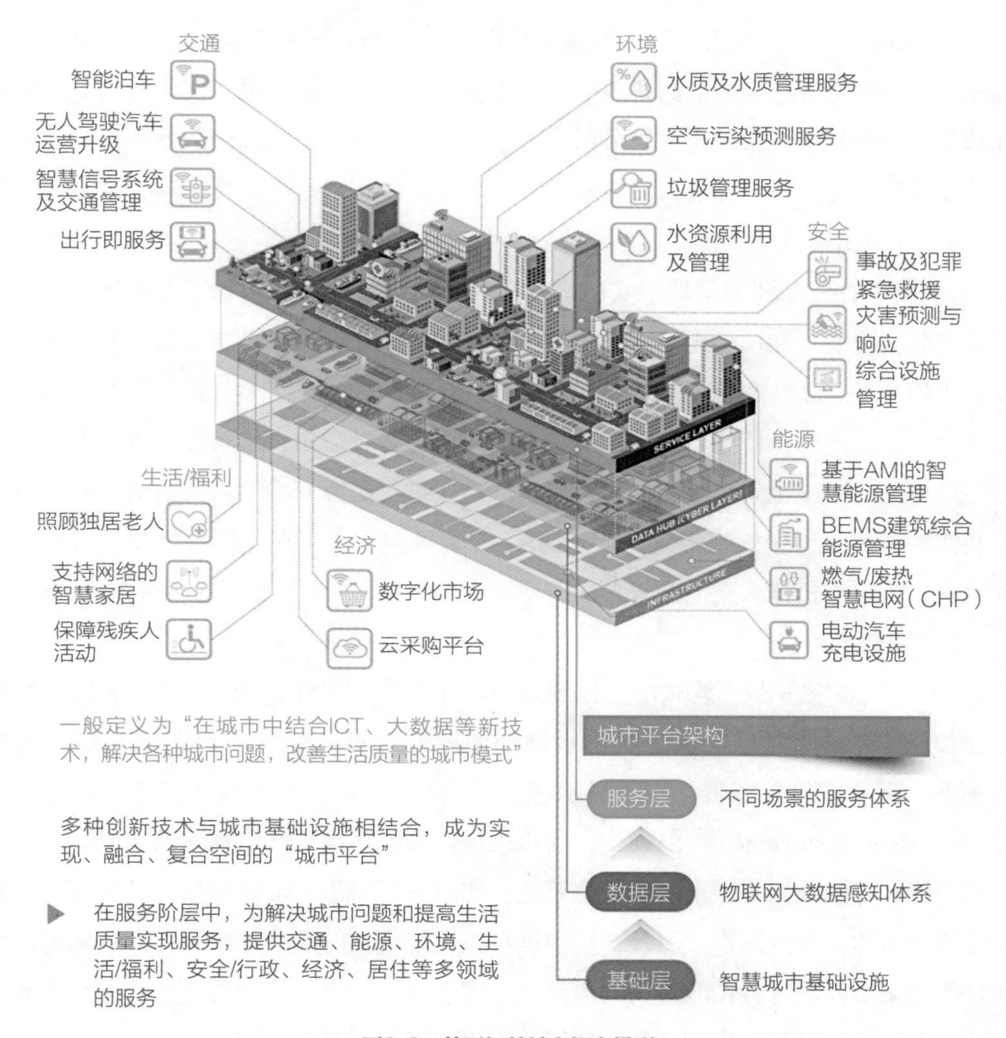

图2-3 韩国智慧城市概念模型

无线传感器网络的U–设施管理系统（U-FMS），可以实时监测流量、水压和水质，对漏水情况及时进行处置。

2．三维空间信息系统

首尔市政府增强其三维（3D）空间信息系统的功能，该地图的应用能提供3D街道信息与地下管网信息，用于环境监测。例如2012年开发的洪灾模拟系统，能帮助管理者确定在发生洪灾时哪个区域受灾最大，预先制订洪灾响应机制。

3．智慧通信

在数字化方面，韩国致力于构建以超级计算机为基础的城市物联网平台，实现资源的有效利用与服务的高效化。以5G移动通信网为基础，设计最适合智慧基础设施的智能型通信架构。利用非许可频带（Unlicensed Spectrum），实现位置测定、物体感知、水平测定等感知与监测相关功能，形成最先进的通信环境。建设适用于城市管理和服务的新概念城市综合数据分析中心，将城市运营核心领域的数据（安全、水管理、能源管理等）汇总并进行分析利用。

4．先进机器人

《釜山生态三角洲智慧城市实施规划案》计划以数据与增强现实为概念实现基础设施智能化建设。在增强现实方面，韩国应用机器人建设城市基础设施，实现多样的机器人服务。机器人的摄像传感器将测量城市的3D空间信息，完成对城市增强平台的实时升级。另外，桥梁、管网、电梯、出入门等各种城市设施均可与机器人进行通信，垃圾桶等设施也将采用机器人可操作的模式进行研究开发。城市内的机器人由企业联盟的方式运营，规划将建设1个机器人综合管制中心，在城市各处设立机器人服务站，提供室外机器人充电及服务的场所。

5．智慧水务

《釜山生态三角洲智慧城市实施规划案》中结合信息通信技术（ICT）与低影响开发LID模式，计划打造恢复城市水循环的智慧水城。通过搭建区块系统、水质计测器、漏水感知传感器、水质显示屏、移动APP等软硬件来构建智能水管理系统（Smart Water Management，SWM），使市民可以随时随地确认用水量及水质信息。引入最尖端的降水预测与城市水灾应急系统，实时分析城市局部降雨量，设置高精度的小型降雨雷达来预测洪水。另外，用植被覆盖代替密实的混凝土地面，营造庭院，构建自然型城市。同时，在城市内的道路、公园、绿地、河流等公共设施用地及住宅等建筑物上构建绿色基础设施，如屋顶绿化、生态湿地、雨水花园等。

2.2.3 新加坡

新加坡在基础设施智能化建设方面，依托于2014年发布的《智慧国家2025》（Smart Nation 2025），其主要目标是建立“物联网平台”，优化信息基础设施，支撑数据采集、交互，打造一个覆盖全国的传感网，利用大数据分析技术，打造更安全、干净、环保的城市生活，提供反应更快速的公共服务。基础设施智能感知与监测具体策略包括：提供安全、高速、经济、扩展性强的全国通信基础设施，从各处传感器收集数据，分析得出用户进一步的需求，将收集到的数据对公众进行有效共享，通过数据分析为民众的需求提供更好的服务。

2018年，新加坡更新发布了《智慧国家：前进之路》（Smart Nation：The Way

图2-4　新加坡智能国家传感器平台

Forward），提倡数字优先，致力于打造数字政府、数字经济和数字社会。其中数字政府用于投资基础设施，相关的国家战略项目为智能国家传感器平台（图2-4）。

新加坡的智能国家传感器平台（SNSP）是一个集成的全国性平台，使用传感器收集基本数据，可以对其进行分析以创建智能解决方案，其中体现基础设施智能感知方面的包括智慧水务、溺水探测、智能灯柱等。

1．跟踪用水量和泄漏情况

新加坡国家水务局正在推出以智能水表取代机械表，智能水表旨在通过移动应用程序监控，跟踪从水龙头到应用程序的水数据，收集有关用水的数据，消费者可以轻松访问。将新加坡的整个供水系统数字化，智能水表可以提供近乎实时的用水数据，家庭居民通过访问移动应用程序，跟踪详细的用水量并接收泄漏和高使用率通知，进而根据收到的数据进行相应的节水调整。

2．公共泳池溺水检测系统

以公共泳池进行试点，使用计算机视觉来检测可能的溺水事件。计算机视觉溺水探测系统包含两大部分技术内容：红外摄像机探测和分析系统确定游泳者何时遇险；救生员通过报警系统和LED显示屏向受困的游泳者发出警报。该系统有助于提醒救生员，以便他们可以更快地对遇险的游泳者和有需要的人作出反应。

3．用于城市规划的智能灯柱

作为智能国家传感器平台的一部分，新加坡在灯柱上安装摄像头和传感器，以监测收集温度、湿度、降雨、噪声、人流量、个人交通设备、污染物等数据。收集的数据利用人工智能技术用于有效的城市规划，例如远程控制和监控系统使LED路灯根据天气情况增亮或调暗，同时可用于监测气候变化。

2.3　总结

在我国，基础设施安全监测监控系统主要是根据各专业领域的行业特色和需求单独建立的，如环境在线监测、天然气管网监测、供排水管路监测等，所采用的技术手段主要包括实时在线监测技术、远程监测监控技术、物联网安全监测技术等。总体来说，我国的基础设施感知与监测预警技术尚处于中试阶段，逐渐涌现出一批成功的智慧城市实践基地，以合肥、佛山等城市为代表，融合物联网、云计算、移动互联、BIM、GIS等多项现代信息技术手段，实现城市生命线系统风险的及时感知、早期预测预警和高效处置应对，并逐渐在全国范围内推广。参考国内外先进城市智能基础设施规划和建设经验，有以下几方面值得我们学习借鉴。

1．重视底层基础设施物联网监测

基础设施智能感知与监测平台要求每个单元都必须具有应对灾害和从灾害中快速恢复的能力，对底层基础设施建设提出了更高的要求。在此基础上，各国深度发展物联网感知体系建设，将市政基础设施通过物联传感器的方式进行规范化管理。例如韩国将基础设施作为智能化建设的基础层，再将物联网等各种创新技术和基础设施进行集成与整合，构成城市智能感知网络。物联网新基建是连接物理世界与数字世界的桥梁，也是实现基础设施智能感知与监测的必由之路。

2．重视数字孪生一体化管理平台

城市的基础设施感知与监测，要建立于庞大的基础数据支撑之上，综合利用感知、计算、建模等信息技术建立统一的信息支撑体系，将监测数据汇总，依托科学的智慧化方法进一步构建智能中枢系统，保障城市基础相关业务在线、及时监测、及时研判。英国、新加坡、日本等国家均提倡数字优先，致力于构建出全面感知和泛在连接的数字孪生平台，通过信息融合将多个传感器监测数据进行科学的综合处理，提高状态监测和故障诊断智能化程度，为各级管理人员提供数据化、在线化、智能化的基础设施管理平台。

3．智慧赋能，提升城市精细化管理服务水平

统筹发展与安全，推动城市可持续性是智慧基础设施建设的战略目标。例如伦敦、韩国、新加坡、日本均推广应用智能电网、智能水表，更高效地管理和监测能源的消耗和泄漏。纽约在基础设施建设方面，其目标是调整该市和整个地区的基础设施系统，以承受气候变化的影响，确保紧急情况下关键服务的连续性。基础设施智能化建设的核心价值和内涵是可持续发展，带给人类更安全、更智慧、更美好、可持续的发展，既要以人为本，又要实现经济、社会和生态的可持续发展。

第3章 国内理念与技术革新

随着我国城市化的不断发展，我国市政基础设施安全管理需求日益凸显，党中央、国务院、国家部委以及各省市高度重视市政基础建设和安全管理工作，围绕市政基础设施建设、标准、监督管理和安全运行等方面，推进市政基础设施理念和技术发展，加快完善相关法规政策工作，为我国市政基础设施安全管理的系统化、智能化、现代化发展指明方向和实践探索路径。

3.1 理念与技术革新

2014年2月25日，习近平总书记在北京市考察工作时强调，要提升城市建设特别是基础设施建设质量，形成适度超前、相互衔接、满足未来需求的功能体系，遏制城市“摊大饼”式发展，以创造历史、追求艺术的高度负责精神，打造首都建设的精品力作。要把解决交通拥堵问题放在城市发展的重要位置，加快形成安全、便捷、高效、绿色、经济的综合交通体系。

2015年12月14日，习近平总书记在中共中央政治局会议中强调，要增强城市宜居性，引导调控城市规模，优化城市空间布局，加强市政基础设施建设，保护历史文化遗产，严格安全监管，健全城市应急体系。

2022年10月16日，习近平总书记在党的二十大报告中强调，坚持人民城市人民建、人民城市为人民，提高城市规划、建设、治理水平，加快转变超大特大城市发展方式，实施城市更新行动，加强城市基础设施建设，打造宜居、韧性、智慧城市。

改革开放以来，我国的市政基础建设效率得到明显的提升。在进行全面性的设施建设中，全国用水普及率及城市交通的覆盖率都得到明显的增强；在集中性的供暖变化中，其用水、燃气及供暖的建设普及率明显得到增强；在集中供暖方面需要结合城市居民服务的情况对其现阶段的变化情况进行多层次的研究；在进行污水的集中处理中，其相应的人均公摊面积体制也逐渐地得到健全。

安徽省合肥市政府于2015年5月发布《关于成立合肥市城市生命线工程安全运行工作领导小组的通知》，由合肥经济开发区管理委员会、城乡建设委员会、财政局、交通运输局、重点工程建设管理局、市供水集团、市燃气集团和清华大学合肥公共安全研究院等单位组成专项工作小组，以公共安全科技为支撑，融合物联网、云计算、大数据、移动互联、BIM/GIS等现代信息技术，透彻感知桥梁、燃气、供水、排水、地下管廊等地下管网城市生命线运行状况，分析生命线风险及耦合关系，深度挖掘城市生命线运行规律，实现城市生命线系统风险的及时感知、早期预测预警和高效处置应对，确保城市生命线的主动式安全保障。城市生命线安全工程针对城市交通桥梁、供水、排水、供电、供气、热力管线、综合管廊、电梯、轨道隧道、输油管线等重要基础设施建立风险立体化监测网络，“风险定位—前端感知—专业评估—预警联动”是城市生命线安全工程的核心。合肥城市生命线安全工程自2016年开始分期实施，在合肥市委、市政府的指挥支持下，已经完成两期工程建设，截至2021年已建成桥梁、燃气、供水、排水、热力、地下管廊六大专项，布设了100多种、8.5万套前端监测设备，实时监测51座桥梁、822km燃气管网、760km供水管网、254km排水管网、201km热力管网、14km中水管网、58km综合管廊，构建“1+2+3+N”城市生命线安全运行监测系统（以下简称系统），建设了合肥城市生命线安全运行监测中心，打造出监测感知“一张网”，以“一张图”形式立体呈现城市生命线运行状态。

2020年，上海正式成立城市运行管理中心，以大会战的方式全面升级“一网统管”，以“高效处置一件事”为目标，加快形成跨部门、跨层级、跨区域运行体系，打造信息共享、快速反应、联勤联动的指挥中心。2021年，上海市继续推进“一网统管”并取得良好效果。上海市长宁区“一网统管”3.0版系统建设，将依托现有城运管理平台2.0版的建设成果，以长宁区城市管理平稳运行及深度应用为牵引，着力打造数字驱动、科学决策的“数治”新范式，让管理者、老百姓都能感受到数字化治理所带来的城市治理的高效与便捷。长宁区“一网统管”3.0版系统建设，对城运管理平台2.0版既有业务功能优化完善，补齐短板、加强长板，不断迭代实现新功能、新场景的升级改造，进一步为勤务人员减负增效，丰富城市精细化管理手段；梳理归纳城运管理基础能力，不断夯实城运基础服务基座，持续扩大资源共享，提升跨部门运行效率，逐步实现城运基础保障对外业务赋能；对标国家、地方城运建设安全标准及考核办法，全面覆盖城运相关网络、数据、应用等安全管控体系及安全管理制度；强化风险意识，实时监测城市管理内、外两侧安全运行态势，实现安全运行态势感知、运行指标量化监测、预警潜在运行风险；充分挖掘城市管理需求，梳理典型业务场景，深度聚焦并持续探索数字时代的城市运行应用场景，助力实现基层实战管用、干部爱用、群众受用的一批城运应用场景。

2021年，北京市坚持以首都发展为统领，围绕落实城市总体规划和北京市“十四五”规划纲要，坚持“五子”联动，坚持以人民为中心的发展思想，推进北京市交通、水务、园林绿化等基础设施建设更新，取得了积极进展。北京市坚定不移疏解非首都功能，助力“两翼”建设，巩固提升“轨道上的京津冀”，强化生态环境联建联防联治，推动区域基础设施一体化发展。

2021年，河南省商丘市坚持“路畅、地净、水清、人文、生态、精美”的总基调，市政基础设施建设和城市管理工作成效显著。在严格落实“十净五无”“双十标准”的基础上，重点加强慢车道、人行道的冲洗、洗扫作业，加大道路洗扫、洒水、路面冲洗和人工保洁作业力度，“地净”目标基本实现。城市垃圾治理统筹推进。建筑垃圾资源化利用项目处置能力已达200万吨，资源化利用率达65%，被科技部评为“绿色建筑与建筑工业化”重点专项科技示范城市。

2021年，新疆维吾尔自治区哈密市坚持“节水优先，强化水资源管理”，成立“东天山水务集团”，实现了对全市供水水源、水库、城市供水、排水、污水处理、中水回用一体化、全过程管理。2020年，哈密市成为自治区级节水型城市，并已顺利通过国家级节水型城市预验收。同时，哈密市坚持“生态优先，绿色发展”，2019年以来先后投入8.64亿元用于城市绿地系统改造、重点街道景观风貌整治、夜间亮化提升等工作，城市景观风貌有了明显改观。

2021年，河北省大力推动市政基础设施提质升级并取得积极成效。河北省住房和城乡建设厅大力推进市政老旧管网改造、城市市政排水管网雨污分流改造、城市建成区水源置换、生活垃圾焚烧处理设施建设、城市公共停车设施建设工程，推动市政基础设施提质升级，城市运行更加安全，居民生活更加便捷。

3.2 法规政策

2022年4月26日，中央财经委员会第十一次会议上，习近平强调，基础设施是经济社会发展的重要支撑，要统筹发展和安全，优化基础设施布局、结构、功能和发展模式，构建现代化基础设施体系，为全面建设社会主义现代化国家打下坚实基础。在

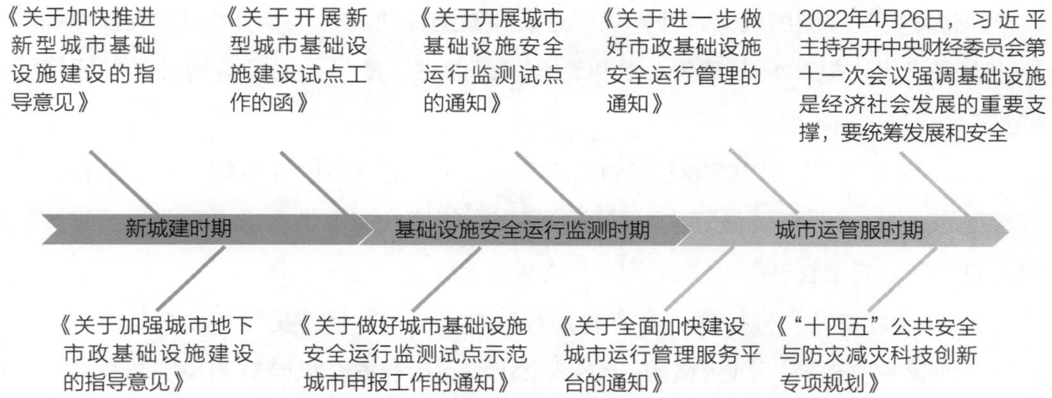

《关于加快推进新型城市基础设施建设的指导意见》

《关于开展新型城市基础设施建设试点工作的函》

《关于开展城市基础设施安全运行监测试点的通知》

《关于进一步做好市政基础设施安全运行管理的通知》

2022年4月26日，习近平主持召开中央财经委员会第十一次会议强调基础设施是经济社会发展的重要支撑，要统筹发展和安全

新城建时期　基础设施安全运行监测时期　城市运管服时期

《关于加强城市地下市政基础设施建设的指导意见》

《关于做好城市基础设施安全运行监测试点示范城市申报工作的通知》

《关于全面加快建设城市运行管理服务平台的通知》

《"十四五"公共安全与防灾减灾科技创新专项规划》

图3-1　市政基础设施相关文件

此次大会前后，住房和城乡建设部、科技部、应急管理部等部门先后印发多份文件支持市政基础设施安全管理建设工作（图3-1）。

3.2.1　国家相关政策

近三年来，国家多部委高度重视市政基础设施安全，指引市政基础设施工程建设、工程监管、管理体制机制、安全运行监管、智能化监测等方面工作，为市政基础设施从过去的阶段性、局部性、常规态安全管理向系统化、全面化、智能化安全管理的改变，为市政基础设施工程建设、运行监测与运营管理指引方向。

2019年6月20日，住房和城乡建设部等部门印发《关于加快推进房屋建筑和市政基础设施工程实行工程担保制度的指导意见》，强调要以习近平新时代中国特色社会主义思想为指导，深入贯彻党的十九大和十九届二中、三中全会精神，落实党中央、国务院关于防范应对各类风险、优化营商环境、减轻企业负担的工作部署，通过加快推进实施工程担保制度，推进建筑业供给侧结构性改革，激发市场主体活力，创新建筑市场监管方式，适应建筑业"走出去"发展需求。

2019年12月25日，住房和城乡建设部印发《关于进一步加强房屋建筑和市政基础设施工程招标投标监管的指导意见》，要求积极推进房屋建筑和市政基础设施工程招标投标制度改革，加强相关工程招标投标活动监管，严厉打击招标投标环节违法违规问题，维护建筑市场秩序。

2020年12月30日，住房和城乡建设部印发《关于加强城市地下市政基础设施建设的指导意见》，要求按照党中央、国务院决策部署，坚持以人民为中心，坚持新发展理念，落实高质量发展要求，统筹发展和安全，加强城市地下市政基础设施体系化建设，加快完善管理制度规范，补齐规划建设和安全管理短板，推动城市治理体系和治理能力现代化，提高城市安全水平和综合承载能力，满足人民日益增长的美好生活需要。

2022年4月29日，住房和城乡建设部印发《关于进一步做好市政基础设施安全运行管理的通知》，强调要做好加强城镇燃气安全管理、城市供水排水行业安全管理、城市园林绿化安全管理等七个方面的市政基础设施安全监管工作。

2022年9月15日，科技部、应急管理部联合印发《"十四五"公共安全与防灾减灾科技创新专项规划》，明确指出开展城市建设和运行安全风险监测预警与防控。重点研发城市建筑施工安全保障、城市内涝、道路塌陷，城市公共基础设施、地下工程及生命线工程等市政设施智能监测与评价，城市运行安全风险防控，大城市、城市群和高风险区灾害监测预警、风险评估技术装备等，提升城市建设与运行风险应对能力。

3.2.2 各地方相关政策

近年来，在党中央和国务院的高度重视与支持下，各省市充分结合地区市政基础设施安全管理现状需求，建立地区特色的市政基础设施安全管理体系。北京市基于城市风险隐患排查工作建立健全市政基础设施安全管理制度；黑龙江从市场化运行方面强化政企合作，引入社会资源推进市政基础设施安全管理；安徽省充分依托本地智慧城市和产业发展优势，打造基于智能感知监测的市政基础设施安全管理体系；辽宁省通过加强体制机制建设保障市政基础设施工程及安全管理工作。

1．北京市相关政策

2016年7月15日，北京市住房和城乡建设委员会印发《北京市房屋建筑和市政基础设施工程生产安全事故隐患排查治理管理办法》，以加强和规范事故隐患排查治理工作，强化企业安全生产主体责任，防止和减少生产安全事故。

2018年11月21日，北京市住房和城乡建设委员会印发《关于加强房屋建筑和市政基础设施工程施工技术管理工作的通知》，以解决当前本市房屋建筑和市政基础设施工程技术管理存在的突出问题，强化各参建单位技术管理责任，促进施工技术管理工作科学化、制度化、规范化，提高首都工程质量安全水平。其中强调，要加强推进明确施工单位相关人员技术管理责任、加强施工图纸会审管理、进一步规范设计变更和工程洽商管理、严格施工组织设计和专项施工方案管理流程、加强新技术管理、加强施工安全质量风险技术管理、提高技术交底的针对性、提高施工试验技术操作水平和强化政府监督管理等十四项工作。

2019年6月26日，北京市住房和城乡建设委员会印发《北京市房屋建筑和市政基础设施工程有限空间作业安全管理规定》，以加强北京市房屋建筑和市政基础设施工程有限空间作业安全管理，规范有限空间作业安全行为，预防房屋建筑和市政基础设施工程有限空间事故的发生。

2021年1月26日，北京市住房和城乡建设委员会印发《关于激励本市房屋建筑和市政基础设施工程科技创新和创建智慧工地的通知》，其中强调要按照“经济、安全、适用、绿色、美观”的要求，加快科技创新和智慧工地创建工作，在北京市在建项目施工现场推广应用信息化管理方式，推荐采用物联网智能技术及相应设备，推动构建覆盖全市在建工程的“政府主推、企业主导、项目主建”三级智慧监管服务体系，推行智慧工地量化评价制度，激励具有创新、创造能力的企业实施智慧管理，推进施工现场与建筑市场信息互通，提高企业与从业人员履职尽责积极性，提升北京市建筑企业竞争力与项目精细化管理水平，促进首都建筑业持续高质量健康发展。

2．黑龙江省相关政策

2015年12月10日，黑龙江省政府办公厅印发《关于鼓励和引导社会资本参与市政基础设施建设运营的若干意见》，鼓励引导社会资本参与市政基础设施建设运营。对具备一定条件的市政基础设施项目，鼓励社会资本参与或允许跨地区、跨行业参与投资、建设和运营，建立政府引导、社会参与、政企分开、市场运作的市政基础设施建设投融资体制。

2020年3月18日，黑龙江省住房和城乡建设厅印发《关于在房屋建筑和市政基础设施领域推行工程总承包的通知》，以为加快改革黑龙江省工程建设组织形式，提高政府投资项目的投资效率和建设管理水平。其中指出要在加强沟通协调，培育市场主体，建立激励机制和积极探索实践四个方面开展相关工作。

2021年10月15日，黑龙江省政府发布《黑龙江省“十四五”城镇市政基础设施建设发展规划》，梳理总结“十三五”发展成效，明确提出“十四五”城市供水、城市供热、城市燃气、城镇生活污水处理、城市排水防涝、城市路桥、城市停车场、城市绿化、城市照明、地下管线等10个行业及智慧市政“十四五”任务和实现途径。指出了四大问题亟须破解：城市市政基础设施总量不足，地区发展不平衡；城市市政基础设施质量不高，供需出现新矛盾；城市市政基础设施建设滞后，城市病问题凸显；城市市政基础设施供给薄弱，短板十分突出。需要在“十四五”期间予以有效解决。

3．安徽省相关政策

2022年1月4日，安徽省住房和城乡建设厅发布《安徽省“十四五”城市市政公用事业发展规划》，总结“十三五”全省城市市政公用事业发展成就，分析“十四五”发展形势，阐明“十四五”全省城市市政公用事业发展的指导思想、主要目标、重点任务及保障措施，指导未来五年全省城市市政公用事业发展。其基本原则有以下五点：（1）坚持以人为本、民生优先。（2）坚持生态文明、理念创新。（3）坚持系统规划、分类施策。（4）坚持统筹协调、精细管理。（5）坚持技术创新、智慧赋能。

安徽省的目标是主动适应立足新发展阶段、贯彻新发展理念、构建新发展格局，树立城市系统思维、安全思维，统筹规划，智慧管理，持续推进城市基础设施补短板、强弱项、提品质，支撑新型城镇化发展要求，推动城市高质量发展。到2025年，建成布局合理、设施配套、功能完备、安全高效的现代化城市市政基础设施体系，实现市政公用设施提档升级。

4．辽宁省相关政策

2015年4月20日，辽宁省住房和城乡建设厅印发《辽宁省房屋建筑和市政基础设施工程施工安全监督实施办法》，以加强全省房屋建筑和市政基础设施工程施工安全监督，规范住房城乡建设主管部门安全监督行为。

2017年12月9日，辽宁省住房和城乡建设厅和辽宁省发展和改革委员会共同发布《关于印发推进全省城市市政基础设施建设实施意见的通知》，强调要全面贯彻落实党的十九大精神，深入学习贯彻习近平新时代中国特色社会主义思想及中央城镇化工作会议、中央城市工作会议精神，进一步落实新发展理念和“四个着力”“三个推进”，把市政基础设施建设作为深化供给侧结构性改革的重要举措，立足长远，统筹规划，分类实施，提升城市市政基础设施建设和管理水平，促进市政基础设施的增量、提质、增效，为辽宁全面振兴发展做出积极贡献。

2018年11月6日，辽宁省住房和城乡建设厅和辽宁省人力资源和社会保障厅共同发布《关于在房屋建筑和市政基础设施工程项目建设活动中全面推行保函保证的通知》，以切实减轻建筑业企业负担，激发市场活力，加快建筑业转型升级，促进辽宁省建筑业持续健康发展。

5．小结

随着城市化进程加快、基础设施进入老化阶段、气候变化导致自然灾害加剧、基础设施级联失效等诸多问题，城市市政设施建设逐渐进入新阶段，国家与地方政策也逐渐转型，全力推进城镇市政基础设施发展围绕基础设施的体系化、品质化、绿色化和制度化发展，着力打造宜居城市、绿色低碳城市、安全韧性城市、智慧城市。

2
方法篇

第4章

市政基础设施智能感知与监测总体架构

市政基础设施智能感知与监测从城市整体安全运行出发，以预防燃气爆炸、桥梁倒塌、城市内涝、路面塌陷、大面积停水停气等重大安全事故为目标，以公共安全科技为核心，以物联网、云计算、大数据等信息技术为支撑，透彻感知城市运行状况，分析生命线风险及耦合关系，实现对市政基础设施的风险识别、透彻感知、分析研判、辅助决策，使市政基础设施管理“从看不见向看得见、从事后调查处置向事前事中预警、从被动应对向主动防控”的根本性转变。

4.1 技术架构

市政基础设施感知与监测平台按照“感、传、知、用”的架构设计，分为“五层两翼”。“五层”依次为前端感知层、网络传输层、数据服务层、应用软件层和用户交互层；“两翼”是指遵循的标准规范与安全保障体系、运行管理与协同联动机制。平台架构如图4-1所示。

1．前端感知层

前端感知层汇聚燃气、桥梁、供水、排水、水环境、热力、综合管廊等行业主管部门和权属责任企业建设的监测感知网，接入气象、交通、地质、人口等相关业务和社会数据，其中市级平台对各县（市）级前端感知数据进行汇聚。根据风险评估结果新建覆盖一般风险及以上的监测感知网，实现对城市生命线运行风险的全方位、立体化动态监测。

2．网络传输层

网络传输层利用互联网宽带、GPRS无线传输网络、NB-IoT窄带物联网通信技术等传输网络，形成前端物联网感知网络及信息交换共享传输能力，为城市级信息的流动、共享和共用提供基础。

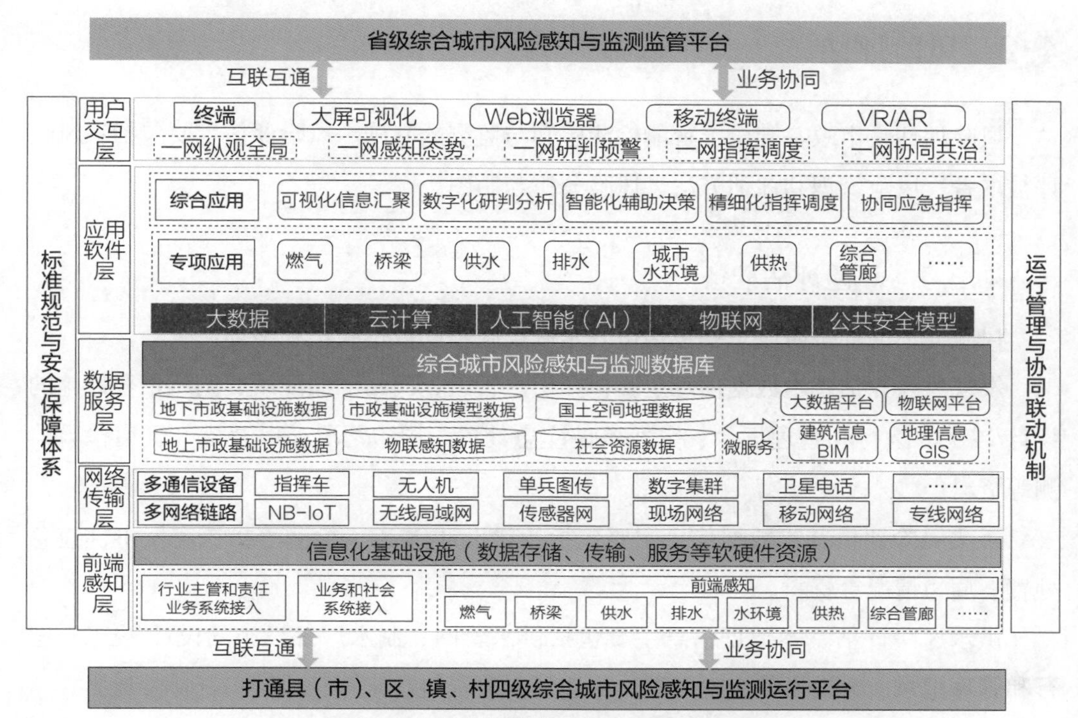

图4-1　市政基础设施智能感知与监测技术架构图

3. 数据服务层

数据服务层包括地下、地上市政基础设施数据，国土空间地理数据，市政基础设施模型数据，社会资源数据和物联感知数据，以建筑信息BIM、地理信息GIS、物联网IoT等CIM平台技术为基础，实现城市级信息资源的聚合、共享、共用，并为各类应用提供支撑。

4. 应用软件层

应用软件层主要包括城市生命线综合应用系统和各专项应用系统，实现用户管理、风险评估、设备管理、实时监测、监测报警、模型分析、辅助管理等应用功能。通过调度各类数据服务、平台服务和基础设施服务，形成城市生命线风险监测预警和协同联动体系。

5. 用户交互层

用户交互层可以通过桌面端、移动终端等多种形式对应用系统进行展示。

4.2 风险评估

风险评估是市政基础设施智能检测感知与监测的基础。风险评估主要包括：风险评估准备、风险辨识和评估方法、风险分析与制图。

4.2.1 风险评估准备

风险评估的准备阶段主要包括市政基础设施基础数据收集和整理。

燃气风险评估基本数据信息主要包括燃气管道、门站、储配站、调压站等设施的设计/竣工、运行和管理记录、突发事件应急处置、周边情况，以及燃气管道检验检测等资料。

桥梁风险评估基本数据信息主要包括桥梁设计/竣工、检测养护、突发事件应急处置、周边情况等资料。

供水风险评估基本数据信息主要包括供水管网、制水厂等设施的设计/竣工、运行和管理记录、突发事件应急处置、周边情况等资料。

排水风险评估基本数据信息主要包括排水系统设计/竣工、运行和管理记录、突发事件应急处置、周边环境等资料。

水环境风险评估基本数据信息主要包括河流、湖、库等资料。

供热风险评估基本数据信息主要包括供热管网、热源和热力站等设施的设计/竣工、运行和管理记录、突发事件应急处置、周边环境，以及热力管道检验检测等资料。

综合管廊风险评估基本数据信息主要包括管廊设计/竣工、日常运维、突发事件应急处置、周边情况等资料。

4.2.2 风险辨识和评估方法

风险辨识主要通过访谈法、检查表法、情景分析法、故障树法以及城市体检等方法对监测区域的风险源、风险事件及其原因和潜在后果进行系统归类和全面识别。其中风险事件主要包括初始事件、次生事件、衍生事件和耦合事件等。

城市生命线安全工程风险评估的方法主要包括以下几种。

1．燃气安全风险评估

利用燃气与相邻管线耦合隐患辨识模型、独立窨井爆炸风险评估模型、连通管线爆炸风险评估模型、连通管线燃气扩散范围分析模型、地下空间爆炸影响范围预测分析模型等系列模型，给出城市燃气四级风险点、风险区，得到城市燃气泄漏燃爆风险等级四色图，作为燃气管线监测点位布设、泄漏预测预警、应急辅助决策的依据。

2．桥梁安全风险评估

利用桥梁结构有限元模型、风载荷振动评估模型、重载荷影响评估模型等，结合桥梁规模、在役年限、桥梁技术状况（养护）等级、养护维修、地质和气象条件、交通流、附近危险源及重要防护目标等信息，从桥梁自身、自然环境和社会环境等方面，综合研判桥梁风险等级，给出桥梁风险等级四色图，作为监测对象选择、监测布点、预警评估、分析研判和应急辅助的依据。

3．供水安全风险评估

利用供水管网泄漏、水锤、爆管风险评估模型和水力学模型，得出供水管网水力学运行状态和高风险区域分布，给出城市供水四级风险点/风险区，作为供水管网维修与养护、监测点位布设、运行调度、异常预警和分析研判的依据。

4．排水安全风险评估

排水安全风险评估可针对排水系统中的雨水和污水管网因地制宜按需选择合适的模型。

雨水管网可结合雨水管网风险评估模型、水力学模型、暴雨内涝预警模型，给出城市雨水排放四级风险点、风险区，得出淤积、溢流、高负荷运行等风险等级四色图，作为雨水管网维修养护、监测点位布设、异常预警、分析研判、泵站调度的依据。

污水管网可结合管网风险评估模型及水力学模型，给出城市污水排水系统四级风险点、风险区，得出管道淤积、污水外溢、管网高水位运行等风险等级四色图，作为污水管网维修养护、监测点位布设、异常预警、分析研判、泵站调度的依据。

5．水环境安全风险评估

通过实时和历史监测数据对风险及其变化趋势进行预判，准确地反映当前的水体质量和污染状况，弄清水体质量变化发展的规律，找出流域的主要污染问题，为水污染治理、水功能区划、水环境规划以及水环境管理提供依据。

6．供热安全风险评估

利用供热管网泄漏概率、泄漏预警、爆管预测、蒸汽冷凝积水等模型，给出城市热力四级风险点、风险区，得出热力管网泄漏、爆管、水击等风险等级四色图，作为管网维修养护、监测点位布设、事故预测预警、应急预案制订的依据。

7．综合管廊安全风险评估

利用供水管线爆管、燃气管线泄漏扩散、电力管线火灾等风险评估与仿真模型，得出管廊爆管淹没、泄漏爆炸、火灾等风险等级四色图，作为综合管廊监测点位布设、事故预测预警、应急预案制订的依据。

4.2.3 风险分析与制图

风险分析主要包括安全风险的可能性分析和后果严重性分析。可能性分析主要通过对历史发生概率、现有控制措施有效性进行分析。后果严重性分析通过分析人员伤亡、财产损失、脆弱性目标影响、基础设施损坏或中断等综合度量。

结合城市市政基础设施各类风险事件发生的可能性和后果的严重程度，根据风险值的大小，将安全风险等级从高到低划分为重大风险、较大风险、一般风险、低风险四个等级，分别用Ⅰ级（红色）、Ⅱ级（橙色）、Ⅲ级（黄色）、Ⅳ级（蓝色）表示。

采用风险矩阵方法确定风险等级，风险等级准则参考表4-1。根据风险管理工作的实际情况，可对风险等级准则进行适当调整。

用于风险矩阵法的风险等级准则 表4-1

风险等级		后果严重性				
		很小 1	小 2	一般 3	大 4	很大 5
可能性	基本不可能 1	低	低	低	一般	一般
	较不可能 2	低	低	一般	一般	较大
	可能 3	低	一般	一般	较大	重大
	较可能 4	一般	一般	较大	较大	重大
	很可能 5	一般	较大	较大	重大	重大

在汇总分析城市市政基础设施各专项风险评价结果基础上，经现场核实，形成城市市政基础设施风险清单，绘制城市市政基础设施工程风险隐患四色图，编制风险评估报告，制订分类分级管控措施，明确风险管控的责任部门和单位。风险评估结果作为城市市政基础设施工程设计和建设的依据。

4.3 建设内容

在风险评估的基础上开展市政基础设施智能检测感知与监测平台建设。建设内容包括：市政基础设施工程数据库、监测感知网、应用软件系统、基础支撑系统和安全运行监测中心。

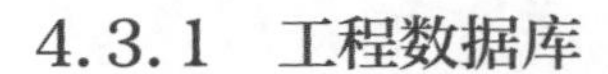

4.3.1　工程数据库

通过汇集市县地下管网地理信息、地上桥梁和电梯等设施信息、物联感知监测数据等CIM基础数据，以及国土空间规划、人口经济信息等社会资源数据，建立覆盖地上地下的城市生命线安全工程数据库。主要包括：地下市政基础设施数据、地上市政基础设施数据、国土空间地理数据、市政基础设施模型数据、社会资源数据、物联感知数据。

1．地下市政基础设施数据

地下市政基础设施数据主要包括燃气管网、供水管网、排水管网、热力管网和综合管廊等设施数据。

燃气管网数据主要包括场站、管网、地下相邻空间以及日常巡检维修隐患数据。必选数据主要有燃气管线、管点数据，相邻管线、管点（包含电力、通信、供水、排水）数据；可选数据主要有维修台账数据、隐患信息数据、第三方施工信息数据、场站信息数据和入户信息数据。

供水管网数据主要包括水源地、水厂、泵站（房）、管网、市政消火栓、巡检养护以及维修处置。必选数据主要有供水管线、供水管点、水源地、水厂信息、泵站（房）、巡检养护、维修处置；可选数据主要有市政消火栓数据。

雨水排水管网数据主要包括雨水泵站、易涝点、雨量站、水文站点、堤防、雨水管网、维修处置以及隐患监测。必选数据主要有雨水排水管线、雨水排水管点、雨水泵站信息、易涝点信息、雨量站信息；可选数据主要有堤防信息、雨水管网维修处置信息、雨水排水监测信息、雨水排水缺陷记录。

污水排水管网数据主要包括污水泵站、污水处理厂、管网、维修处置以及隐患监测。必选数据主要有污水排水管线、污水排水管点、污水泵站信息、雨量站信息（针对合流制管网）、污水处理厂信息；可选数据主要有污水管网维修处置信息、污水排水监测信息、污水排水缺陷记录。

热力管网数据主要包括管网、热源厂、换热站、巡检养护以及维修处置。必选数据主要有热力管线、热力管点、热源厂、换热站、泵站（房）信息；可选数据主要有巡检养护、维修台账数据。

综合管廊数据主要包括管廊本体数据（区域管廊、舱室、口部、支墩支架、控制中心等数据）、入廊管线数据（管线段信息、管线点信息）、附属设施数据（消防系统、通风系统、供电系统、照明系统、监控与报警系统、排水系统、标识系统）及其他数据（危险源防护目标、意外灾害）。

2．地上市政基础设施数据

地上市政基础设施以桥梁类为主。桥梁基本数据主要包括桥梁基本信息、联信息、跨信息、墩信息、检查记录信息、桥梁竣工图纸和计算书、BCI信息、检查病害数据、维修养护信息以及交通量调查信息。

3．国土空间地理数据

国土空间地理数据主要包括数字正射影像图（DOM）数据、数字高程模型（DEM）数据和数字线划地图（DLG）数据。数字正射影像图（DOM）数据，要求分辨率优于1m；数字高程模型（DEM）数据，要求优于2m×2m网格，高程中误差为0.5—5m（平地—高山地）；数字线划地图（DLG）数据，比例尺为1：500—1：10000，主要包括社会单元信息数据，道路信息数据，河流、湖泊、水库数据，地形地貌、植被数据，轨道交通数据，土地利用信息以及兴趣点数据。以上数据均应采用2000国家大地坐标系（CGCS2000）、1985国家高程基准。空间地理信息数据现势性不超过3年。

4．市政基础设施模型数据

市政基础设施模型数据主要分为BIM模型和三维模型两大类。BIM模型主要为桥梁、燃气、供水、热力、排水、通信和电力7类模型数据。三维模型类主要分为人工三维建模数据和倾斜摄影三维建模数据。其中人工三维建模数据分为3大类，包括地上危险源及重点防护目标建筑物三维模型、普通建筑物三维模型、其他要素类三维模型。三维模型数据格式、坐标、规范等技术要求可参考BIM类模型数据要求进行建设。

5．社会资源数据

社会资源数据来源主要为政务服务数据和社会公共数据，主要分为重点防护目标、重大危险源、人口经济和应急资源信息数据。重点防护目标主要包括政府机关、学校、医院、车站等物理场所。重大危险源主要包括加油站、加气站、放射源、锅炉站、饭店、危险化学品工厂等物理场所。应急资源信息数据主要包括应急救援队伍、应急物资储备库、应急物资、应急专家、应急避难场所、预案、知识库等数据。

6．物联感知数据

物联感知数据主要包括气象、交通视频、地质监测、人口密度等社会数据及燃气、供水、桥梁、排水、热力、综合管廊等物联网监测数据。

4.3.2　监测感知网

从城市整体安全运行要求出发，根据风险评估结果，各市建设市政基础设施监测中心和网络，覆盖燃气、桥梁、供水、排水、城市水环境、供热、综合管廊等重点领域，形成城市市政基础设施安全工程监测网。具体的监测网络建设内容和技术见本书第5—12章，本节不做细述。

4.3.3　应用软件系统

1．综合安全应用系统

（1）风险态势“一张图”

构建综合风险评估指标体系和城市安全运行体征指标体系，基于风险感知“一张网”汇聚的各领域监测预警数据，形成城市安全态势图，多角度、多维度清晰展现城市安全风险画像。通过专题、行业、区域综合风险评估，确定风险等级，构建风险动态云图，深度挖掘城市安全风险管控薄弱环节。

（2）运行态势感知

运行态势感知汇聚融合各类安全运行相关数据进行综合分析，以“一张图”形式呈现城市整体运行情况，建立一套城市健康运行体征指标体系，对城市运行数据进行综合展示，反映城市运行状况。

（3）综合分析研判

根据城市生命线安全工程运行监测数据和报警数据，分析城市日常运行健康状况，研判城市生命线各行业及交叉耦合行业间的城市公共安全事件，预测预警可能发生的燃气爆炸、桥梁垮塌、路面塌陷等各类事件。通过数据和模型运算，对各类事件可能造成的灾害范围、影响范围及影响度进行分析和研判，实现城市安全的综合分析概览。

（4）协同联动处置

实现预警上报、分级响应、应急联动、远程会商、辅助决策。

2．专项应用系统

（1）燃气管网及相邻空间安全监测应用系统

依据燃气扩散模型，基于燃气在有限密闭、局部连通空间以及不同地质土层中的扩散、渗透规律，对燃气管网及其相邻地下空间结构的综合分析，实现燃气管线相邻地下空间可燃气体在线监控，实时发现和及时预警微小燃气泄漏；具备泄漏快速溯源及泄漏影响分析功能，减少或避免重特大燃气泄漏爆炸事故的发生。

（2）桥梁安全监测应用系统

基于前端物联网监测数据针对桥梁安全进行风险评估、针对桥梁实时安全状况进行科学研判、针对桥梁的管理养护进行辅助决策。

（3）供水管网安全监测应用系统

基于管网运行压力、流量及泄漏噪声信息，结合道路荷载信息和土壤土质信息，实现路面塌陷预测预警和爆管预测预警，运用管网水力学模型和泄漏预警模型，通过大数据分析研判，实现对路面塌陷和管网爆管的风险评估及预测预警分析。

（4）排水管网安全监测应用系统

汇聚城市排水管网实时运行数据和城市排水系统基础数据，结合区域气象信息，利用管网运行状态分析模型、区域水流动力分析模型、区域水位变化趋势模型等，综合分析城市排水系统安全运行态势，及时预警城市内涝、地下空洞、可燃气体爆炸等风险。

（5）城市水环境安全监测预警系统

包括基础数据管理、监测预警分析、排水管网管理、整治工程管理、河长制服务、污染溯源分析、公众服务评价七个基础应用子系统。

（6）供热管网安全监测应用系统

通过监测供热管网运行关键指标实时感知热力管网运行状态，综合考虑热力管网属性信息、周边环境信息、重要防护目标等信息对城市热力管网运行状况进行安全评估。利用水力学模型、爆管预警模型和介质扩散模型，及时预测预警热力管网泄漏、爆管等事故，实现泄漏快速溯源及泄漏影响分析。

（7）综合管廊安全监测应用系统

实现对供水管线、燃气管线、电缆火灾、廊内环境及附属设施等安全监测。

4.3.4 基础支撑系统

基础支撑系统建设要求包括城市基础信息系统、网络传输系统、数据接口服务、主机与存储和安全保障体系等，满足系统业务及非功能性要求。

4.3.5 安全运行监测中心

安全运行监测中心包括监测中心和综合展示区。

监测中心作为开展风险感知、监测报警、研判预警和联动处置的中枢，其物理场所包括综合展示区、值班区（操作区）、监测区、会商研判区、应急决策区、运行保障区等功能区。

综合展示区主要承担监测中心数据展示和跟踪处置等功能。值班区（操作区）承担监测中心的设备控制和各应用系统调用等功能。监测区承担运行监测和报警处置功能。会商研判区承担各类突发风险事件的专家研讨分析功能。应急决策区承担主要领导对各类突发事件的决策、指挥等功能。运行保障区包括机房、设备运行监控和库房等场所。

第5章 燃气管网及相邻地下空间安全运行监测

城市燃气管网是现代化城市的重要设施之一，发展城市燃气可较大幅度提高居民的生活水平。城市燃气输配主要采用管道方式，管道经常因腐蚀、变形、第三方施工等原因造成破损，燃气泄漏易扩散到地下相邻空间，从而引发燃气爆炸事故，严重影响人民群众的生命财产安全和社会和谐稳定，故对燃气管网及相邻地下空间进行监测至关重要。人工巡检是各燃气管道公司较常用的方法，但人工巡检工作劳动量大、周期较长、效率较低，不能很好满足城市燃气快速发展的需求。因此基于仪表检测技术、嵌入式控制技术、无线组网技术以及计算机技术的数据采集与监视控制（Supervisory Control And Data Acquisition，SCADA）系统成为近年来研究的热点，但SCADA系统也存在一些不足，例如系统稳定性不强，无法识别城市燃气泄漏中出现最多的微小泄漏。同时由于城市地下空间复杂、隐蔽，燃气泄漏具有变化慢、扩散聚集复杂等特点，通过管网压力流量和低频巡检无法及时发现，且地下空间环境恶劣并存在无人监管、权责不清、抢修不及时等隐患。目前用于城市燃气监测的方法相对较少，相关监测设备也存在防腐能力不足、维护工作量大等问题，因此开展城市燃气管网及相邻地下空间安全运行监测研究尤为重要。

5.1 燃气管网及相邻地下空间安全运行风险现状

我国城市燃气建设应用历史较长，最早追溯到1865年在上海建成的第一个煤制气厂，距今已有150多年历史，但发展极为缓慢。直到1949年，全国只有上海、大连、沈阳、鞍山、抚顺、长春、锦州、哈尔滨、丹东9个城市有煤气设施，并且普遍处于设备陈旧、技术落后的状况。中华人民共和国成立后，随着冶金、石油工业的不断发展，我国的燃气事业也得到了较快发展，特别是改革开放后，由于大量进口国外的液化石油气和天然气的开采利用，我国城市燃气事业得到了很大发展，燃气水平已成为现代化城市的重要标志之一。

目前，随着国内煤改气、油改气进程的加快和城镇化比例的不断提高，我国对天然气需求量不断增大。国家在出台的《中华人民共和国国民经济和社会发展第十三个五年规划纲要》《能源发展“十三五”规划》和《天然气发展“十三五”规划》中对城市天然气的发展与使用做出了重要规划，提出要全面加速推进天然气行业的发展。并在《天然气发展“十三五”规划》中指出，要加快天然气管网建设，包括完善四大进口通道，提高干线管输能力，加强区域管网和互联互通管道建设；要大力推进天然气替代步伐，替代管网覆盖范围内的燃煤锅炉、工业窑炉、燃煤设施用煤和散煤。在城中村、城乡接合部等农村地区燃气管网覆盖的地区推动天然气替代民用散煤，其他农村地区推动建设小型LNG储罐，替代民用散煤。加快城市燃气管网建设，提高天然气城镇居民气化率。实施军营气化工程，重点考虑大型军事基地用气需求，为驻城市及周边部队连通天然气管网，支持部队开展“煤改气”专项行动。

根据住房和城乡建设部编写的《2020年城乡建设统计年鉴》，截至2020年底，我国城市天然气管道长度已达到85.06万km，城市天然气用气人口已达到4.13亿人，2020年，我国天然气供气总量达1563.7亿m^3，比2019年增长2.34%。

根据《城镇燃气设计规范》（2020版）GB 50028—2006规定，城镇燃气管道的设计压力分为7级，并符合表5-1的要求。

城镇燃气管道设计压力分级　　表5-1

名称	高压燃气管道（MPa）	次高压燃气管道（MPa）	中压燃气管道（MPa）	低压燃气管道（MPa）
A	$2.5<P\leq4.0$	$0.8<P\leq1.6$	$0.2<P\leq0.4$	$P<0.01$
B	$1.6<P\leq2.5$	$0.4<P\leq0.8$	$0.01\leq P\leq0.2$	

城镇输配系统的燃气管网，根据所采用的管网压力的不同可分为：

（1）一级系统。仅由低压或中压B管网组成。

（2）二级系统。由低压和中压B或低压和中压A管网组成。

（3）三级系统。由低压、中压和次高压或高压管网组成。

（4）多级系统。由低压、中压、次高压和高压管网组成。

高压A输气管通常是贯穿省、地区或连接城镇的长输管线，有时也构成大型城镇输配管网的外环网；高压B管网一般构成城镇输配管网的外环网；中压A管和中压B管经过区域调压站或用户专用调压站给低压管道供气或给工厂企业、大型公共建筑用户以及锅炉房供气；低压管网一般直接向居民用户和小型公共建筑用户供气。2021年共发生燃气爆炸事件1140起，其中室内燃气事故801起，室外燃气事故339起；事故共造成106人死亡、763人受伤。2021年1月、4月、5月、7月、8月是燃气事故的高发期，其中7月燃气事故数量最多，共发生119起，当月日均发生事故近4起；1月、6月、10月事故伤亡人数较多，其中6月最高，伤亡人数达193人，当月日均伤亡超过6人。1月、6月事故死亡人数较多，其中6月最高，死亡人数为29人。

在2021年燃气爆炸事故（数据来源：2021年《全国燃气事故分析报告》）中，室内燃气爆炸事故801起，占事故总数的70.26%；其造成的死亡人数为69人，占事故总数的65.09%；受伤人数577人，占事故总数的75.62%，因此室内燃气事故是造成人员伤亡的主要事故，需重点关注。而在室内燃气事故中，有76.15%发生在居民室内，23.10%为商户事故，0.75%为厂站事故，但厂站事故造成的死亡人数相对较高。在2021年室内燃气事故中，79.78%的事故是液化石油气泄漏导致，14.86%是天然气泄漏导致；在61起已核实事故原因的天然气用户事故中，胶管问题占21.31%，用户私自接改燃气管道造成事故占19.67%，外力因素导致燃气泄漏事故占14.75%，违规操作、室外燃气泄漏串入室内、外力因素导致燃气泄漏等原因造成的伤亡率较高。由此可见，加强对自闭阀、报警器等技术推广，加强燃气安全宣传，提高居民安全意识十分必要。

2021年发生室外燃气管道事故339起，造成37人死亡，186人受伤；2020年发生室外燃气管道事故151起，造成5人死亡，27人受伤；2019年发生室外燃气管道事故259起，造成1人受伤，未造成人员死亡；2018年发生的274起室外燃气事故，造成5人死亡，185人受伤；2017年发生的265起室外燃气事故造成16人死亡，132人受伤。其中，2021年“6・13”湖北十堰燃气爆炸事故共造成26人死亡，138人受伤，其事故严重性较高、影响范围较大。因此，室外燃气事故仍不容小觑。

造成燃气管线事故的原因很多，主要包括管线自身缺陷、管道腐蚀泄漏、第三方施工破坏、地质灾害等。2021年已核实事故原因的248起燃气管网事故中，第三方施工破坏引发的事故占比81.45%，管道腐蚀泄漏造成的事故占比5.65%，车辆撞击造成的事故占比5.24%，详见表5-2。而且由于城镇化比例的快速增长，城市管线规模迅速扩张，各类管线在地下分布错综复杂，管线与管线之间不可避免地存在交叉或相邻的情况。燃气管线发生泄漏后，很容易通过土壤扩散到周边地下及地上密闭空间内，发生聚集，一旦遇火源就可能发生大规模爆炸事故。

2021年燃气管网事故原因占比　　表5-2

序号	事故原因名称	事故原因数量	占比（%）
1	第三方施工破坏	202	81.45
2	管道腐蚀泄漏	14	5.65
3	车辆撞击	13	5.24
4	地质灾害	5	2.02
5	地面沉降	5	2.02
6	违规操作	2	0.81
7	私自接改燃气管道	2	0.81
8	未审批、焊接质量不合格	1	0.40
9	调压器泄漏	1	0.40
10	PE 管遭白蚁蛀蚀泄漏	1	0.40
11	铸铁管灰口断裂	1	0.40
12	阀门泄漏	1	0.40

下面对近些年发生的典型燃气泄漏爆炸事故进行分析。表5-3和表5-4为近些年国内外发生的燃气泄漏爆炸事故典型案例。

燃气泄漏爆炸事故（国内）　　表5-3

时间	发生地点	原因	后果
1995.01.03	济南	煤气管道密封不严，不断泄漏进高压电缆沟，并由一家玻璃店的煤炉引爆	2.2km 路段的人行道和部分路面不同程度损坏，临街建筑物被炸毁，12 人死亡、61 人受伤，直接经济损失 400 余万元
2004.01.27	章丘	居民没有关闭燃气阀门，造成大量燃气泄漏，因开灯产生明火而引起爆炸	爆炸之后其所在单元 10 户住宅全部坍塌，造成 14 人死亡、3 人重伤
2004.05.29	泸州	燃气管网与排水沟交叉的位置出现腐蚀穿孔，管道泄漏后，燃气沿排水管道扩散，最后经排水管道渗透到地下室与路面间的缝隙，聚集达到爆炸极限后被点燃而发生爆炸	5 人死亡、35 人受伤
2006.01.13	西安	燃气井内阀门断裂，遇明火闪爆	雁塔区青松路西八里村 118 号楼一至三层的房屋几乎被烧光，8 人受伤
2006.11.17	大连	居民过失，造成厨房（阳台）内燃气管道与灶具连接的塑料软管松动脱落，导致燃气大量泄漏，遇电火花而引发爆炸	造成第二、三层楼板坍塌，一至三层 3 户居民遇难，造成 9 人死亡、1 人严重烧伤
2010.12.21	温州	路面塌陷破坏燃气管线道路，导致燃气管线泄漏至地下雨水管线内，发生了爆炸事故	周边 300m 范围内的近 30 家店面门窗均被振碎，很多停在路边的车辆受损

续表

时间	发生地点	原因	后果
2012.07.07	郑州	郑州纬五路一口电缆井发生了爆炸，原因为旁边的燃气管线泄漏可燃气体扩散至电力井内	4人受伤，其中两人受伤较为严重
2012.07.27	重庆奉节县	天然气从软管连接处泄漏，引起天然气爆炸，随后火焰扩散，导致屋内东西全部烧毁	1人死亡、5人烧伤
2012.11.23	晋中	液化石油气泄漏后与空气混合形成爆炸性气体，遇火源发生爆炸	14人死亡、47人受伤，经济损失1600万元
2013.10.22	温州	600m以外的燃气管线出现泄漏，泄漏燃气通过污水管道扩散至将军大酒店的位置，在窨井内聚集，被点燃后引发了爆炸	酒店门前5辆汽车被毁
2013.11.22	青岛	输油管道泄漏后，原油进入市政排水暗渠，挥发聚集达到爆炸极限，遇火花发生爆炸	62人死亡、136人受伤，直接经济损失75172万元
2014.07.31	高雄	李长荣化工厂输送丙烯管线破碎，丙烯气体泄漏到路旁的侧沟，沿着雨水下水道蔓延，在相对密闭的空间内聚集与空气混合体积达到2%—11.7%的爆炸极限，遇火源引发连环爆炸	32人遇难、321人受伤
2016.09.19	无锡	饮食店液化天然气泄漏引发爆炸	爆炸造成房屋坍塌，现场多人被埋压，造成5人死亡、5人受伤
2017.02.07	承德	燃气管网泄漏，泄漏的燃气扩散到了地下KTV，可燃气体在地下发生聚集最后点火出现爆炸	事故造成2人受伤，KTV内部设备设施遭到严重破坏
2017.05.21	成都	成都市青白江区一饭店发生天然气燃烧事件	事故造成1人死亡、13人受伤
2017.06.08	南京	南京市一月子会所食堂因液化气泄漏而发生燃爆事故	事故造成2人死亡、8人受伤
2017.07.21	杭州	杭州一餐馆因石油气泄漏发生爆燃事故	事故造成3人死亡、44人受伤，直接经济损失700余万元
2018.01.17	吉林	居民互操作导致民用天然气泄漏，引发天然气爆炸	事故造成3人死亡、4人受伤
2018.03.24	景德镇	燃气管道破裂，可燃气体泄漏至下水管道引发了爆炸	事故造成1人死亡、5人受伤
2019.01.30	长春	居民使用燃气不当，造成家中燃气泄漏，引发爆燃及火灾	造成8人死亡、3人受伤
2019.10.13	无锡	无锡锡山区一小吃店可燃气体泄漏，引发燃气爆炸	造成9人死亡、10人受伤，部分房屋倒塌，直接经济损失约1867万元
2021.06.13	十堰	天然气中压钢管严重腐蚀导致破裂，泄漏的天然气在建筑物下方河道内密闭空间聚集，遇餐饮商户排油烟管道排出的火星发生爆炸	26人死亡、138人受伤
2021.09.10	大连	室内液化石油气管道在穿楼板处腐蚀泄漏，遇火源产生爆燃	8人死亡、5人受伤
2021.10.21	沈阳	烧烤店燃气并网施工过程中，施工人员在焊接作业后未将法兰有效密封，且未进行严密性检查，泄漏的燃气遇电火花发生爆炸	5人死亡、89人受伤

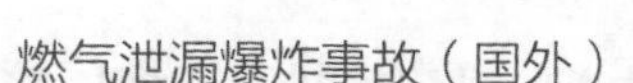

燃气泄漏爆炸事故（国外）　　表5-4

时间	发生地点	事故经过	事故后果
1992.04.22	瓜达拉哈拉	汽油管线泄漏至排水管线内，挥发的可燃气体发生爆炸	200 多人死亡、1470 人受伤，许多人失踪，8km 长的街道以及通信和输电线路被毁坏
1995.04.28	大邱	天然气管道泄漏后，燃气在地下在建地铁巷道中扩散、聚集，并被焊枪出现的火花点燃发生爆炸，数百米长的路段被炸毁。路面下的管线也被炸毁，地铁施工现场进水	109 人死亡、200 多人受伤，100 多辆汽车被毁
2013.01.31	墨西哥	天然气管线发生了泄漏，扩散至大楼地下停车场，发生的爆炸波及地上两层	32 人死亡、121 人受伤
2014.08.31	巴黎	燃气管网泄漏后，可燃气体从排水沟扩散至住宅内部聚集点火发生了爆炸	8 人死亡、11 人受伤，四层住宅楼发生爆炸倒塌
2018.09.13	波士顿	增压过度致使波士顿的三个社区劳伦斯、安杜佛和北安杜佛接连发生天然气管道爆炸，导致 70 多起火灾	导致至少有 70 多幢房屋被毁得面目全非，1 人死亡、多人受伤，超过 18000 户民宅和商家停电
2018.12.31	马格尼托哥尔斯克	马格尼托哥尔斯克市一居民楼发生天然气爆炸，致使该楼一个单元全部垮塌，单元内居民被埋	事故致使 39 人死亡、多人受伤，48 间公寓被毁
2019.01.12	巴黎	煤气泄漏导致爆炸事故	事故造成 4 人死亡、54 人受伤，多处建筑被毁
2020.01.23	利马	天然气运输车发生爆炸事故	事故造成 8 人死亡、40 人受伤
2020.06.30	德黑兰	伊朗一诊所天然气泄漏导致爆炸事故	事故造成 19 人死亡、6 人受伤
2020.10.08	尼日利亚	燃气站发生爆炸	事故造成 8 人死亡、多人受伤

由表5-3和表5-4可知，燃气泄漏后，一旦发生爆炸，很容易就会造成大量的人员伤亡、经济损失以及恶劣的社会影响。室内燃气爆炸事故多为燃气泄漏后，在室内遇到火源而引发爆炸。室外燃气爆炸事故多为燃气泄漏，扩散到暗渠、雨污水管线、窨井等相邻地下空间产生聚集，引发爆炸，而相邻地下空间一般相对隐蔽，很难及时发现可燃气体积聚风险，故对其进行可燃气体监测就显得尤为重要。

5.2　燃气管网及相邻地下空间安全运行监测对象

燃气的主要成分是甲烷，通过监测地下空间内甲烷气体的浓度可初步判断燃气管线是否泄漏。由于地下空间环境复杂，容易产生沼气，且沼气和燃气的主要成分都是甲烷，为了避免实际应用中出现沼气误报的现象，需要辅助监测井内温度。根据浓度、温度变化趋势可判别可燃气体的来源，确定监测设备报警原因是沼气集聚还是燃气管线泄漏，从而避免误报现象的发生。

城市地下管网由燃气、排水、电力、热力、通信管网等组成，各类管网分布纵横交错。由于燃气的易燃易爆特性，一旦埋地燃气管线发生泄漏，泄漏气体可通过土壤扩散到相邻地下空间产生聚集，易造成较大规模燃气爆炸事件。针对燃气管网与雨水、污水、电力管线交叉的现况，按照优先考虑具有高泄漏风险、人口密集、地区敏感和面临威胁较大区域的选择原则进行监测和预警。燃气管网及相邻地下空间监测对象及主要指标应符合表5-5的规定。

监测对象及主要指标表　　表5-5

监测对象	监测指标	监测设备技术要求
管线	压力	精度：±1.5%FS； 环境适用性：应具防爆、防腐、防水等抗恶劣环境性能
	流量	精度：不低于 10m³/h； 环境适用性：应具有耐高温、高压、防爆、防腐、防水等抗恶劣环境性能
燃气管网相邻地下空间	甲烷气体浓度	量程：0—20%VOL； 精度：±0.1%VOL； 示值误差：≤2.5%FS； 使用寿命：不少于 5 年； 工作温度：-10—60℃； 防爆等级：Ex ib IIB T4 Gb； 采集频率：标准模式下不低于 1 次 /30min，触发报警时不低于 1 次 /5min； 环境适用性：应具防爆、防腐、防水等抗恶劣环境性能； 防护等级：IP68； 通过交变湿热环境试验，湿度不低于 95%RH； 通过恒定湿热环境试验，温度 40±2℃，湿度（93±3）%RH

5.3 燃气管网及相邻地下空间安全运行监测技术

5.3.1 技术发展历程

针对燃气管网及相邻地下空间燃气爆炸造成的严重后果，采取科学的监测技术手段，快速准确地发现燃气泄漏，防止可燃气体在有限空间积聚，是保障城市安全运行的重要支撑手段。

目前国内关于燃气管线的监测应用研究多针对长输油气管道，长输油气管道监测的主要方法及优缺点如表5-6所示。相较于长输油气管道而言，城市燃气管线多为中低压管线，泄漏产生的负压和声波弱、衰减快，且受环境干扰、检测距离和定位精度等多因素影响，能应用于燃气管网实时工况监测的手段仍然有限。目前针对城市燃气管网监测的研究多为通过对杂散电流、防腐压力和流量等工况变化的监测研究。

其中，监控和数据采集（SCADA）系统因其能在线实时监测各节点压力流量的变化情况，得到逐步推广。国外早在20世纪60年代就开始对SCADA系统进行研究，并在实际生产管理中得到发展和应用。到20世纪90年代，在工业发达国家，SCADA系统已经在燃气输配系统中得到广泛应用。随着分布式计算机网络以及关系数据库技术的大力发展，SCADA系统与其他相关系统能够实现大范围的联网和数据共享。例如美国SSI公司开发了在线仿真软件（On-line System），可以实时读取燃气管网SCADA系统的采集数据，通过动态分析帮助调度人员实时掌握管网的运行情况；意大利Snamprogetti公司开发了用于燃气输配管网系统的在线仿真软件Dispatching Tutorial System，可与SCADA实时监控系统连接，用于管网的优化调度和智能运行等。我国从20世纪80年代开始引进和开发SCADA系统。进入20世纪90年代，随着经济的快速发展、燃气供应规模不断扩大，城市燃气管网结构越来越复杂，SCADA系统应用越来越广泛，如北京、上海、成都、西安等城市燃气公司相继从国外引进SCADA系统。鞍山、青岛、天津、太原、郑州等城市燃气公司也相继建立自己的SCADA系统。国内高校和企业也对SCADA系统做了较为深入的研究。总体来说，SCADA系统的应用对生产调度起着相当好的辅助作用，但同时也存在一些不足，例如系统稳定性不强、系统扩展性不好、自身维护能力不足、采集数据后期处理和分析不够、SCADA系统实时监测压力流量无法识别微小泄漏等。

现有主要燃气管线监测技术对比　　表5-6

设备安装位置	名称	优点	缺点
管道内部	平衡流量法	可发现微小泄漏	反应时间长，不能进行泄漏点定位
	负压波法	定位精度和灵敏度都很高，实施便捷	不适于微小泄漏和渗漏
	声波法	灵敏度高，实施便捷，可定位	需沿管线布设大量传感器，成本高，环境噪声影响明显
	实时瞬态模型法	可定位，灵敏度高	需要安装大量传感器，成本高
	监控与数据采集法	泄漏报警准确，漏点定位精度高，并具有决策控制功能	要求管道模型准确，运算量大，成本高，需要进行人员培训和系统维护以及布设大量的高精度测量仪表
管道外部	气体敏感法	定位准确，能发现微小渗漏	需要沿管道密布气体采集器，成本高
	激光光纤传感法	灵敏度较高，电绝缘性良好，在较为恶劣环境下信号传输性能良好，可使用现有直埋通信系统光缆进行检测	施工费用高，泄漏点定位精度不高，不能区分人为产生的机械振动和管道泄漏引起的机械振动，易产生误报
	电缆传感法	漏点定位精度高、软件的设置和维护简单	成本高，监测电缆线需要专门安装

目前针对城市燃气管网泄漏，国内外高校和企事业单位已开展了大量研究，但城市燃气泄漏多源于微小泄漏，地下空间复杂、隐蔽、聚集位置难确定，具有变化慢、扩散聚集复杂的特点，通过管网压力流量和低频巡检无法及时发现，且地下空间环境恶劣并存在无人监管、权责不清、抢修不及时等隐患，目前用于城市燃气监测的方法相对较少，且国内相关监测设备仍存在设备防腐能力差、防护等级低、受温湿度影响大、数据传输不稳定等问题，导致对燃气管网及相邻地下空间进行大规模、系统性的实时在线监测存在困难，难以应对日趋增长的监测要求，故研发抗恶劣环境性能强的监测设备，实时在线监测可燃气体浓度，对于预防燃气管网及相邻地下空间燃爆事故具有重大意义。

5.3.2 燃气管网及相邻地下空间监测设备

通过在燃气管网及相邻地下空间安装可燃气体监测设备，对于燃气管网存在耦合隐患的暗渠、雨污水管线、电力管线等高风险燃气管网及相邻地下空间可燃气体浓度进行实时物联网监测，实现监测区域内燃气管线泄漏的快速感知。

窨井内甲烷监测仪是一类固定安装在燃气管网及相邻地下空间的窨井里，实现对窨井内甲烷气体的持续监测，可通过对监测数据进行分析，判断是否存在燃气泄漏，监测仪示意图如图5-1所示。

图5-1 窨井内甲烷监测仪

一般窨井内环境相对恶劣，存在如下特征。

（1）易积水、湿度较大。燃气管网相邻地下空间多是市政窨井，这些窨井在建设过程中虽经过防水处理，但暴雨天气易冲入雨水造成井内积水，积水难以渗透或蒸发，导致井内湿度较大。

（2）易积聚沼气。部分排水管网特别是污水管网中由于长期不清淤或设计不合理，易积聚沼气，有燃爆风险。

（3）通信信号弱。主干道上井盖对信号有较强的屏蔽效应。

为适应以上条件，用于窨井内的监测设备一般应具备防爆、防腐、防水等抗恶劣环境性能、传感器不受温湿度影响、数据传输能力强等特点。

目前广泛用于甲烷气体监测的传感器主要分为催化燃烧式、红外和激光三种类型。沼气中的硫化氢会使催化燃烧类传感器灵敏度降低；高湿度环境会使红外传感器的监测数据发生漂移；而激光传感器是由激光器打出一束特定波长的光谱，只有甲烷

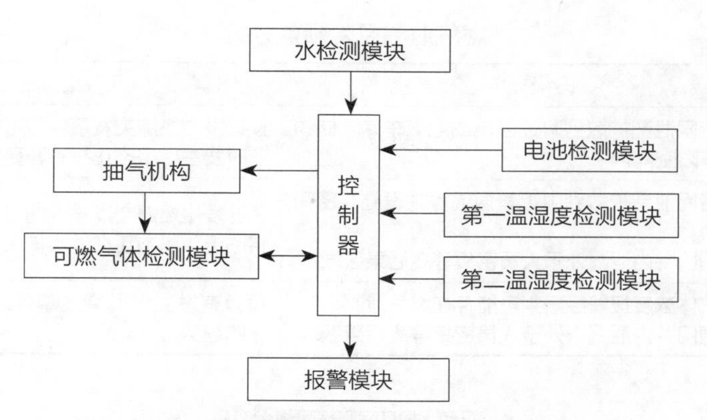

图5-2　窨井内甲烷监测仪结构示意图

能吸收该光谱，因此可以较好地避免水蒸气对监测结果的影响。

一般窨井内甲烷监测仪包括抽气机构、可燃气体检测模块、控制器、报警模块、水检测模块、电池检测模块、温湿度检测模块等，如图5-2所示。

抽气机构抽取窨井内气体样本，并发送给可燃气体检测模块；可燃气体检测模块用来检测气体样本中是否含有可燃气体，并将气体样本检测数据发送给控制器；当可燃气体浓度超过阈值时，控制器向报警模块发送报警指令；当可燃气体浓度低于阈值时，控制器向抽气机构和可燃气体检测模块发送休眠指令；电池检测模块用来检测供电设备的电压信息，并将电压信息发送给控制器；若电压信息低于阈值，则控制器向所属报警模块发送报警指令；水检测模块、第一、第二温湿度检测模块分别检测窨井内水深信息、井内环境的温湿度信息和管路中的气体样本温湿度信息，并发送给控制器。

5.3.3　燃气管网及相邻地下空间风险预警

1．预警分级

监测中心（承担城市基础设施安全运行监测数据的监测值守、分析研判和辅助决策的机构）对监测系统实行7×24小时监测值守制度，当值守人员发现监测系统报警后，由数据分析人员立即进行警情分析研判，排除误报警或假报警。当确定为真实风险警情后，数据分析人员应结合历史监测数据、附近危险源和防护目标、附近人口交通或环境等相关信息，按照当前警情可能导致安全事故性质、当前风险的态势发展程度、事故影响的严重程度等因素，对可能引发的安全事故进行风险预警分级。燃气管网及相邻地下空间风险预警分为燃气泄漏风险预警与沼气堆积风险预警，分别如表5-7与表5-8所示。

燃气泄漏风险预警分级　　表5-7

预警级别	分级标准	可能造成的后果
一级预警	燃气管网泄漏扩散到附近区域或地下车库、储物间等有限空间内	预计发生燃爆突发事件的可能性极大，事件会随时发生，事态正在不断蔓延，后果很严重
二级预警	燃气管网泄漏扩散到附近管道或窨井设施等密闭空间内； 燃气阀门井内泄漏处于人员密集等高后果区域	预计发生燃爆突发事件的可能性较大，事件即将临近，事态正在逐步扩大，后果比较严重
三级预警	可燃气体浓度报警经研判可能存在燃气泄漏； 燃气阀门井内泄漏未处于人员密集等高后果区域	预计有发生燃爆突发事件的可能，事态有扩大的趋势

沼气堆积风险预警分级　　表5-8

预警级别	分级标准	可能造成的后果
二级预警	高浓度沼气聚集（超过5%VOL）且在连通空间内扩散	预计发生燃爆突发事件的可能性较大，事件即将临近，事态正在逐步扩大，后果比较严重
三级预警	窨井内沼气聚集浓度超过5%VOL	预计有发生燃爆突发事件的可能，事态有扩大的趋势

2．预警发布

监测中心应根据预警级别，选择合理的预警发布方式来发布预警信息，可采用监测系统、纸质文件和即时通信三种方法。一级风险预警在监测系统和纸质文件发布的基础之上，应增加即时通信方式；二级和三级风险预警可选择监测系统和纸质文件发布；所有信息反馈内容应留有系统记录。预警发布信息应包括预警时间、预警级别、风险位置、影响范围等，如表5-9所示。

风险预警发布信息表　　表5-9

类别	具体内容
预警时间	预警发布时间（北京时间）
预警级别	研判风险预警级别
风险位置	报警点位置
影响范围	300m内危险源数量、防护目标数量、人流交通复杂程度、相邻空间管网拓扑结构等
其他约定发布内容	联动部门协商发布的其他内容

3．预警联动

燃气管网及相邻地下空间安全运行监测应根据不同的风险预警级别建立不同的风险预警响应流程。

（1）三级风险预警响应

监测中心通过综合分析判定为燃气泄漏或沼气堆积三级风险后，应立即将预警信息发送权属责任单位，并持续进行监测分析，必要时进行现场技术支持；权属责任单位按照相关技术要求进行现场排查处置并及时向监测中心反馈相关情况。待处置完成后，监测中心解除预警，预警响应终止。各相关单位可根据现场实际情况，适时调整风险预警级别，具体流程见图5-3。

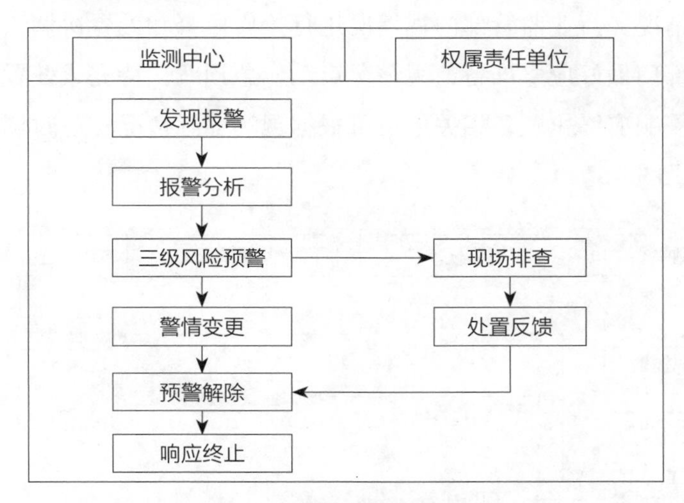

图5-3　三级风险预警响应流程

（2）二级风险预警响应

监测中心通过综合分析判定为燃气泄漏或沼气堆积二级风险后，应立即将预警信息发送权属责任单位和行业监管部门，并持续进行监测分析，必要时进行现场技术支持；权属责任单位按照相关技术要求进行现场排查处置并及时向监测中心反馈相关情况；行业监管部门视情况进行抢修监督和处置协调。待完成处置后，监测中心解除预警，预警响应终止。各相关单位可根据现场实际情况，适时调整风险预警级别，具体流程见图5-4。

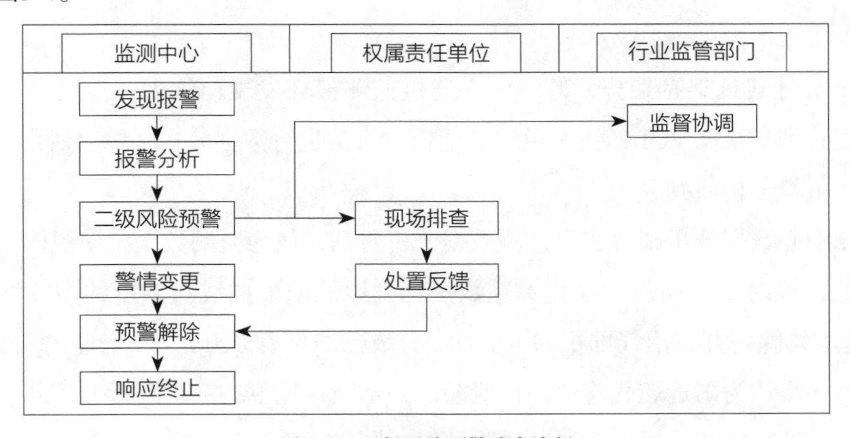

图5-4　二级风险预警响应流程

（3）一级风险预警响应

监测中心通过综合分析判定为燃气泄漏一级风险后，应立即将预警信息发送至权属责任单位、行业监管部门和城市安全主管机构，并持续进行监测分析，必要时进行现场技术支持。权属责任单位按照相关技术要求进行现场排查处置并及时向监测中心反馈相关情况，行业监管部门视情况进行抢修监督和处置协调。城市安全主管机构组织相关部门做好应急准备，视情况启动应急预案。待完成处置后，监测中心解除预警，预警响应终止。各相关单位可根据现场实际情况，适时调整风险预警级别，具体流程见图5-5。

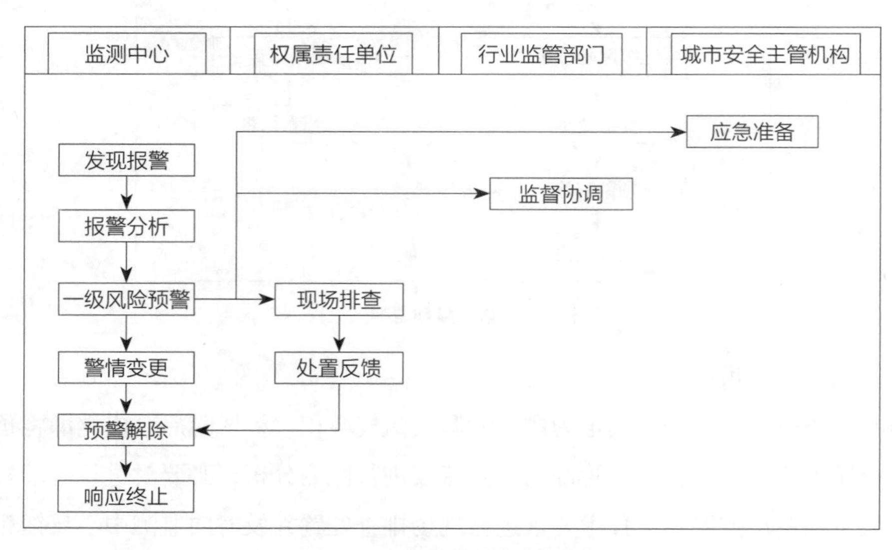

图5-5　一级风险预警响应流程

4．应用案例

案例：J市K处燃气泄漏预警处置

（1）报警信息

某年某月某日某时某分，监测中心通过监测值守发现J市K处某通信井内可燃气体浓度值达到13.75%VOL，快速组织专业技术人员进行数据分析和综合研判。

（2）报警分析研判

监测中心数据分析师对实时监测数据分析研判，认为监测数据波动规律符合燃气泄漏特征；同时采用斯皮尔曼相关系数法计算甲烷浓度曲线与温度的相关性系数为0.27，基本排除窨井内沼气堆积的可能性（分级标准见表5-10）。结合地下管网信息，综合研判初步认为附近燃气管道存在泄漏，并不断在地下扩散至附近通信井内聚集。监测中心立即向燃气公司发布二级风险预警，同步报告J市行业监管部门。

气体类型判断分级表 表5-10

序号	相关系数 R 范围	判断分级
1	$R \geqslant 0.8$	确定为沼气
2	$0.6 \leqslant R < 0.8$	极有可能为沼气
3	$0.4 \leqslant R < 0.6$	疑似沼气
4	$R < 0.4$	非沼气

（3）现场排查复核

燃气公司接报后迅速赶往现场复核排查发现K处有刺鼻性气味，同时利用手持式可燃气体检测仪在通信井内检测到乙烷气体。经现场复核最终确认通信井附近存在燃气管道泄漏扩散现象，并及时向监测中心反馈排查结果。

（4）抢修处置

某时某分，经开挖后确认附近DN200的老旧铸铁管道连接处螺栓松动导致天然气泄漏，并不断在地下扩散至附近通信井内聚集。某日某时某分，燃气公司抢维修中心完成更换螺栓、紧固修复工作，恢复正常供气，同时将处置结果反馈至监测中心。

5.3.4 燃气管网及相邻地下空间辅助决策分析

1．泄漏溯源分析

通过对燃气管网及其相邻地下空间进行实时监测，对燃气超标报警进行判断，确定燃气泄漏的类型和规模，确定可能泄漏的管线，为燃气集团现场抢修、维修提供依据。基于对溯源分析模型和算法的研究，结合燃气监测系统的功能，针对日常发生的燃气泄漏进行溯源定位，并形成技术标准文件。当燃气管道发生泄漏后，利用地下相邻空间安装的可燃气体智能监测仪溯源分析，结合报警点的周围环境信息，例如密度、孔隙率、含水量、天气变化、降雨、干旱、高低温、冻土等，估算燃气扩散的半径。通过不同窨井报警设备感知的扩散半径进行叠加，根据气体不同时间的浓度场和窨井的连通类型，设置泄漏空间边界条件和校正因子，用优化算法和随机逼近等反演方法对密封空间泄漏源进行反演推算，寻找可能发生泄漏的燃气管线。

2．泄漏扩散分析

城市埋地燃气管道投入运行以后，因燃气管道的腐蚀、管道接口及阀门密封材料老化、安装质量不良、机械振动、管道的热胀冷缩和其他原因，产生穿孔、裂缝或断裂造成燃气泄漏。泄漏的燃气通过两种途径传播到地面上来：理想情况下道路的覆盖层是松散土壤，燃气泄漏在土壤中呈漏斗形向地面扩散，并且能够直接冒出地面；实际情况是城市燃气管道大部分埋在水泥或沥青路面覆盖层的下面，泄漏的燃气难以直接穿透到路面上，特别是微小的泄漏更是如此。这时，气体通过路面的薄弱环节，比如：检查井、便道缝隙、绿化带等处逸出地面。泄漏的燃气若达到爆炸极限，遇火源就可能发生火灾或爆炸，导致重大的人员伤亡和财产损失。

由于在燃气管道敷设时，不同高度上土壤成分不同，在表面还可能覆盖着混凝土或沥青，在高度方向上受到自身重力的影响，即使是同一土壤成分，其密度、孔隙率、含水量也会发生变化。另外，随着天气变化，降雨、干旱、高低温、冻土等对土壤的密度、孔隙率、含水量等也会造成影响，因此很难通过理论计算的方法对实际扩散规律进行准确描述。相关文献表明，不同覆盖介质类型下存在燃气最远扩散距离，故以不同覆盖介质下燃气最远扩散距离为基础对燃气管网泄漏扩散范围进行预测。

3．泄漏爆炸分析

燃气管线发生泄漏后，若可燃气体在密闭空间内聚集，达到爆炸极限后遇到引火源会发生爆炸事故，此类爆炸事故对人员及设备设施造成的危害性和破坏范围远大于有毒气体，还会涉及城市公共安全。因此进行燃气管网周边地下空间最大爆炸损伤范围的定量计算具有重要意义，可以预估爆炸危险性，并为现场应急疏散救援工作提供参考。

以相邻地下空间内燃气发生爆炸产生的最严重后果作为后果评价的结果，即相邻地下空间内充满可燃气体，且可燃气体浓度刚好处于爆炸后TNT当量达到最大值的浓度。一方面确保爆炸危险性评价的可靠性，另一方面燃气爆炸后的TNT当量需要考虑燃气的泄漏量，而燃气的泄漏量在实际工程应用中难以获取确切值，故以管线相邻地下空间内特定浓度的燃气量作为发生爆炸时的泄漏量进行计算。进一步的，根据TNT当量，可由各损伤程度下超压值计算出对应伤害半径，同时根据能量守恒定律可求出破片飞溅距离。

4．应用案例

案例：J市K处燃气泄漏辅助决策

监测中心在发布预警信息后立即开展辅助决策分析。

（1）泄漏溯源分析

通过泄漏溯源分析发现附近可能泄漏燃气管线有4根，其中最近的燃气管道H为中压B级的铸铁材质的管道，埋深约1.1m，管道直径为200mm，管道铺设年限为1989年，属于高风险燃气管道，泄漏可能性最高。分析图见图5-6。

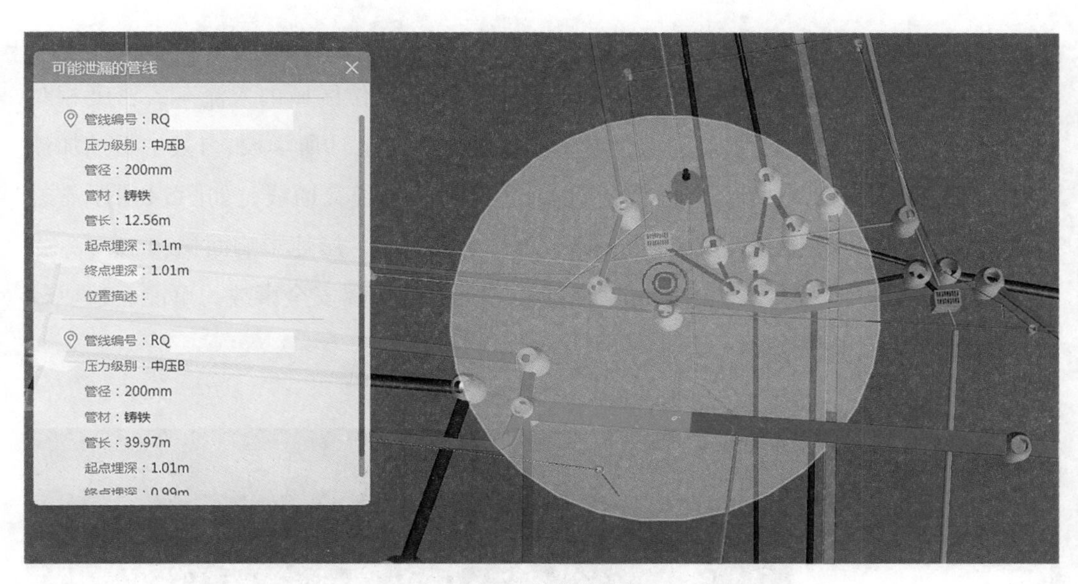

图5-6　泄漏溯源分析

（2）泄漏扩散分析

经泄漏扩散分析发现受影响的其他管线有92根，总长1514.94m。其中雨水管线有10根，总长115.19m；污水管线有6根，总长113.75m；供电管线有4根，总长80.05m，如图5-7所示。燃气管道泄漏后极易在相邻雨污水和供电管道进行扩散，且在通信井内聚集浓度已达爆炸极限，遇到点火源将会造成燃爆安全事故。

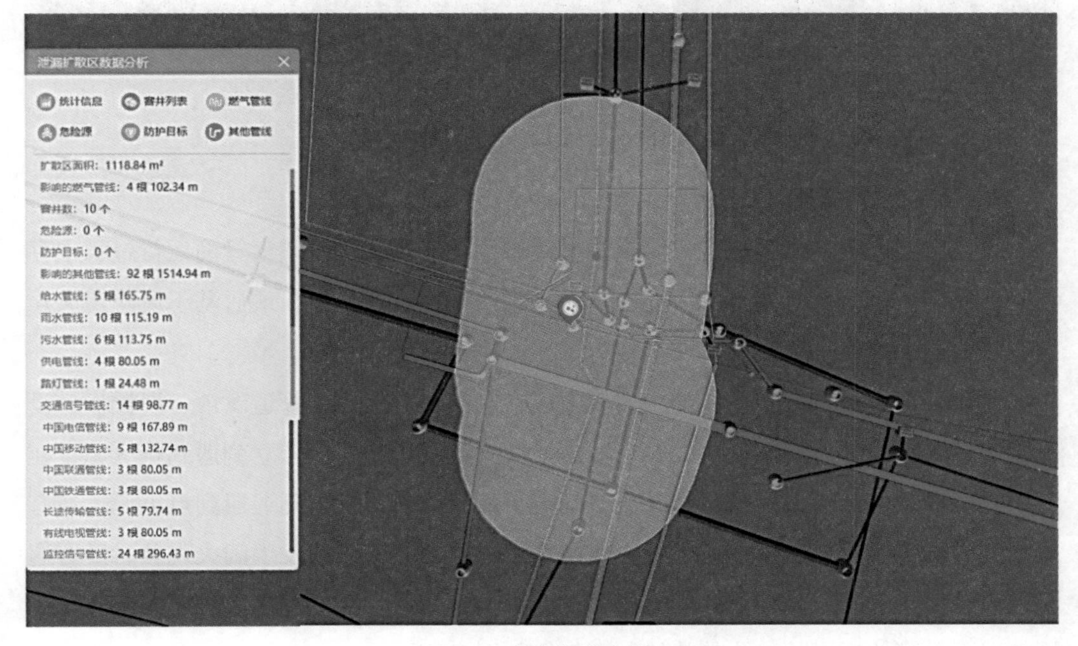

图5-7　泄漏扩散分析

（3）泄漏爆炸分析

通过对监测点位地上基础信息进行分析，发现该点位区域内人流车流密度相对较大，300m范围内有9处住宅区、6所党政机关、2所医院、9所学校、1处中石油加油站、6处商业大厦、2个大型商业广场，以及立交桥和轨道交通线，如图5-8所示。通过爆炸模拟计算，该窨井轻伤半径2.55m，重伤半径2.1m，爆炸影响面积20.30m^2，受影响的通信管线有4根，总长18.69m。区域内一旦发生燃爆安全事故，可能会造成较大的人员伤亡及财产损失。

图5-8　爆炸模拟分析

5.3.5　燃气管网及相邻地下空间安全评估

1．安全评估概述

燃气管网安全评估，首先需要进行风险识别工作，即辨识燃气管网运行过程中存在的风险因素，然后对风险的可能性和后果的严重性进行分析，最后基于风险定义建立燃气管网风险评估模型。

燃气管网运行过程中存在的主要风险因素有第三方破坏、管道腐蚀、误操作、设计缺陷、自然灾害以及阀门失效等。城市燃气管道发生泄漏，若立刻遇到点火源，在有限空间内会发生燃爆事故，在开放空间内会发生喷射火。若延迟遇到点火源，在有限空间内会发生蒸气云爆炸或地下空间爆炸，在开放空间内会发生闪火现象。没有遇到点火源，在有限空间内就会产生可燃气体积聚，在开放空间，气体就会扩散开。不同情况下，事故后果的演化趋势绘制事件树如图5-9所示。

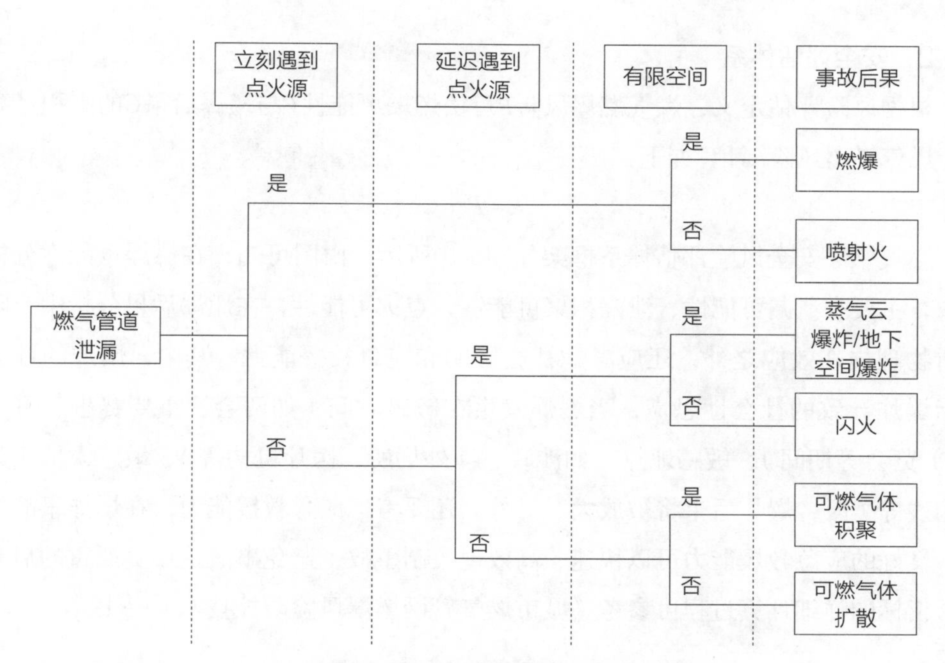

图5-9　燃气泄漏事故后果演化

常见的燃气管道事故后果包括喷射火、蒸气云爆炸、地下空间爆炸等。其中，喷射火的伤害形式主要是热辐射，一般通过热辐射通量来描述热辐射对人体的伤害，相关学者提出了单点源模型、多点源模型、固体火焰模型、线性积分模型等计算喷射火的危害区域和热辐射通量。蒸气云爆炸主要的破坏形式是冲击波超压，通过冲击波超压的影响范围衡量后果。目前，评估蒸气云爆炸效应的模型方法主要有TNT当量法、TNO多能法、Baker-Strehlow法等，经常采用的是TNT当量法。TNT当量法是把气云爆炸的破坏作用转化成TNT爆炸的破坏作用，不少学者在该方面也做了相关研究。地下空间燃气爆炸也可以采用TNT当量法模拟燃气爆炸对空间结构的振动破坏影响。

对于燃气管网相邻地下空间的风险评估，目前研究较少，但相邻地下空间事故却频频发生，例如近些年影响较大的“6・13”十堰燃气爆炸事故，由于集贸市场天然气中压钢管严重腐蚀导致破裂，泄漏的天然气在建筑物下方河道内密闭空间聚集，遇餐饮商户排油烟管道排出的火星发生爆炸，造成26人死亡，138人受伤，直接经济损失约5395.41万元。管网相邻地下空间爆炸事故也引起了学者们的重视，但事故后果分析基本采用理论分析或简单数值模拟的方法，模型准确性有待考证。另外，燃气管网相邻地下空间的风险更为隐蔽，评估起来更为复杂，不仅需要根据燃气爆炸事故演变过程分析爆炸事故发生的可能性，还需要分别对连通空间和独立空间两种地下空间进行爆炸后果评估，最终进行燃气管网相邻地下空间风险评估。

2. 安全评估体系

根据风险评估定义，燃气燃爆风险R可由燃爆可能性P与燃爆后果C的乘积计算获得，燃气燃爆风险R计算如下：

$$R=P\cdot C$$

燃气燃爆安全风险评估体系框架如图5-10所示，由图可知，在燃爆可能性分析指标中，主要有泄漏可能性、泄漏积聚可能性、点火可能性，在燃爆后果分析中，除了分析物理损伤效应之外，还应考虑社会影响和应急救援能力。其中，爆炸的社会影响指爆炸导致的社会性恐慌，当爆炸发生在敏感时间（如两会、重要赛事、重要展（博）览会等期间）、敏感地点（如涉政、涉外场所、医疗机构等）、敏感人群（如老弱病残等）时，爆炸后果将被放大。另外，还要考虑应急救援能力，在爆炸事故发生后，良好的应急救援能力可以快速、高效地控制事故，避免事故造成更严重的后果。每个指标的详细计算过程可参考《城市燃气管网燃爆风险防控技术》一书。

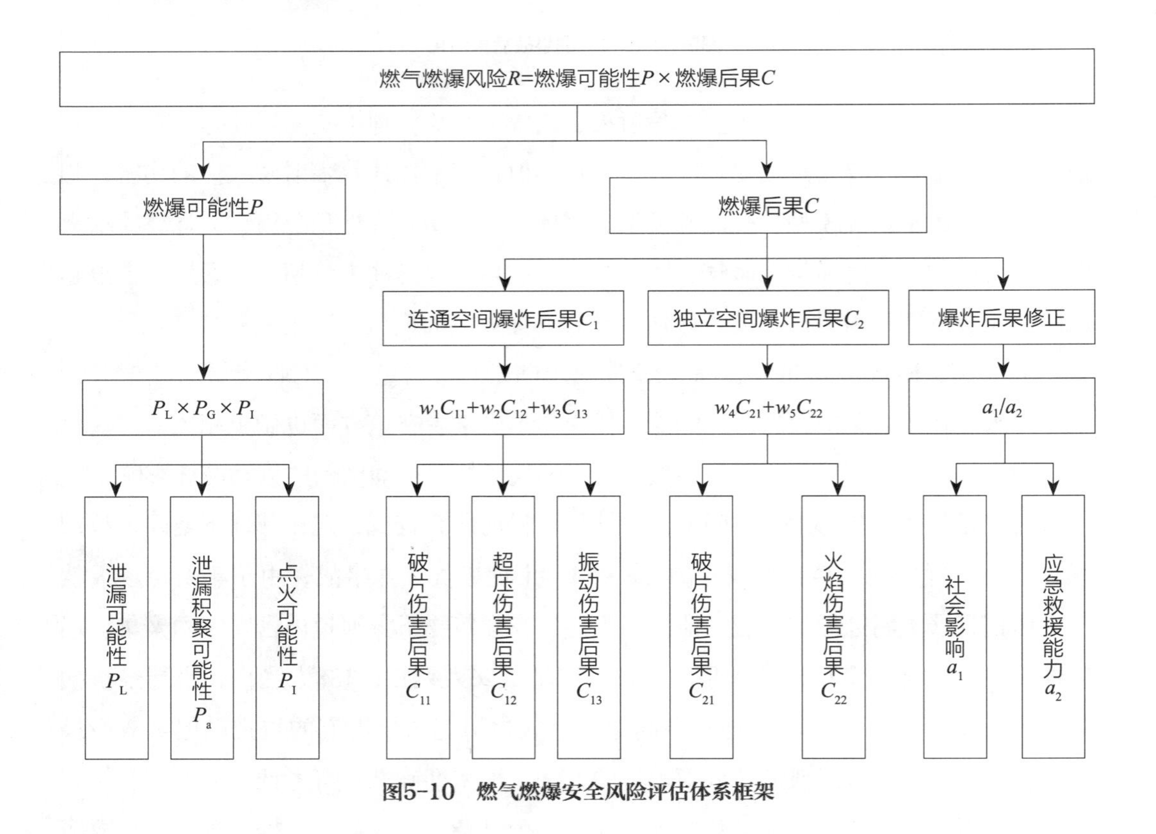

图5-10　燃气燃爆安全风险评估体系框架

第6章 桥梁安全监测

近年来，桥梁结构安全监测技术发展迅速，已经成为传统人工检测方式的必要补充。其通过布设于桥上的传感设备，感知桥梁环境荷载、自身特性和结构响应信息，辅助桥梁管理和养护人员做出科学决策。相比于传统的人工检测方法，在线监测方法有效提高了突发性损伤的发现速度，同时使得累积性损伤的发展趋势推演成为可能，也可以实现对隐蔽部位的观察，能及时在大的损伤和异常情况发生后采取报警手段。监测系统相当于一个现场实验室，有助于验证设计，并指导今后类似桥梁的设计工作。随着我国经济的快速发展，建成通车的桥梁越来越多，众多桥梁无时无刻不在接受周围环境的影响，因此随时都有遭受损伤的可能。为确保桥梁的结构安全、实施经济合理的维修计划、实现安全经济的运行及查明不可接受的响应原因，实时监测和预报桥梁结构的性能，及时发现和估计桥梁结构内部损伤的位置和程度，特别是在经历了导致结构损伤的事件后，立即对其健康状况做出评估是非常必要的。

6.1 桥梁安全运行风险现状

以我国台湾地区位于高雄与屏东之间重要运输通道上的高屏大桥为例，该桥于2000年8月27日突然在腰部断裂开来，使得该交通要道突然停止运营，导致16辆汽车坠入河中，22人受伤，当地货物运输和人员往来中断，造成十分恶劣的社会影响。据悉高屏大桥建成运行已经22年，但在设计阶段没有考虑对桥梁进行安全监测，以至于桥身是否发生病变或老化，结构是否健康，并没有资料也没有人员进行详细说明。这起事件说明在桥梁的运营过程中，人们极少关注桥梁的结构健康与安全问题，结果造成大祸。西方国家现在也面临如何有效且低成本地对经济快速发展时期建造的大量桥梁剩余寿命进行有效评估的问题，比如美国现在至少有33万座的公路桥梁已经运营超过50年，其中超过三分之一的桥梁需要通过维护来提高利用效率或者避免废弃，这直接导致花费在桥梁维修上的经费每年都超过50亿美元。上述例子充分说明了桥梁进行安全监测及剩余寿命的有效评估，对提高工程结构的运营效率，保障人民群众的生命财产安全都具有极其重大的意义，也是近年来桥梁安全方向的重点研究内容。

改革开放以来，伴随着国民经济的快速发展，对道路交通的要求日益提高，我国桥梁建设取得了突飞猛进的发展。据统计，20世纪90年代以来，我国新建桥梁总数已占全世界的47%，每年开工建设桥梁1万多座。截至2016年底，我国公路桥梁总数已达到80.53万多座，总长度4916.97万m，其中特大桥梁4257座（753.54万m），大桥86178座（2251.50万m）。桥梁结构的使用期限长达几十年甚至上百年，在其服役过程中，随着车辆、温度、风等环境载荷作用、钢筋腐蚀、冻融损坏、碱集料反应、疲劳效应、腐蚀效应和材料老化等不利因素的影响，桥梁结构不可避免地将产生承载能力下降、损伤累积、耐久性降低的问题；同时，在遭受地震、洪水、飓风、爆炸等自然灾害时，桥梁也可能受到损伤，这些损伤如果不能得到及时发现，严重时甚至会发生灾难性的垮塌事故，严重影响人民群众的生命财产安全。另外，随着现代大跨桥梁设计与建设水平提高，桥梁正向着更长、更轻柔、结构形式与功能日趋复杂的方向发展。虽然在设计阶段已经进行了结构性能模拟试验等科研工作，然而由于大型桥梁的力学和结构特点以及所处的特定气候环境，要在设计阶段完全掌握和预测桥梁在各种复杂环境和运营条件下的结构特性和行为是非常困难的。因此对桥梁存在的各种问题以及潜在的风险进行评估是一件非常重要的事情，而从风险评估的具体实施来说，风险源识别是风险评估工作的起始端，通过探求风险成因，研究风险产生的主客观原因，将分散在桥梁不同部位、产生不同影响的风险关注点汇集起来，为相关的估测判定、应对措施的制定奠定基础，其流程图见图6-1。

不仅要对潜在的运营风险进行识别，还要根据各种桥梁的普遍病害问题进行有针对性的监测和识别，以现代大跨径梁式桥为例，这类桥梁从上部结构的材料划分一般可分为钢梁桥、钢筋混凝土梁桥、预应力混凝土梁桥以及结合梁桥等，由于此类桥型具有施工方便、跨越能力强、造价经济、养护方便等优点，在我国公路建设中得到了越来越广泛的应用。然而，近年来这类型桥梁在运营过程中普遍出现主跨持续下挠、腹板斜裂缝、

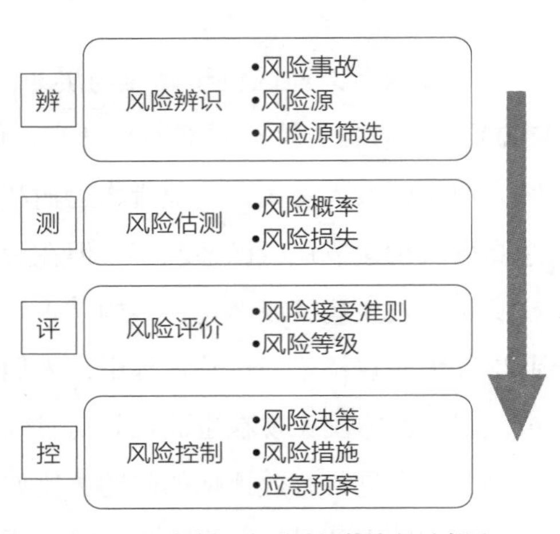

图6-1　桥梁工程风险评估流程示意图

底板裂缝等病害，此类病害已成为困扰国内外同类桥型设计、施工及养护的主要问题。因此除运营条件风险关注点外，此类普遍存在的病害也是结构安全风险的主要关注点。

桥梁工程领域自实施风险评估制度以来，各地区结合本地重点工程建设实际，对工程设计、施工和运营管养过程中存在的技术难度较大、安全风险较高的工程问题，通过安全风险评估和风险控制得到了较好的解决。一方面解决了工程技术难题，另一方面也有力地推动了桥梁设计安全风险评估工作有序、正常的开展。同时在风险评估技术的具体实践过程中，也探索、积累了一定的工程实际操作经验。当前，桥梁工程安全风险评估工作取得了可喜的成绩，但在工作实践中尚有不足。总体来说，安全风险评估成果编制和验收评审制度还有待进一步完善，评估成果质量管理标准有待进一步提高，比如成果的可读性和针对性不足等。

6.2　桥梁智能感知与监测对象

桥梁的健康监测是一个新的研究领域，涉及现代传感、网络通信、信号处理与分析、数据管理方法、计算机视觉、知识挖掘、预测技术、结构分析理论和决策理论等多个领域的知识。从分析和处理环节来区分主要可分为以下几项技术：桥梁结构监测中的传感技术、数据采集与传输技术、数据储存与处理技术、损伤识别与状态评估技术，以及把上述所有技术结果集成统一后用于桥梁的系统运营与维护管理。

根据桥梁的不同规模受力特点及其各自的重要性不同，有多项监测内容。主要可分为环境荷载监测类和结构响应监测类。主要监测内容见表6-1。

不同桥型监测内容　　表6-1

监测内容类别		监测参数	监测参数选择			
			梁桥	拱桥	斜拉桥	悬索桥
环境荷载监测类	风速	桥面风速	△	○	○	○
		拱顶风速	-	○	-	-
		塔顶风速	-	-	○	○
	地震	地震加速度	△	△	△	△
	温度	空气温度	△	△	○	○
		混凝土表面温度	△	△	○	○
		钢结构表明温度	△	△	○	○
		主缆、锚碇及索鞍内温度	-	-	-	○

续表

监测内容类别		监测参数	监测参数选择			
			梁桥	拱桥	斜拉桥	悬索桥
环境荷载监测类	湿度	环境湿度	△	△	△	△
		梁内湿度	△	△	○	○
		塔内固区湿度	-	-	○	○
		主缆、锚锭及索鞍内湿度	-	-	-	○
	雨量	桥面雨量	-	-	△	△
	车辆	车辆总重、轴重、轴数、车速	○	○	○	○
		空间分布	△	△	△	△
	船撞	桥墩加速度	△	△	△	△
结构响应监测类	振动	主梁竖向振动加速度	△	△	○	○
		主梁横向振动加速度	△	△	○	○
		主梁纵向振动加速度	△	△	△	△
		桥墩顶部纵向和横向加速度	△	△	△	△
		拱顶三向振动加速度	-	○	-	-
	变形	主梁挠度	○	○	○	○
		主梁横向位移	△	△	○	○
		梁端纵向位移	△	△	○	○
		支座位移	△	△	△	△
		墩顶位移	△	△	△	△
		拱顶偏位	-	○	-	-
		拱脚偏位	-	○	-	-
		塔顶偏位/倾角	-	-	○	○
		主缆位移	-	-	-	○
	应变	主梁断面应变	○	○	○	○
		体内或体外预应力筋应变	△	-	-	-
		主拱断面应变	-	○	-	-
	基础冲刷	基础冲刷深度	△	△	△	△
	索力	吊索（吊杆、斜拉索）振动加速度	-	△	△	△
	裂缝	钢筋混凝土	△	△	△	△
	腐蚀	钢筋腐蚀	△	△	△	△
		吊索（吊杆、斜拉索、主缆）	-	△	△	△
	疲劳	斜拉索	-	-	△	-
		钢箱梁	○	△	○	○
		吊索	-	△	-	△

注：○表示必选监测项；△表示可选监测项；- 表示不包含项。

6.3　桥梁安全监测技术

6.3.1　技术发展历程

传统上，桥梁结构健康状况评估是通过人工目视检查或借助便携式仪器测量得到的信息进行的。人工检查可分为经常检查、定期检查和特殊检查。但人工检查方法在实际应用中有很大的局限性，美国联邦公路局的调查表明由人工目测检查做出的评估结果有56%是不恰当的。传统检测方式的不足之处主要表现在以下方面。

（1）需要大量人力、物力和财力，并有诸多检查盲点。

（2）主观性强，难以量化。传统检查方法的评估结果主要取决于检查人员的专业知识水平和现场检查经验。虽然现代桥梁的分析技术已日趋完善，但对某些响应现象，尤其是损伤的发展过程，尚处于经验积累之中。

（3）缺少整体性。人工检查以单构件为对象，且现有的常规检查工具一般只能提供局部的检测和诊断信息，而不能提供整体全面的结构健康监测和诊断信息。

（4）影响正常交通运行。对于较大型的桥梁，传统检查方法通常需要搭设观察平台或用观测车辆，这无可避免需要实施交通管制。

（5）周期长，实时性差。大型桥梁的检查周期间隔甚至可达几年，这使得在有重大事故或严重自然灾害的情况下，不能向决策者和公众提供即时信息。

传统检查方法的上述诸多缺点和限制使其越来越难以满足大型桥梁健康状况检查的需求。因此，从20世纪80年代开始，健康监测技术逐步从机械航空领域引入桥梁工程，并得到了快速发展。

自1940年美国Tacoma悬索桥发生风毁事故以后，桥梁结构安全监测的重要性就引起了人们的注意。但是由于受科技水平限制和人们对自然认知的局限性，早期的监测手段比较落后，在工程应用上一直未能得到很好的发展。20世纪80年代中后期，欧美一些国家明确提出了结构健康监测的新理念，并先后在许多重要的大跨度或结构体系新颖的桥梁上建立了健康监测系统。

从目前理论研究状况来看，近年来，结构健康监测领域涌现了大量的研究论文，这些论文的研究内容包括智能传感器、测点的优化布置、数据的无线传输、损伤识别方法、桥梁状态评估、桥梁生命周期管理养护等。此外还举办了许多以结构健康监测为主题的国际会议，如国际结构健康监测研讨会（International Workshop on Structural Health Monitoring）、欧洲结构健康监测研讨会（European Workshop on Structural Health Monitoring）、国际新型结构健康监测研讨会（International Workshop on

Structural Health Monitoring of Innovative Structures）和国际智能结构和健康监测会议（International Conference on Structural Health Monitoring and Intelligent Infrastructure）。另外，国际模态会议（International Modal Analysis Conference）、SPIE年会、欧洲智能结构和材料会议（European Conference on Smart Structures & Materials）、国际结构控制及监测会议（World Conference on Structural Control and Monitoring）等都有结构健康监测和损伤识别的专题，并且很多研究者正致力于研究并制定桥梁健康监测系统的设计指南和规范，如Lauzon等研究者提出了一个桥梁监测系统设计建议；美国Dexrel大学的Aktan教授等制定了比较详细的健康监测系统的设计指南；加拿大ISIS组织的主席Mufti教授也主持起草了一份结构健康监测指南；英国的研究者制定了一份指导健康监测系统设计的指南；国际结构混凝土协会课题组（Fib Task Group）起草了既有混凝土结构的健康监测及安全指南性报告；吴智深教授等主持起草了日本土木工程学会（Japan Society of Civil Engineers，JSCE）混凝土结构健康监测设计方法及指南，目前正在牵头起草国际智能基础设施结构健康监测协会（International Society for Structural Health Monitoring of Intelligent Infrastructure，ISHMI）的健康监测技术标准。我国国家标准《建筑与桥梁结构监测技术规范》GB 50982—2014、中国工程建设协会标准《结构健康监测系统设计标准》CECS 333—2012均已发布，天津市等地针对桥梁健康监测的技术标准也已经发布。

从实际应用来看，美国在20世纪80年代中后期开始在多座桥梁上布设监测传感器，如佛罗里达州的Sunshine Skyway斜拉桥安装了500多个各类传感器，用来测量桥梁建设过程中和建成后桥梁的温度、应变及位移。

英国在20世纪80年代后期开始研制和安装大型桥梁的检测仪器和设备，研究和比较了多种长期监测系统的方案，并在爱尔兰Foyle钢箱梁桥安装了监测系统，该系统的主要监测项目包括主梁挠度、气象数据、温度、应变等，试图探索一套有效的、可广泛应用于类似结构的监测系统。

希腊的Halkis桥于1994年安装了有48个通道的振动加速度传感器的测振系统。

丹麦曾对总长1726m的Faroe跨海斜拉桥进行施工阶段及通车首年的监测；此外，在大带桥（Great Belt Bridge）的结构安全监测系统中，安装了近200个各类传感器对桥梁结构的温度分布、结构沉降、位移、振动等进行监测。

另外，英国的Flintshire独塔斜拉桥、美国的Benicia-martinez钢桁架桥、挪威的Skarmsundet斜拉桥、墨西哥的Tampico斜拉桥、加拿大的Confederation连续刚构桥等也安装了不同规模的结构安全监测系统。

在亚洲，日本的明石海峡大桥、濑户内海大桥、柜石岛桥主要安装了风速仪、加速度传感器、位移计等，对于桥梁结构的气候环境、振动、结构沉降等进行监测。

我国自20世纪90年代中期开始桥梁健康监测方向的研究，并且在国家科学技术委员会、国家自然科学基金委员会多个项目的支持下，在大型桥梁结构病害调查、传感器最优布点、结构损伤识别、系统识别、结构剩余可靠度评定、桥梁结构理论模型修正以及斜拉桥结构环境变异性等方面开展了深入的研究。我国目前已在包括江阴长江公路大桥、南京长江第二大桥、润扬长江公路大桥、郑州黄河大桥、钱江四桥、芜湖长江大桥等众多大跨径桥梁上建立了不同规模的结构健康监测系统。应用情况见表6-2。

桥梁健康监测系统在中国的应用情况　　表6-2

桥梁名称 / 结构类型 / 时间	跨径（m）	健康监测系统
1. 汀九大桥/斜拉桥/1998	127+475+448+127	风速仪，温度传感器，加速度计，应变计，位移计，动态称重系统，全球定位系统，在线监测系统
2. 青马大桥/悬索桥/1997	主跨：1377	风速仪，温度传感器，加速度计，应变计，位移计，GPS，水准仪，摄像机，动态称重系统，在线监测系统
3. 汲水门大桥/斜拉桥/1997	主跨：430	风速仪，温度传感器，加速度计，应变计，位移计，GPS，水准仪，摄像机，动态称重系统，在线监测系统
4. 深圳西部通道/斜拉桥/2007	主跨：210	风速仪，温度传感器，加速度计，应变计，位移计，GPS，动态称重系统，腐蚀监测，摄像机，气压计，湿度计，雨量计，在线监测系统
5. 昂船洲大桥/斜拉桥/2008	主跨：1018	风速仪，温度传感器，加速度计，应变计，位移计，GPS，动态称重系统，磁通量传感器，腐蚀计，光纤传感器，倾斜仪，摄像机，气压计，湿度计，雨量计，在线监测系统
6. 江阴大桥/悬索桥/1999	369+1385+309	风速仪，温度传感器，加速度计，应变计，位移计，GPS，光纤传感器，在线监测系统
7. 第一南京长江大桥/钢桁架/1968	主跨：160	风速仪，温度传感器，加速度计，应变计，位移计，地震检波器，动态称重系统，离线监测系统
8. 第二南京长江大桥/斜拉桥/2001	主跨：268	风速仪，温度传感器，加速度计，应变计，位移计，地震检波器，动态称重系统，磁通量传感器，湿度计，在线监测系统
9. 润扬大桥（南侧）/悬索桥/2000	主跨：1490	风速仪，温度传感器，加速度计，应变计，GPS，在线监测系统
10. 润扬大桥（北侧）/悬索桥/2004	主跨：460	风速仪，温度传感器，加速度计，应变计，在线监测系统
11. 苏通大桥/斜拉桥/2007	主跨：1088	风速仪，温度传感器，加速度计，应变计，位移计，GPS，动态称重系统，磁通量传感器，腐蚀计，光纤传感器，倾斜仪，湿度计，摄像机，在线监测系统
12. 南京三桥/斜拉桥/2005	主跨：648	应变计，位移计，加速度计，索力计，在线监测系统

续表

桥梁名称 / 结构类型 / 时间	跨径（m）	健康监测系统
13. 铜陵长江大桥/斜拉桥/1995	主跨：432	风速仪，温度传感器，加速度计，倾斜仪，应变计，离线监测系统
14. 芜湖大桥/斜拉桥/2000	主跨：312	温度传感器，加速度计，应变计，位移计，光纤传感器，水准仪，离线监测系统
15. 虎门大桥/悬索桥/ 1998	主跨：888	应变计，GPS，倾斜仪，水准仪，离线监测系统
16. 湛江海湾大桥/斜拉桥/2002	主跨：480	风速仪，温度传感器，加速度计，应变计，位移计，GPS，磁通量传感器，倾斜仪，地震检波器，湿度计，在线监测系统
17. 上海徐浦大桥/斜拉桥/1997	主跨：590	温度传感器，加速度计，应变计，动态称重系统，水准仪，离线监测系统
18. 卢浦大桥/拱桥/2003	主跨：550	温度传感器，加速度计，应变计，水准仪，离线监测系统
19. 大佛寺长江大桥/斜拉桥/2001	主跨：450	温度传感器，加速度计，应变计，光纤传感器，水准仪，在线监测系统
20. 珠江黄埔大桥/悬索桥/2008	主跨：1108	风速仪，温度传感器，加速度计，GPS，压力变送器，应变计，在线监测系统
21. 滨州黄河大桥/斜拉桥/2004	主跨：300	风速仪，温度传感器，加速度计，GPS，光纤传感器，在线监测系统
22. 东营黄河大桥/连续刚构/2005	115+210+220+210+115	FBG 温度传感器，FBG 应变传感器，离线监测系统
23. 茅草街大桥/拱桥/2006	主跨：368	风速仪，加速度计，FBG 温度传感器，FBG 应变传感器，离线监测系统
24. 峨边大渡河桥/拱桥/1992	150	FBG 温度传感器，FBG 应变传感器，声发射技术，离线监测系统
25. 钱江四桥/拱桥/2004	主跨：580	磁通量传感器，风速仪，温度传感器，应变计，加速度计，离线监测系统
26. 松花江特大桥/斜拉桥/2004	主跨：365	风速仪，加速度计，GPS，FBG 温度传感器，FBG 应变传感器，离线监测系统
27. 呼兰河大桥/连续刚构/2000	主跨：40	FBG 温度传感器，FBG 应变传感器，离线监测系统
28. 珠江黄埔大桥（北）/斜拉桥/2008	主跨：383	风速仪，温度传感器，加速度计，GPS，压力变送器，应变计，在线监测系统
29. 深港西部通道深圳湾大桥/斜拉桥/2007	主跨：180	风速仪，温度传感器，加速度计，应变计，位移计，动态称重系统，倾斜仪，湿度计，索力计，压力变送器，支座反力，雨量计，摄像机，在线监测系统
30. 杭州湾大桥/斜拉桥/2007	318+160+100	GPS，加速度计，应变计，压力变送器，在线监测系统
31. 舟山连岛工程西堠门大桥/悬索桥/2008	主跨：1650	风速仪，温度传感器，加速度计，应变计，倾斜仪，位移计，RTK，光栅尺，湿度计，雨量计，在线监测系统

续表

桥梁名称 / 结构类型 / 时间	跨径（m）	健康监测系统
32. 舟山连岛工程金塘大桥/斜拉桥/2008	77+218+620+218+77	风速仪，温度传感器，加速度计，应变计，倾斜仪，位移计，RTK，光栅尺，湿度计，雨量计，支座反力，在线监测系统
33. 厦门集美大桥/连续梁桥/2008	60.100	风速仪，温度传感器，磁通量传感器，应变计，加速度计，压力变送器，湿度计，在线监测系统
34. 宁波青林湾大桥/斜拉桥/2010	326+380+326	风速仪，温度传感器，加速度计，应变计，倾斜仪，压力变送器，位移计，湿度计，GPS，动态称重系统，摄像机，在线监测系统
35. 宁波外滩大桥/斜拉桥/2010	主跨：225	风速仪，温度传感器，加速度计，应变计，倾斜仪，压力变送器，位移计，湿度计，GPS，动态称重系统，摄像机，在线监测系统
36. 宁波湾头大桥/拱桥/2009	48+180+48	风速仪，温度传感器，磁通量传感器，应变计，加速度计，湿度计，GPS，动态称重系统，摄像机，在线监测系统
37. 宁波明州大桥/拱桥/2011	100+450+100	风速仪，温度传感器，磁通量传感器，应变计，加速度计，位移计，湿度计，GPS，动态称重系统，摄像机，在线监测系统

从发展趋势来看，桥梁结构健康监测与状态评估系统已开始成为大桥建设工程的一部分。可以预见，桥梁结构健康监测系统将在桥梁管理中发挥越来越大的作用，一个桥梁数字化时代正在来临。

综合国内外已建的桥梁健康监测系统，目前存在的问题主要包括以下几个方面。

（1）系统规模

一方面，为对结构健康状况做出合理科学的评价，就需要使用尽量多的传感器；另一方面，为保证监测系统本身的可靠性，就要求使用尽量少的监测设备，尽量简化系统。在已实施的桥梁健康监测系统中，有些规模过于庞大，系统自身的可靠性可能都无法保证。而有些监测系统则相反，规模过于精简，以至于无法对结构的健康状态做出科学的评估。

（2）传感方式

传统传感方式存在诸多不足，一方面，传统点式传感不足以用可接受价格覆盖损伤区域，另一方面，传感器的耐久性、稳定性等问题仍比较突出。

（3）数据采集和传输

当传感器与数据采集单元之间的距离很长时，信号传输过程中的噪声会显著衰减，从而降低监测数据的真实性，这对大型桥梁健康监测系统的影响尤为突出。合理地布置数据采集单元的位置，以减小传感器导线的连接长度，提高监测数据的可靠性，同时又不至于大幅增加系统的成本，是桥梁健康监测系统中急需解决的一个重要问题。

（4）数据处理技术

数据处理和有效信息提取是后续状态评估的工作基础，现代传感技术、通信技术和计算机技术，使现场物理量的采集、传输和存储变得越来越容易，并且为实时数据处理提供了高速的计算工具和软件平台。然而，面对这些先进技术带来的海量数据（包含成百上千个传感器的长期在线监测系统得到的高维、海量、含有大量噪声和不确定因素的原始数据），却大大超越了人们的接受能力——结构工程领域传统的数据处理过程和理解方式，已经不能适应在线状态监测系统的数据获取能力。如何从源源不断的在线数据中获取结构状态信息，已成为结构健康监测和状态评价技术能否发挥实际作用的关键所在。

（5）结构健康状况评估

基于健康监测系统的健康状况评估方法可以说是当前桥梁健康监测系统最为缺乏的内容。国内外健康监测领域的学者对桥梁评估方法进行了大量研究，但主要集中于理论层面或实验室简化模型验证层面，尚缺少足够的工程实际损伤发现案例作为支撑，这一方面固然因为目前大量监测系统所在桥梁桥况较新，损伤不明显，但也与现有桥梁状态评估技术的不成熟性有密切关系。完整的与养护动作相结合的预警指标及阈值体系尚未建立，目前国内外有关结构性能识别和模型修正的方法多是基于结构整体性态响应的模态分析理论而建立的，而整体模态分析方法已被多数研究证明其对大型土木工程结构的局部损伤不够敏感，损伤识别的效果不理想；同时传统的结构性能识别技术抗噪声干扰能力差，大多数方法在噪声较大时便不能进行正常识别。

（6）软件系统与数据库

软件的友好性、稳定性尚有待进一步提高，特别是数据库的结构模式要充分考虑到结构评估、检索、管理、通信等方面的需要。系统的界面要形象地反映结构响应、桥梁结构工作的状况。

（7）与相关系统的有机结合

实现与其他相关系统的有机结合问题是现有桥梁健康监测系统较为薄弱的部分之一。由于健康监测系统规模和监测技术等诸多方面的限制，桥梁健康监测系统并不能提供完全的桥梁健康信息，这就要求将桥梁健康监测系统与其他传统桥梁检测方法相结合。此外，桥梁健康监测系统还需与其他相关系统之间进行资源、数据的共享，以充分、合理地利用有限的资源。

6.3.2　桥梁监测的主要监测设备

理想的桥梁健康监测系统应满足精确性、完整性和适用性的要求。对结构应力、变形等桥梁结构行为的监测，不仅可使桥梁结构在其运营期内处于健康运营状态，而且还可降低维修成本、延长使用寿命。桥梁的监测设备作为监测系统的基础，能感知被测物理量的变化，并按照一定的规律将其转换成可用的输出信号，经现场测量后传递给监测与分析系统，是整个监测系统的最前端，其性能将直接影响整个安全监测系统，对分析结果的精确度起决定性作用。但是目前对于监测设备选取方面的研究工作进行得还比较少，基本还是靠经验选取，所以目前对监测设备选取和布设工作的要求是综合考虑实际桥梁的结构特点，在安全监测系统要求的必要精度基础上，优化选择合适的设备，来准确测量、全面反映桥梁结构的实际运营状态。大型桥梁结构通常所用的监测设备根据主要监测内容来区分，并总结整理于表6-3中。

桥梁监测对象及指标　　表6-3

监测对象	监测指标	监测技术指标要求
桥梁气象环境	温度	量程：-30—70℃； 精度：标准 ±0.5℃； 响应时间：不超过 0.5min； 寿命：不少于 3 年； 环境适用性：应具有防爆、防腐等抗恶劣环境性能
	湿度	量程：0—99.9%； 精度：-3%—3%； 响应时间：不超过 0.5min； 寿命：不少于 3 年； 环境适用性：应具有防爆、防腐等抗恶劣环境性能
	风速	量程：0—45m/s； 精度：±（0.3±0.03）m/s； 分辨率：0.1m/s； 寿命：不少于 3 年； 环境适用性：应具有防爆、防腐等抗恶劣环境性能
	风向	量程：0—359°； 精度：±3°； 分辨率：2°； 寿命：不少于 3 年； 环境适用性：应具有防爆、防腐等抗恶劣环境性能
	风压	量程：±（50Pa—100kPa）； 精度：0.5%FS、1.0%FS； 长期稳定性能：0.1%FS/ 年； 密封等级：IP65； 环境适用性：应具有防爆、防腐等抗恶劣环境性能

续表

监测对象	监测指标	监测技术指标要求
桥梁气象环境	降雨量	量程：0—4mm/min； 精度：±0.1mm； 分辨率：0.2mm； 寿命：不少于 3 年； 记录时间间隔：1min—99h 连续可调； 环境适用性：应具有防爆、防腐等抗恶劣环境性能
桥面交通荷载	交通流量	量程：0—250km/h； 计数精度：＞99%； 使用寿命：不少于 3 年； 环境适用性：应具有防爆、防腐等抗恶劣环境性能
	车辆荷载	量程：0—30t； 检测精度：≥99%； 称重误差：≤±（5%—10%）； 防护等级：IP65； 环境适用性：应具有防爆、防腐等抗恶劣环境性能
结构变形	倾角	量程：±15°； 精度：0.05°； 分辨率：0.005°； 寿命：不少于 3 年； 环境适用性：应具有防爆、防腐等抗恶劣环境性能
	位移	量程：±50cm； 精度：±1%； 分辨率：0.1mm； 使用寿命：不少于 3 年； 防护等级：IP68； 环境适用性：应具有防爆、防腐等抗恶劣环境性能
	裂缝宽度	量程：0.01—10.0mm； 精度：0.01mm； 流速分辨率：0.01mm/s； 使用寿命：不少于 3 年； 环境适用性：应具有防爆、防腐等抗恶劣环境性能
结构受力	静应变	量程：0—±38000με； 精度：±0.2%±2με； 分辨率：0.1με； 使用寿命：不少于 3 年； 环境适用性：应具有防爆、防腐等抗恶劣环境性能
	索力	量程：10000kN； 精度：±1%； 分辨率：0.001kN； 使用寿命：不少于 3 年； 防护等级：IP68； 环境适用性：应具有防爆、防腐等抗恶劣环境性能

续表

监测对象	监测指标	监测技术指标要求
动力响应	加速度	量程：±2.0g； 灵敏度：±1.25—±2.50V/g； 使用寿命：不少于 3 年； 防护等级：IP68； 环境适用性：应具有防爆、防腐等抗恶劣环境性能
	动应变	量程：0—20%VOL； 精度：0.1； 分辨率：0.1με； 灵敏系数：0.01—9.99； 使用寿命：不少于 3 年； 防护等级：IP68； 环境适用性：应具有防爆、防腐等抗恶劣环境性能
	动挠度	量程：水平 500mm，竖向 800mm； 精度：0.1mm； 分辨率：1‰； 测量频率：30Hz； 使用寿命：不少于 3 年； 防护等级：IP67； 环境适用性：应具有防爆、防腐等抗恶劣环境性能

6.3.3　桥梁监测数据处理

桥梁结构健康监测系统中的数据处理软件应能实现数据预处理、二次预处理和后处理功能。数据预处理功能应包括滤波、去噪、去趋势项、截取和异常点处理。二次预处理操作主要进行基本的统计运算，如设定时段内的最大值、最小值、均值、方差、标准差、峭度、偏度等，计算结果作为初级预警的依据，主要计算方法及流程如图6-2所示。后处理数据应根据数据类型进行专项分析，主要进行监测数据的高级分析，如模态分析、桥梁特征量与环境因素之间的相关性分析、非线性回归分析等。由于这些方法常需占用一定的计算时间，因此往往离线进行，分析数据来自动态数据库和已备份的原始数据库。对于需要进行频谱分析的数据，在信号截断处理时应考虑被分析信号的性质与处理要求，减少截断对频谱分析精度的影响，应选择合适的窗函数。根据数据时间先后顺序宜进行时域变换，宜利用自相关函数检验数据相关性，并检验混于随机噪声中的周期信号；宜利用互相关函数确定信号源所在位置，并检测出受通道噪声干扰的周期信号。对于平稳信号的频谱分析宜采用离散傅里叶变换；非平稳信号宜采用时频域信号处理分析的方法。数据处理软件应能实现数据备份、清除以及故障恢复等功能，其中故障恢复功能应兼具手工操作控制功能，其他功能子模块应

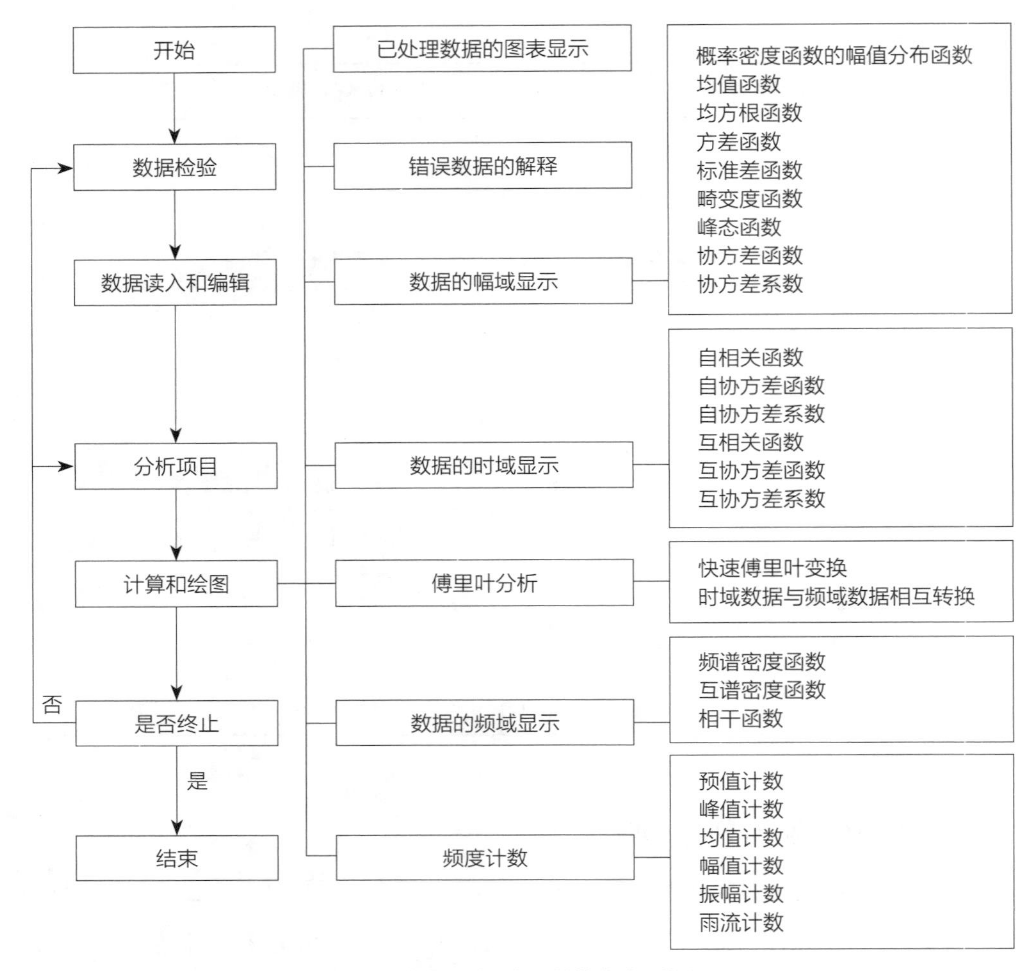

图6-2　数据二次预处理计算方法及流程图

能自动调用。宜考虑设计系统自监控功能，对系统是否正常运行进行自动监控，系统异常时应能及时报警。

日常监测数据的处理对保证所监测桥梁的安全运营具有重要意义，相关的数据处理技术在近年来已取得快速发展，但距离理想目标仍有较大差距。结构工程师很难及时处理海量数据，挖掘隐含在监测数据内的桥梁安全信息，造成桥梁健康监测系统难以为桥梁的安全评估和养护维修发挥实质性作用。因此，如何从源源不断的在线数据中获取结构状态信息，将监测信号转化为结构工程师可以理解的有用信息已成为监测数据处理技术发挥实际作用的关键所在。为突破该技术难题，需要桥梁专家在机电工程师、数据分析师等多学科工作人员的协助下开发新方法，依靠各类先进的软硬件工具深层次分析海量监测数据，才能迅速及时地评估桥梁健康状况，不过研究中的难点众多且工作量巨大。从目前桥梁健康监测系统数据处理中面临的具体问题来看，其主要体现在以下方面。

（1）系统设计时普遍对数据质量较差部分造成的影响考虑不足，数据处理流程有待进一步完善。

（2）监测系统测量的数值不能简单应用，需要根据结构特点进行具体分析与判断。

（3）监测数据量大，海量数据处理困难，时间空间复杂度高。

（4）结构评估既要考虑传感器布置的空间结构也要考虑时间序列，逻辑关系复杂。

（5）现有的结构状态评估方法和损伤识别方法多应用于简单结构，还难以在大型实桥结构上得到有效应用。

（6）现有数据处理与结构评估功能普遍较弱，自动化程度低，人机界面不友好，使用不方便。

出现上述问题的原因在于结构健康监测系统作为一个新生事物，当前建成的桥梁结构健康监测系统数量仍相对较少，数据仍处于积累过程中，方法研究为学术界的一个热点，但与工程领域的实际应用结合不够；同时在前期大规模软硬件投入后，系统的维护与数据处理分析工作滞后，以致系统功能未能得到充分利用，桥梁状态得不到及时评估。

因此有必要在加强系统维护的基础上，开发切实有效的数据处理方法，精确评估桥梁安全状态，同时编制高度自动化的数据处理与在线识别软件，保证桥梁工程师可应用软件方便快捷地分析日程数据，随时监测桥梁在服役状态下的安全状况，最大限度发挥现有结构健康监测系统的功能。以数据分析促进系统维护，以系统维护保障结构评估，从而准确把握结构变化规律，动态评估结构健康状态，确保结构运营安全。

6.3.4 桥梁运营风险预警与安全评估

对桥梁进行有意识地运营安全风险预警与安全评估，既有助于了解当前运营的安全水平，及时发现不安全因素并采取预警措施，还可为运营安全管理的发展提供引导作用。目前我国已经从大规模的桥梁建设期进入养护、维护期，国内的桥梁由于车辆撞击、洪水冲刷、船舶撞击、火灾、地震等原因，破坏数量众多，影响恶劣，因此提前进行风险识别与预警工作迫在眉睫。风险预警的第一步就是要认识风险，目前实践中根据风险的来源把风险分类为突发偶然风险源和结构安全隐患风险源，并以此为基础将桥梁病害进行了分级，提出了相应的处置方案。

1．突发偶然风险源

（1）船舶撞击

船舶撞击在众多的灾害事故中占比较高，约占突发偶然事故的30%。2007年，广东九江大桥遭受船舶撞击而引起长度约200m的桥梁垮塌事故（图6-3），引起学界对船舶撞击事故的重视和思考。众多的桥梁设计者对撞击理论、防撞理论进行了深入研究，目前国内大跨径桥梁逐渐向一跨过江的方案发展，从而降低被船舶撞击风险。对于中等跨径桥梁，在建设初期即增设桥墩防撞装置（图6-4），如筑岛、围堰防撞、分水尖等，把风险控制工作从源头做起。

图6-3　被撞击垮塌的九江大桥

图6-4　桥墩防撞装置

（2）车辆撞击

车辆撞击桥梁主要指车辆撞击桥面护栏、车载重物坠落桥面砸穿桥面板等引起的事故（图6-5）。2013年和2016年，杭州湾跨海大桥混凝土箱梁顶板分别遭受车载重物的坠落撞击而导致顶板砸穿、翼缘板贯通裂缝等病害。该事故直接经济损失达数百万元，间接经济损失预计千万元，也为桥梁检查检测敲响了警钟。一旦桥面出现类似的事故，应及时进行检查，尤其是箱梁顶板、翼缘板等较薄弱部位。遭受重物坠落砸击时，重物冲量作用效应不能仅凭经验估量，桥梁结构安全、耐久性检查是必不可少的。

（3）火灾

桥梁火灾是另一类突发的风险事故。该事故的伤害程度与火灾发生部位、燃烧时间等息息相关。厦门大嶝桥桥下堆积垃圾持续燃烧导致箱梁底板、翼缘板混凝土大面积崩落，桥梁停止运营达一年之久。2015年采取多种措施加固，耗资近千万元加固后方投入运营。针对既有桥梁，清除桥下垃圾及建筑物是十分必要的。而由于桥梁车辆引起的火灾因热对流作用对桥梁结构影响较小。

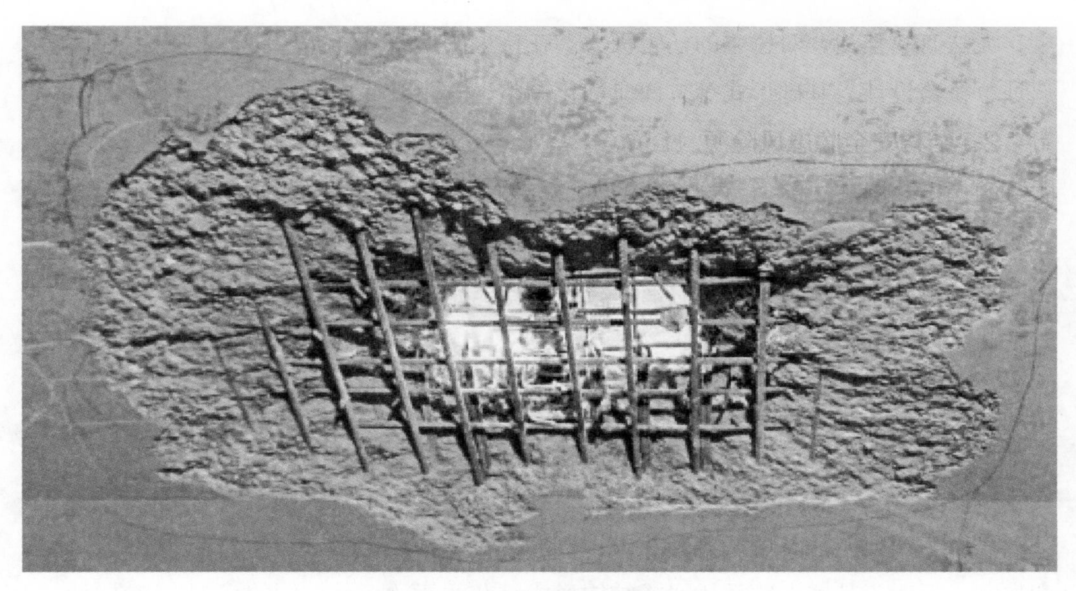

图6-5　箱梁顶板被砸穿

（4）冲刷

本处提到的冲刷为洪水或泥石流作用下对桥梁基础和桥墩的冲刷。早期设计的中小跨径桥梁，尤其是圬工桥梁在洪水中被冲垮的概率较大（图6-6）。现代设计的桥梁由于设计理念提升、相关的预防措施得体，冲垮的桥梁相对较少。但此类病害一旦发

图6-6　被洪水冲毁的安徽省旌德县的明代古桥乐成桥

生，无法有效整治，对桥梁的伤害极大。在桥梁的勘察设计阶段应积极应对，在桥梁选址、桥跨设计、基础形式等方面应优化调整，减小日后遭受冲刷危害的风险。

2. 结构安全隐患风险源

结构安全隐患风险通常指桥梁的各个构件由于设计、施工或所处外界条件恶劣等原因引起构件运营状态不良，在某些条件刺激下导致病害。该类病害通过桥梁的日常检测及监测等手段可以发现，具有一定的规律，是桥梁结构健康监测系统监测的主要对象，主要可分为以下几类。

（1）桥梁主体结构病害

桥梁是典型的受弯、受剪构件，主体结构的病害通常与受力紧密相关，且病害特征具有明显的规律。随着桥梁设计及计算理论的发展，一般的桥梁主体结构病害的诊断工作较为简单，能够明确其产生的原因，并结合桥梁的形式进行预防、预测、评估和加固。但对于某些大跨径桥梁或结构形式复杂的桥梁，其结构的病害难以在短时间内准确判断，进而会影响到整座桥梁的运营状态。所以对这类结构桥梁提前布设好监测设备，在日常运营中加以防范才是保证安全运营的关键。

（2）重要的附属构件

桥梁伸缩装置是重要的附属构件，其能保证梁体的正常变形和车辆的平顺运行，属于可更换构件。但是实际中也发生过伸缩装置翘齿等不常见病害，对通行车辆威胁重大。此外桥梁支座设置的科学合理与否也会直接影响梁体和桥墩的正常使用，严重的甚至造成桥墩尤其是固定墩根部开裂或混凝土压溃、主梁偏转等病害（图6-7、图6-8）。桥梁处于运营状态时，受通行交通等影响，伸缩装置、支座等重要附属设施更换难度很大且施工费用很高。因此不论是后续开展的监测工作还是前期的设计工作都是同样重要的，设计工作和监测、维护工作双管齐下才能保证桥梁的安全稳定运行。

当监测系统采集到相应的数据后，如何利用实时采集到的各项指标数据，选取合适的安全评估模型，对桥梁正常运营期间结构满足使用和功能性要求的程度进行判断，并针对结构损伤出现的位置、程度及原因，给出相应的运营策略与修复加固建议，是对桥梁结构进行风险预警与安全评估的主要目的和工作要求。针对这一要求，对安全评估工作的具体内容加以说明。其主要工作步骤如下。

（1）对于各测点监测数据，根据无量纲化评分模型，得到单个测点评价值；

（2）根据每类指标中所有测点的权重及评分，使用变权综合法计算得到该类指标的均匀变化得分；

（3）对于位移指标，其评分通过均匀变化得分与非均匀变化系数相乘得到；对于

（a）伸缩缝锚固区混凝土破损

（b）伸缩缝锚固区混凝土挤压开裂

（c）伸缩缝钢构件破坏

图6-7　常见桥梁伸缩缝病害

其他指标，其评分即为均匀变化得分；

（4）根据安全评估层次分析模型中各次级结构的权重，使用变权综合法，计算得到全桥安全状态评分。

在正常的安全评估流程中，静力指标评估系统、动力指标评估系统及荷载指标评

(a)支座临时锁定未解除

(b)支座部分脱空、剪切变形

(c)支座环向开裂、偏位

(d)支座剪切变形翻边

图6-8　常见桥梁支座病害

估系统各自独立，三者分别得出一个评分，最后将通过数据融合得出桥梁结构整体安全评估结果。但在极端状况下，如发生突发事故或极端天气情况时，一个关键部位的损伤可能给全桥的安全状态带来灾难性的后果。因此，在极端状况发生时，不再进行数据融合，制订安全评估步骤如下。

（1）当桥梁结构的静力指标评估、动力指标评估及荷载指标评估的底层指标中有一项达到报警状态时，不再进行数据融合，直接将全桥评分定为报警级别，进行全桥报警，并启动相应预案；

（2）当桥梁结构的静力指标评估、动力指标评估及荷载指标评估的底层指标中有超过一项达到警告状态时，不再进行数据融合，直接将全桥评分定为报警级别，进行全桥报警，并启动相应预案；

（3）当位移指标的监测指标实测值超过固定三级预警阈值时，不再进行数据融合，直接将全桥评定为报警级别，进行全桥报警，并启动相应预案。

第7章 供水管网安全监测

供水管网作为城镇重要基础设施之一，被誉为城市发展的生命线，为城市居民生活和工业生产提供“血液”供给。按照城市供水的任务和工作目标要求，给水系统必须能完成以下功能：从水源地取得符合一定质量标准和数量要求的水；按照用户的用水要求进行必要的水处理；将水输送到用水区域，按照用户所需的流量和压力向用户供水。在以上三个过程中，第三个供水管网的建设无论是从建设资金投入还是安全运行的重要性，都占据了绝对的重要位置，因此国内外的城市供水管理者都非常重视供水管网的建设和安全运行管理。近年来各种供水管网运行事故频发，因此亟须更加科学有效的供水监测技术保障城市用水安全。

7.1 供水管网安全风险现状

随着社会的不断发展，我们的城市供水管网规模也日益增大。根据住房和城乡建设部公布的2020年城市和城乡统计年鉴统计数据显示，截至2020年12月，全国城市内已铺设管道超过100万km，对比2010年供水管网约54万km，10年内翻了一番；2020年城市供水总量达到约630亿m^3，相对于2010的508亿m^3也增长了25%左右（表7-1）。

全国历年城市供水情况（2010—2020）　表7-1

年份	供水管道长度（km）	供水总供水量（万 m^3）	用水人口（万人）	人均日生活用水量（L）	供水普及率（%）
2010	539778	5078745	38156.7	171.4	96.68
2011	573774	5134222	39691.3	170.9	97.04
2012	591872	5230326	41026.5	171.8	97.16
2013	646413	5373022	42261.4	173.5	97.56
2014	676727	5466613	43476.3	173.7	97.64

续表

年份	供水管道长度（km）	供水总供水量（万 m^3）	用水人口（万人）	人均日生活用水量（L）	供水普及率（%）
2015	710206	5604728	45112.6	174.5	98.07
2016	756623	5806911	46958.4	176.9	98.42
2017	797355	5937591	48303.5	178.9	98.30
2018	865017	6146244	50310.6	179.7	98.36
2019	920082	6283010	51778.0	180.0	98.78
2020	1006910	6295420	53217.4	179.4	98.99

由于历史和经济等原因，我国供水管网的设计、施工、管理和维护都处于相对落后的状态。在2010年之前建设的约54万km的供水管网，其运行年限已达10年之久，近年来各种供水管网运行事故频发，例如管道泄漏、爆管及由此引发的路面塌陷等情况（图7-1），不仅造成严重的水资源浪费，而且对城市地下基础管线和设施的运行形成了巨大的安全隐患。

根据国际水协会统计数据表明，发达国家的供水管网漏损率控制在10%以下，而我国大中型城市的平均漏损率在21.5%，在偏远县镇的漏损率甚至在35%以上，最高达到70%。这与我国在《城市供水行业2010年技术进步发展规划及2020年远景目标》中明确的2020年我国大中型城市的漏损率控制在10%以内的目标相去甚远。

造成城市供水管网漏损的原因有许多，不同区域、不同管网的故障原因各异，且各因素之间存在较为复杂的联系。总结起来大致可以分为四类：管网固有属性、管道施工管理问题、管网运行问题和外部环境因素等。

图7-1　城市供水管道爆管现场图

7.1.1　管网固有属性

1．管材

图7-2　不同种类供水管材图

管材决定管道的内部结构，是供水爆管的重要影响因素。我国城市供水管道大多建设于20世纪40—60年代，多为灰口铸铁。除此之外，目前我国主要应用的管材还有钢管、钢筋混凝土管、球墨铸铁管和塑料管等。不同管材的性能和质量不同，因此引发爆管的概率也不同。综合我国几个地区供水管材和爆管的案例研究发现，最容易发生爆管的是镀锌钢管和普通铸铁管，而球墨铸铁管和PVC/PE管道的性能较好，发生泄漏的概率较低。

此外，供水管材种类繁多（图7-2），进货渠道不一、质量参差不齐是造成管网损坏的原因之一。限于城市供水的特殊性，供水管道的更新改造只能分期、分批推进，因而老旧管道仍占相当大的比例，这也给管道漏损埋下隐患。

2．管径

通过研究管道爆管率和管径之间的联系，发现小口径管道更容易发生爆管，尤其是直径小于200mm的管道故障率最高。这可能与小管径管道的壁厚、埋深等因素有关。在研究大口径管道爆管案例时，发现纵向开裂是大口径管道常见的爆裂模式，通常是由管道腐蚀和内部水压引起的。

3．管龄

每种管材都有其设计使用年限，随着使用年限增加，材料质量下降容易导致爆管事件的发生。有研究表明，在新管道刚开始投入试用期，由于管道质量和施工质量的差异会产生较高的管道故障率，随着管道维护工作的开展，故障率会下降并趋于稳定，随后随着时间的持续增长，故障率日渐增加。有位外国学者收集和研究了美国和加拿大308家供水公司爆管和漏损的数据，发现管龄50年左右的管道发生故障的概率最高。

4．附属设施漏水

除管道自身产生漏损外，管网中闸门井、水表井等附属设施的滴漏现象也时有发生，在漏损中占一定比例。虽然附属设施的单位时间漏水量有限，但其设置在闸门井内，不易被及时发现，漏损持续时间长，且发生漏水的水表井、闸门井数量大，使得漏损水量积少成多。

7.1.2 管道施工管理问题

1. 接口问题

管道接口漏水一直是存在于供水系统运行过程中的一个突出问题，严重影响了供水系统的正常供水。供水管网中管道接口形式很多，接口的漏损概率较大，原因是接口处往往是应力的集中点，当管道发生伸缩、不均匀沉降时，应力传至接口处，容易造成接口松动，甚至破裂。

2. 施工问题

在供水管道施工时，管道基础、管道接口和回填时的施工质量控制未按规范实施，极易使管道在后续使用中出现漏损事故。施工问题主要体现在：（1）管道基础不好；（2）覆土不实；（3）支墩后座土壤松动；（4）接口质量差；（5）用承口找弯度过多（借转）；（6）管道防腐效果不好等。

在南方沿海城市施工问题造成的后果尤甚，由于气候温暖，管道埋深仅按最小覆土深度要求，而随着城市的发展，道路扩建、改建，导致原位于绿化带或人行道下的供水管道处于车道下，且未采取有效的保护措施，长期受外力作用，从而引起管道下沉或侧向位移导致爆管。例如，2014年在深圳，管径DN800及以上大口径管道爆管有24起，其中有11起是由于地基变化和施工质量引发的。

7.1.3 管网运行问题

1. 压力波动

管网内存在周期性压力变化和瞬态压力变化，而水压的变化会增加管道故障的可能性。例如用户需水量模式的周期性变化和管网运行管理（例如压力管理）都会导致管网高压和低压的波动。Rezaei等人研究了周期性压力变化对供水管网的影响，发现如果频率和幅值合适，周期性载荷会导致管道疲劳破坏。对于本具有裂痕的管道，加载应力会加速裂纹扩展，从而导致管道破裂。

另一种压力变化是瞬态压力（也称为水锤），是由供水管网运行操作（例如阀门或泵站的快速启闭，引起的。由于流速的突然变化会产生压力波，压力波以远大于水体流速的速度在管道内传播，进而可能产生远大于管道能承受的荷载。

2. 爆管聚集

除了压力变化，管道初始故障也可能增加管网内的二次故障概率。Goulter和Kazemi揭示了Winnipeg地区22%的管道故障发生在前一次故障周围1m以内，而这之中的42%距离第一次故障发生时间不足1天。这可能是由于管道老化以及首次故障后在维护过程中对周围环境造成了干扰。

3．管道腐蚀

给水管道很容易因为腐蚀而漏水，金属管道作为给水系统的一种管道材料，其内壁防腐蚀性能并不理想，在遇到pH比较低的水或者软水时，该管道极易被腐蚀。一旦管壁被腐蚀，那么管道的输水能力以及水质将会受到很大的影响，造成部分管道穿孔漏水甚至爆裂。

4．运行管理水平低

管网运行管理水平低，体现在以下三个方面。其一，当前管网巡查多注重于地面设施，缺乏必要的技能和设备，不能及时发现暗漏，往往是当暗漏发展到明漏时才能被人们发现并进行抢修，漏损持续时间较长，漏损量较大。其二，部分工程技术资料不完善，归档不及时，施工单位时常不能将资料全面、准确、及时提交给供水企业，给供水企业的管理造成困难。其三，当下还未能充分地发挥相关管理技术的作用，如地理信息系统（GIS）、独立计量区域（DMA）管理、压力监控系统（SCADA）等。

7.1.4 外部环境因素

1．温度

温度引起爆管的原因主要包括低温、高温、温度变化等。我国东北三省的漏损率居高不下的一个重要因素是天气寒冷，供水管网受土质冻胀作用以及管道热胀冷缩的影响，在冬季发生爆漏的次数远大于夏季。此外，冬季用水量少，管网压力大也是导致冬季爆管的重要原因。

2．不均匀沉降

管道敷设在道路下面，承受一定的静荷载和动荷载，还有管道的自重、管中的水重，随时间的增长，这些荷载会使管道产生一定量的沉降。同时，当路面经过雨雪融化后，地面松软，也会产生自然的沉降。管道周围土体发生不均匀沉降会导致管道发生位移，从而受到径向作用力的影响引发管道破裂，造成大面积的漏水。

3．其他工程影响

不规范施工、安全措施不到位，是引起城市供水管道爆管的一个主要原因。在施工过程中疏忽大意或野蛮施工，挖裂管道。另外，施工重型机器来回碾压、机器运作产生的振动、开挖、施工材料堆放都可能对未采取保护措施的水管造成伤害，最终引起爆管。随着近年来城市的飞速发展，基建项目迅速增加，不同工程项目的交叉或同时建设愈加频繁，因而造成的这种由其他工程引发的破坏急剧增加。

4. 道路车辆负荷

据统计，在交通主干道、道路路口、交叉口及其附近的爆管事故发生次数较其他区域更多，分析原因可知，这是由于管网上部路面长期经受重型车辆压迫或反复碾压、振荡，引起土层变动，地质结构发生变化、地基不均匀沉降，导致管道移位、脱节、折断，当管段埋深较浅时，更容易造成爆管的发生。

7.2 供水管网监测对象

供水系统运行监测对象应包含配水管网和原水管网的管道、阀门及附件、泵站、水表、市政消火栓等，应实现对管网及设备的流量、压力、液位、泄漏声波及水质等进行实时监测。

7.2.1 管道流量和压力安全监测

流量、压力是供水管网运行的核心参数，也是供水企业最为关心的指标，管网中用户用水或管道泄漏都会造成管道流量的增加，流量的大小与供水管网的运行状态稳定性、用户使用情况以及供水企业经营状况密切相关。压力过大会增加供水管道的泄漏和爆管概率，压力过低会影响用户用水的稳定性。通过监测管道的压力，一方面可以实现供水管网压力的整体感知，保障供水管网的供水服务质量，另一方面，高频压力监测可以捕获水锤信号及爆管负压波信号，及时诊断管网异常，为供水管网的监测报警和预测预警提供依据。因此通过监测管道的流量和压力，为供水管网的监测报警和预测预警提供依据，并为供水企业的日常精细化管理提供基础数据，图7-3为流量、压力监测仪。

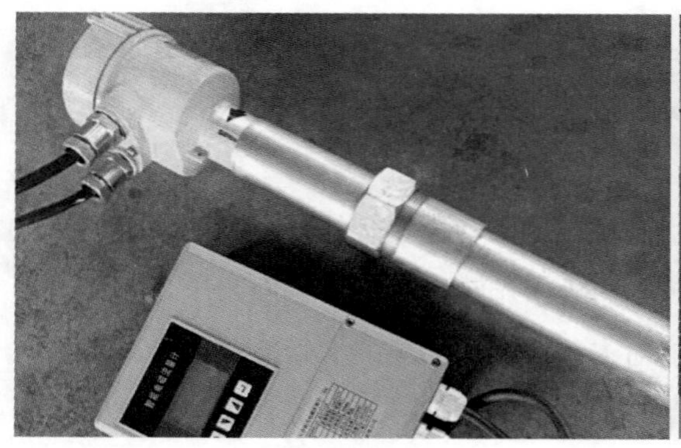

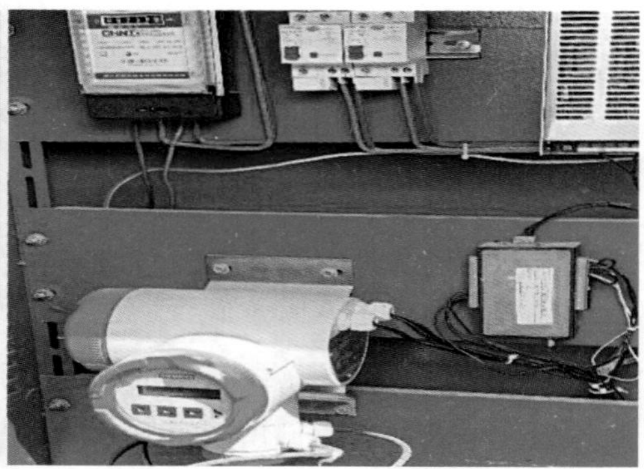

图7-3 流量、压力监测仪

7.2.2　管道泄漏声波安全监测

供水管道是压力管道，当管道发生泄漏时，泄漏口会发出特定频率的声波。通过监测漏失声波，可以直接判断出管道是否漏水，结合数据相关性分析，还可以实现漏点的定位，漏失监测仪如图7-4所示。对供水管网的漏失信号进行漏失在线监测，可以指导管道维护和应急处置工作，防止持续泄漏导致爆管或地下空洞等事故的发生。

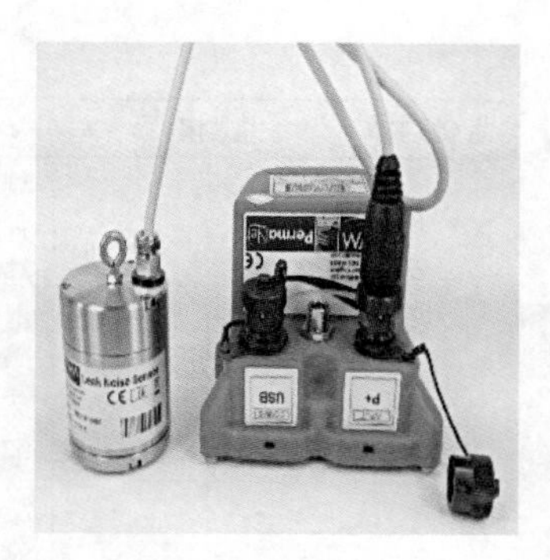

图7-4　漏失监测仪

7.2.3　消火栓状态安全监测

市政消火栓承担城市火灾消防救援重任，但往往面临年久失修、老化现象严重等问题。通过对消火栓流量、压力和温度的监测，一方面可以实时感知消火栓的运行状态，保障消火栓“战时可用”；另一方面，对消火栓的监测可以辅助感知管网运行状态及发现偷盗水现象。

7.2.4　供水水质监测

城市供水的水质监测主要包含两个方面，首先是对于水源地水质而言，应根据《地表水环境质量标准》GB 3838—2002判别水源水质优劣及是否符合标准要求，其水质指标的复杂程度直接影响着城市水处理工艺的选择，同时也间接影响着生活用水水质。其次是就生活用水而言，其水质应符合《生活饮用水卫生标准》GB 5749—2022的相关规定，此水质指标直接影响着城镇居民生活用水安全，属于水质监测的重要安全保障。具体监测对象及主要指标如表7-2所示。

监测对象及主要指标表　　表7-2

监测对象	监测指标		监测设备技术要求
水源地	水质	温度	测量范围：0—60℃； 分辨率：0.1℃； 准确度：±0.3℃； 环境温度：0—60℃； 相对湿度：≤85%
		pH	测量范围：0—14； 显示范围：6—9； 分辨率：可设 0.1/0.01/0.001； 准确度：±0.1； 重复性：±0.1； 稳定性：±0.1； 环境温度：5—55℃； 相对湿度：≤85%

续表

监测对象	监测指标		监测设备技术要求
水源地	水质	溶解氧	测量范围：0—20mg/L； 分辨率：0.01mg/L； 准确度：±0.3mg/L； 重复性：±0.3mg/L； 稳定性：±0.3mg/L； 环境温度：5—55℃； 相对湿度：≤85%
		浑浊度	测量范围：0—1000NTU； 分辨率：0.01NTU； 准确度：±10%FS； 重复性：±5%FS； 稳定性：±5.0%FS； 环境温度：5—55℃； 相对湿度：≤85%
		蓝绿藻	测量范围：0—200000cells/mL； 检出限：≤200cells/mL； 准确度：±10%； 数字传感器，RS485 输出，支持 Modbus；直接测量，可在线连续监测，实时掌控水质动态； 维护周期长，长期在线使用也能保持极佳的稳定性； 可对藻类的繁殖起到预警作用
		叶绿素	内置温度传感器； 数字传感器，RS485 输出，支持 Modbus； 测量范围：0—400μg/L 或 0—100RFU； 分辨率 0.1μg/L； IP68 防护，水深 10m 以内； 适合工作温度 0—50℃
		氨氮	测量方法：基于《城镇供水水质在线监测技术标准》CJJ/T 271—2017——水杨酸分光光度法，氨气敏电极法和铵离子选择电极法三种方法； 测量范围：0—20mg/L； 准确度：不超过 ±10%； 重复性：不超过 ±10%； 测量周期：最小测量周期不超过 60min
		高锰酸盐指数	测量方法：基于《水质　高锰酸盐指数的测定》GB 11892—1989——高锰酸钾（酸性）滴定法； 测量范围：0—20mg/L，水样允许最大 Cl^- 浓度为 300mg/L，当浓度过高时建议采用 COD_{Cr}； 准确度：不超过 ±5%； 重复性：不超过 ±5%； 测量周期：最小测量周期不超过 60min
		总磷	测量方法：基于《水质　总磷的测定　钼酸铵分光光度法》GB 11893—1989； 测量范围：0—300mg/L； 准确度：不超过 ±10%； 重复性：不超过 ±10%； 测量周期：最小测量周期不超过 60min
		总氮	测量方法：基于《水质　总氮的测定　钼酸铵分光光度法》GB 11893—1989； 测量范围：0.5—150mg/L； 准确度：不超过 ±10%； 重复性：不超过 ±10%； 测量周期：最小测量周期超过 60min

续表

监测对象	监测指标		监测设备技术要求
水厂及泵站	压力：进口压力、出口压力		量程：0—2.5MPa； 精度：不低于 ±0.5%FS； 采集频率：不低于 1 次 /5min，采集频率可调； 上传频率：不低于 1 次 /5min，上传频率可调； 使用寿命：不少于 5 年； 环境适用性：应具有防水、防尘、防腐等抗恶劣环境性能
	流量：累计流量、瞬时流量		量程：0—12m/s； 精度：测量精度不低于 ±1%，重复性精度不低于 0.2%； 采集频率：不低于 1 次 /5min，采集频率可调； 上传频率：不低于 1 次 /5min，上传频率可调； 使用寿命：不少于 5 年； 环境适用性：应具有防水、防尘、防腐等抗恶劣环境性能
	水泵运行状态及电动阀监控		水泵：可实时监控电流、电压、启停、开关、频率； 电动阀：可实时监控开关、开度等
	耗电量：电压、电流、成套设备耗电量、变频器运行耗电量		参比电压：3×220/380V、3×100V； 工作压力范围：三相 50%—120%Un； 电流测量范围： 互感器接入式：1.5（6）A、5（10）A、5（6）A； 直通式：10（40）A、15（60）A、20（80）A； 工作温度：-25—60℃； 启动电流： 互感器接入式：1‰In（0.5S 级）； 直通式：4‰Ib（1 级）； 功耗：＜1.5W、6VA
	液位：水箱液位、集水坑液位		测量范围：0.3—10m； 精度：1.0 级； 工作温度：-20—80℃； 输出信号：二线制 4—20mADC； 电源电压：标准 24VDC（12—36VDC）； 不灵敏区：≤±1.0%FS； 负载能力：0—600Ω； 相对湿度：≤85%； 防护等级：IP68
	水质	pH	测量范围：0—14.00； 分辨率：0.01pH； 精度：±1%FS； 通信接口：RS485； 工作电源：220±22VAC； 环境温度：0—50℃； 环境湿度：≤85%RH（无冷凝）
		电导率	测量范围：0—2000μS/cm； 分辨率：1μS/cm； 精度：±2%FS； 通信接口：RS485 工作电源：220±22VAC； 环境温度：0—50℃； 环境湿度：≤85%RH（无冷凝）

续表

<table>
<tr><th>监测对象</th><th colspan="2">监测指标</th><th colspan="3">监测设备技术要求</th></tr>
<tr><td rowspan="3">水厂及泵站</td><td rowspan="3">水质</td><td>余氯</td><td colspan="3">测量范围：0—2.00mg/L；
分辨率：0.01mg/L；
精度：±2%FS；
通信接口：RS485；
工作电源：220±22VAC；
环境温度：0—50℃；
环境湿度：≤85%RH（无冷凝）</td></tr>
<tr><td>浊度</td><td colspan="3">测量范围：0—10NTU；
分辨率：0.01NTU；
精度：±3%FS；
通信接口：RS485；
工作电源：220±22VAC；
环境温度：0—50℃；
环境湿度：≤85%RH（无冷凝）</td></tr>
<tr><td>温度</td><td colspan="3">测量范围：0—100℃；
分辨率：0.1℃；
精度：±0.5℃；
通信接口：RS485；
工作电源：220±22VAC；
环境温度：0—50℃；
环境湿度：≤85%RH（无冷凝）</td></tr>
<tr><td rowspan="10">配水管网</td><td colspan="2">流量</td><td colspan="3">量程：0—12m/s；
精度：测量精度不低于 ±1%，重复性精度不低于 0.2%；
采集频率：不低于 1 次 /5min，采集频率可调；
上传频率：不低于 1 次 /5min，上传频率可调；
使用寿命：不少于 5 年；
环境适用性：应具有防水、防尘、防腐等抗恶劣环境性能</td></tr>
<tr><td colspan="2">压力</td><td colspan="3">量程：0—2.5MPa；
精度：不低于 ±0.5%FS；
采集频率：不低于 1 次 /5min，采集频率可调；
上传频率：不低于 1 次 /5min，上传频率可调；
使用寿命：不少于 5 年；
环境适用性：应具有防水、防尘、防腐等抗恶劣环境性能</td></tr>
<tr><td colspan="2">智能阀门</td><td colspan="3">智能阀：开关、开度</td></tr>
<tr><td colspan="2">漏水声波</td><td colspan="3">使用寿命：不少于 5 年；
采集频率：不低于1天/次；
环境适用性：应具有防水、防尘、防腐等抗恶劣环境性能</td></tr>
<tr><td rowspan="6">水质</td><td>浑浊度</td><td colspan="3">量程：0—20NTU；
响应时间：不超过 0.5min；
对比试验误差：±0.1NTU（标准样品配制值或实际水样的标准方法检测值不大于 1NTU 时）或不大于 10%（标准样品配制值或实际水样的标准方法检测值大于 1NTU 时）</td></tr>
<tr><td rowspan="5">余氯</td><td></td><td>比色法</td><td>电极法</td></tr>
<tr><td>量程</td><td colspan="2">0—5mg/L</td></tr>
<tr><td>重复性</td><td>不超过 5%</td><td>不超过 3%</td></tr>
<tr><td>零点漂移</td><td colspan="2">±2%</td></tr>
<tr><td>响应时间</td><td colspan="2">不超过 2.5min</td></tr>
</table>

续表

监测对象	监测指标		监测设备技术要求		
配水管网	水质	余氯	测定下限	0.01mg/L	0.02mg/L
			比对试验误差	±0.01mg/L（实际水样的标准方法检测值≤0.1mg/L时）；小于10%（实际水样的标准方法检测值>0.1mg/L时）	
原水管网	漏水声波		管道管径：不小于 500mm； 检测频率：每年不少于 1 次； 检测精度：不低于 0.3L/min； 泄漏定位精度：不低于 2m		
市政消火栓	流量		量程：0.5—50L/s； 精度：±1%FS； 环境适用性：应具有防水、防尘、防腐等抗恶劣环境性能		
	压力		量程：0—1.6MPa； 精度：±0.5%FS； 环境适用性：应具有防水、防尘、防腐等抗恶劣环境性能		

7.3　供水管网智能感知与监测技术

7.3.1　技术发展历程

1. 国外供水监测系统发展情况

对城市供水管网的实时监控系统，国外于20世纪60年代中期就开始了较为系统的研究，较早的有德国的西门子公司、美国的Interlution公司、意大利的Logosystem等。从20世纪70年代以来，由于计算机技术的迅速发展，特别是微型计算机问世，出现了新一代的自动控制系统，一般称之为集散控制系统。这种系统具有集中操作管理和分散控制的功能，主要采用了四项基础技术：计算机技术（Computer）、通信技术（Communication）、控制技术（Control）和传感技术（Sensor），简称“3C+S”技术。由于其强大的功能，随即在城市供水、城市供热、供电、燃气输配等网络中得到了广泛应用。城市供水管网实时监控系统，又称城市供水计算机四遥系统，指遥测（Telemetering）、遥控（Telecontrol）、遥讯（Telesignal）、遥调（Teleadjusting）技术。它结合网络技术，既可以远程监测城市供水管网中的压力、流量等参数，又可以远程控制供水管网上的设备，它与地理信息GIS、管网模拟仿真系统、优化调度等软件配合，可以组成完善的供水管网调度管理系统。近年来，国外不断加深理论和实践方面的研究，并在一些城市实现了在线实时的优化调度。

2. 国内供水监测系统发展情况

国内有关这方面的研究起步较晚，但近年来也取得了一定的进展。20世纪70年代末开始引进微型机技术和设备，20世纪80年代开始引进实时监控技术，在城市供水行业也有一些单位引进或研发实时监控技术，并建立了具有一定水平的供水管网实时监控系统。如天津港保税区在2001年也开发并建立了自己的供水管网监控系统，并取得了良好效果。但由于受国产设备及当时技术水平的限制，系统可靠性、稳定性均较差。同国外的系统相比，大部分国产城市供水管网实时监控系统主要是模仿国外系统开发的，具有较高的性能价格比，针对性较强，但是仍然具有诸如：管理信息系统MIS（Management Information System）集成能力差、GIS功能薄弱、多任务调度能力差，事故追忆和诊断能力缺乏等弱点，要满足企业级和行业级大型集中监控管理的要求，还需要做进一步的努力。

目前大部分企业和水务公司都采用SCADA系统和GIS系统监视供水管网的运行状态，并在此基础上进行了研究和部分功能扩展，如图7-5所示。Jafar在人工神经网络的基础上建立GIS系统，在系统中输入了近年来管网中的历史故障、管道特性、水力特性等信息，有效地提高了管网的管理水平，对管网修复方案的快速制订也起到了比较重要的作用。Li基于GIS系统对自动泄漏记录器在管网中的位置进行优化，通过记录器采集管道中的声信号，然后对声信号的强度、频率等信息进行分析，对供水管道的泄漏情况进行了监测，并且将这种方法运用在北京地区的实际供水系统中，也取得了一定的效果。上海城投水务公司将管网GIS系统与SCADA系统结合构建供水管网信息化平台，并应用在浦东供水系统中，展现了不错的效果。Kara提出了集成的实时的SCADA系统，克服了传统SCADA系统间断性监测的缺点，通过布置现场仪器和有效的传感器实时地对管网中水量水压的数据进行采集，并由无线电传到控制中心，提高了监测效率。不仅如此，即使有时候运行不当出现爆管事件，通过对采集的信息进行分析，管理人员可以及时地找到漏损的位置并进行快速修复，减少水的流失。但由于

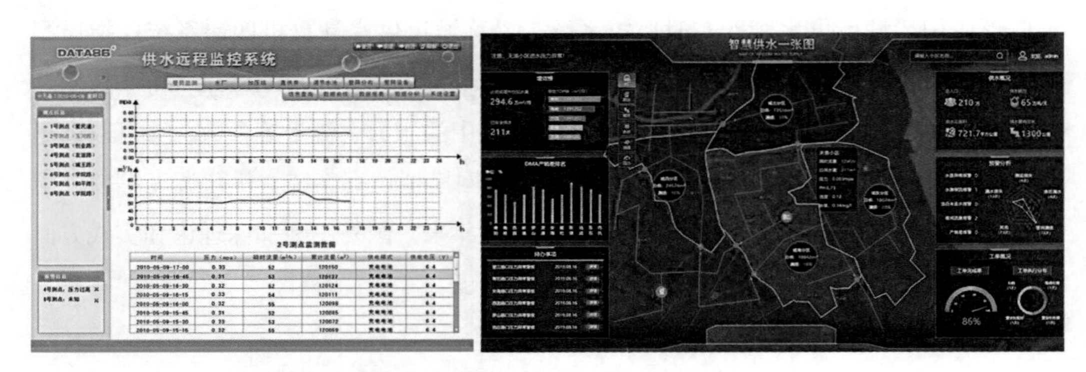

图7-5　SCADA系统和GIS系统监视供水管网的运行状态图

系统缺乏统一的标准，特别是缺乏海量数据的处理能力，依托SCADA系统实际上不能实现供水管网安全的全面有效监控。

近年来兴起的物联网技术和云计算技术为新一代的城市供水管网漏损控制系统的研究提供了全新的思路。物联网依托互联网，通过信息传感技术，依据约定的协议，可强化对物体智能化的监控和管理，其核心特征是可感知、可互联、智能化。云计算具有超强的计算能力、资源信息共享、数据处理强的特点，可以减少对硬件的投资，针对供水管网，物联网的ZigBee无线传感网络技术和网络层的传输技术可以快速地实现供水管网信息的采集和传输，同时，云计算技术凭借其超强的数据处理能力也能够满足供水管网中大量数据的处理需求，能够克服SCADA系统数据监测与处理能力的不足，为供水管网漏损监控的科学决策管理提供有益的探索。但是，物联网、云计算等技术在城市供水管网运行监测方面只是得到了初步应用，仍然存在较多问题。

（1）地理信息系统功能落后。目前仍以简单的二维GIS系统作为基础支撑，地图功能较为落后，无法直观展示管网、周边地上、地下建构筑物三维属性信息和关联信息，不能辅助管理者快速做出科学决策。

（2）缺少管网风险大数据分析能力。未能对管网基础数据、运行数据、周围环境数据等多维数据进行有效的智能融合分析，提前识别管网风险，实现风险早期“看得见”。

（3）实时监测预警能力不足。目前还未能建立大规模的城市级物联网监测平台，监测数据上传不及时，缺少大数据汇聚和存储能力，针对异常监测数据一般只能依靠人工经验对其进行分析研判，无法及时、准确预警管网突发事件。

（4）缺少应急辅助决策分析能力。事故应急处置决策来自人工经验分析，效率低，结果也未必可靠，并且事故处置过程无科学决策分析，易引发二次事故和次生衍生灾害。

因此，目前还应深化物联网、云平台和大数据等先进技术在供水管网安全监管方面的应用，并创新安全管控模式，切实提高供水风险事故应对水平。

7.3.2　供水管网监测技术

1．管道泄漏定位技术

供水管网的漏水损耗不仅造成了巨大的经济损失，更是对珍贵水资源的浪费。所以，解决目前水资源日益紧缺的问题，节约城市水资源，最直接的方法就是降低供水管网的漏损率。管网发生漏水时，单位时间漏水量小、漏水时间长造成的损失与单位时间漏水量大、漏水时间少的损失是相当的。因此，降低漏损率的关键在于，在漏水初期发现并确定漏点的位置，及时对漏点进行检修，使得漏水的时间尽可能短。

目前，国内应用较广的检漏方法是直接观察法、听漏法和区域检漏法。但随着现代城市建设规模的日益发展，城市供水区域和供水管网规模也随之急剧扩大，旧的管理手段已不能适应。以人工查询的方式来进行管道的泄漏检测，耗费了大量的人力、物力和财力。因此，利用计算机技术和通信技术，实时在线监控管网压力的变化能够及时发现漏水点，对管道进行实时自动监测具有重要意义。

（1）负压波法检漏与定位原理

当管道发生泄漏时，泄漏处立即产生因流体物质损失而引起的局部液体密度减小。出现瞬时的压力降低，这个瞬时的压力下降作用在流体介质上就作为减压波源通过管道和流体介质向泄漏点的上下游以一定的速度传播。以发生泄漏前的压力作为参考标准时，泄漏时产生的减压波就称为负压波。利用漏水附近流量计的变化情况，可以给出上下游关系，同时对负压波法的准确性提供验证。

利用设置在漏点两端的压力传感器拾取压力信号。根据两端拾取的压力信号变化和泄漏产生的负压波传播到达上下游的时间差，利用信号相关处理方法就可以确定漏点的位置和漏口的大小。原理如图7-6所示。

计算两个测压点负压波法漏水定位：

$$X=\frac{(L-\Delta t\times V)}{2}$$

其中，X为泄漏点至第一个压力传感器的距离，m；L为第一个报警压力计与第二个报警压力计之间的管道距离，m；Δt为第二个压力传感器报警时间t_2与第一个压力传感器报警时间t_1的时间差，s；V为负压波在管道中的传播速度，m/s，一般取值1500m/s。

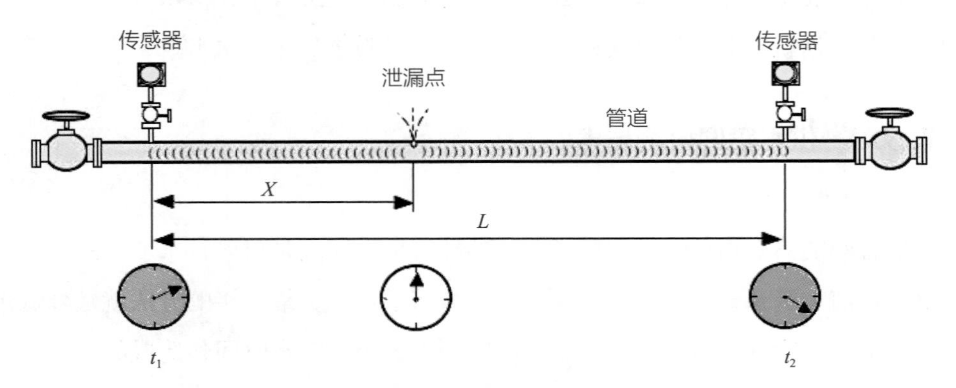

图7-6　负压波法算法示意图

（2）智能球检漏与定位原理

智能球是一个安装有声音传感器的专门用来检测泄漏点的球体，在供水管道内部随介质向前移动，当经过任一处泄漏点，通过传感器可以清晰地捕捉到极微小泄漏产生的噪声，并对泄漏点进行精确定位，误差可控制在2m以内，同时估算出泄漏点泄漏量大小。

管损漏失智能机器检测球由球形检测器、地面标记器和数据分析主机构成，如图7-7所示。球形检测器在地埋长输管道内以无滑动滚动，球形检测器经过管道漏失点处，记录管道泄漏点振动信号，经过下一个地面标记器后对球形检测器的时间和位置重新归零并进入下一个检测环节，检测结束后应用数据分析仪判定管道漏失情况与漏失定位。球形检测器记录滚动信息和管道漏失信号；超声波传感器发射的超声波脉冲信号由地面标记器接收，用于跟踪检测球和检测误差归零；聚酯泡沫球用于增加球与管道的摩擦力实现无滚动和方便检测球适用不同管道。原理如图7-8所示。

2．流量动态报警阈值技术

目前所采用的流量报警阈值的设定方法主要有两种：（1）固定阈值法；（2）逐点作差阈值法。固定阈值法是针对流量监测设备运行规律设定三级固定阈值，逐点作差阈值法是计算流量监测值针对相邻监测值的差，从而表征流量突变量，对突变量设定阈值，从而实现报警。应用过程中发现此两种方法有过多的漏判和误判，造成了许多不必要的人力资源和计算机资源浪费。因此，提出一个有效合理的针对爆管的流量报

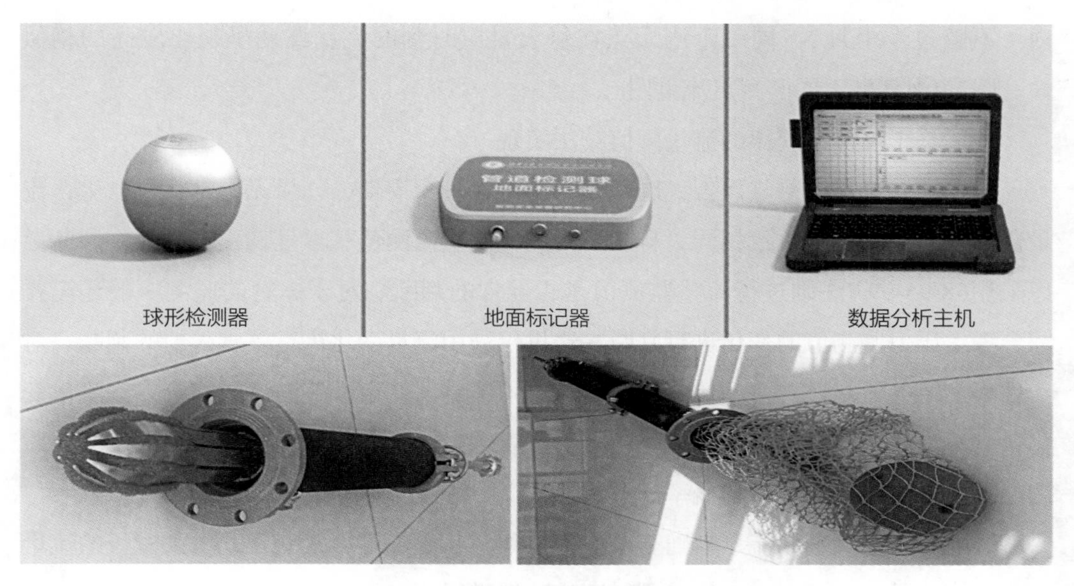

图7-7　管损漏失智能机器检测球

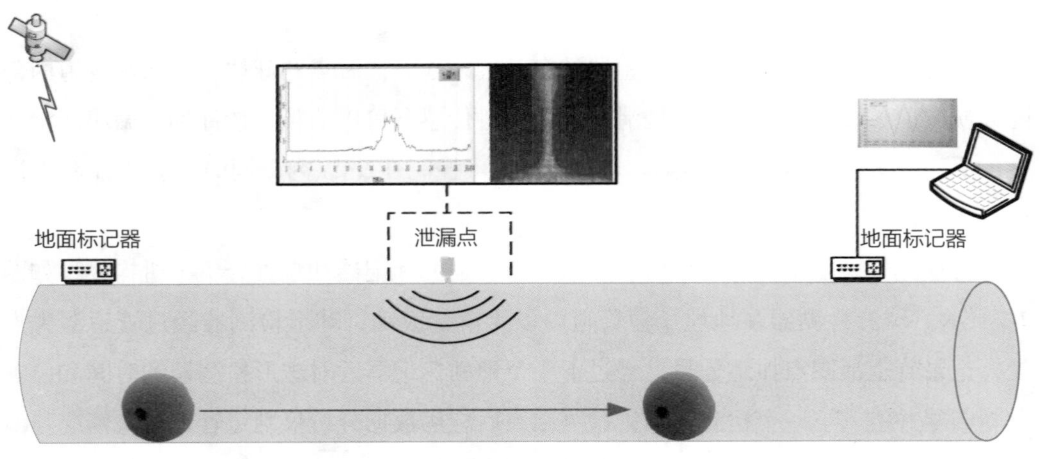

图7-8　智能球定位示意图

警阈值具有很强的现实意义。

（1）流量实时数据统计规律分析

根据某市供水专项监测运行的实际情况，发现虽然监测流量与水厂供水流量、水厂供水压力、用户用水量等因素有关，但长期的监测值守分析发现流量监测值具有一定的统计学规律。管网流量监测数据符合以下特征。

1）即使在同一时间不同位置的流量监测点的流量数据仍然表现出较大的不同，尤其是位置相隔较远的测点，获取的供水管网流量关联性较低。

2）不考虑特殊因素（节假日、临时性水力设备动作等）的影响，在连续段时间内（不超过半个月），同一个测压点在每天对应时刻的流量波动呈现比较高的相似性。图7-9为某日不同监测点流量图。

（2）基于统计学规律的流量阈值算法实现

对于同一流量监测点而言，以一天24小时为一个周期，如果无异常状况发生，流量监测值的变动趋势大致相同，且某一时间的流量监测值基本呈现正态分布。因此考虑采用68-95-99.7法则进行流量监测值是否异常的判断。对于爆管的监测一般还需要综合考虑压力监测值的变化进行判断，这里仅采用流量变化进行爆管阈值的判断。对于处于上游的流量监测点，流量变化量$\Delta Q>0$，对于处于下游的流量监测点，流量变化量$\Delta Q<0$，均表现为绝对值越大，概率对应越大。正态分布发展，可以设定所有监测点的流量变化的实际累计概率阈值为5%。

另外，考虑到用水流量会随着节假日、季节、温度等因素变化，太大时长的流量变化模式不具备参考意义，故采用短期的数据进行下一天的合理水压的估计。

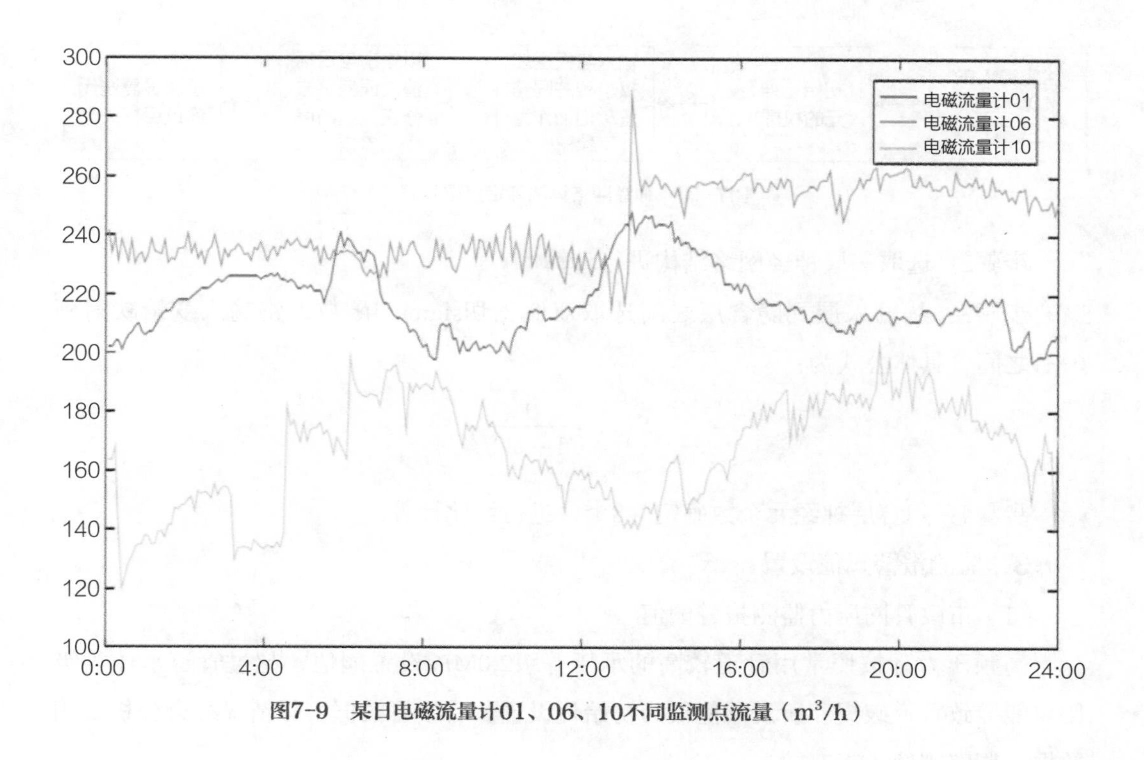

图7-9　某日电磁流量计01、06、10不同监测点流量（m^3/h）

依据统计学数学计算公式求取监测样本点的平均值和标准差，计算公式如下：

$$\overline{Q_j}=\frac{1}{n}\sum_{i=1}^{n}Q_{i,j}$$

$$\sigma_j=\sqrt{\frac{1}{n}\sum_{i=1}^{n}\left(Q_{i,j}-\overline{Q_j}\right)^2}$$

其中，$\overline{Q}$为n天内监测点的流量值在某时间内的平均均值（MPa），σ为n天内测点的水压在某时间内的标准差，n取值[3, 25]区间内整数。监测阈值判定规则为：

$$\begin{cases}\text{流量监测值}>\overline{Q}+k_1\Delta\sigma & \text{爆管报警}\\ \text{流量监测值}\in\left[\overline{Q}-k_2\Delta\sigma,\overline{Q}+k_1\Delta\sigma\right] & \text{正常}\\ \text{流量监测值}<\overline{Q}-k_2\Delta\sigma & \text{水锤报警}\end{cases}$$

其中，k_1、k_2取值[0, 10]。采用神经网络算法确定其具体值，方法如下：

以2020年的监测数据作为输入，2021年监测数据作为输出，分别计算监测点位的对应权重。基本实现步骤如图7-10所示。

步骤1：对流量监测数据进行标准化处理，处理数据间隔30s，取其中90%的数据为训练集合，其余10%为验证集合。

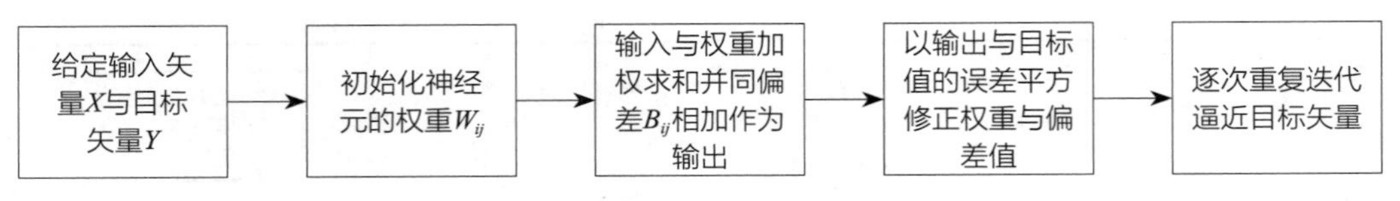

图7-10 神经网络算法确定权重步骤

步骤2：选取三层神经网络结构进行计算。

步骤3：从输入层到隐含层之间选取双曲正切sigmoid函数，将输入变量映射到0—1之间，具体公式为：

$$S(x)=\frac{1}{1+\mathrm{e}^{-x}}$$

步骤4：隐含层神经元个数确定为8个，进行泛化计算。

3．监测报警阈值设置

（1）市政管网压力监测报警阈值

高频压力计按照常用管道较高的承压等级2.0MPa设置阈值，超过管道承压等级则可能导致管道破损。所设阈值仅为初始化设置，后续可根据实际情况综合分析实测数据，调整阈值（表7-3）。

高频压力计报警阈值　　表7-3

高频压力计	一级报警	2.0MPa（常见球墨铸铁管材较高承压等级）
	二级报警	1.2MPa
	三级报警	0.6MPa（常见塑料管较低承压等级）

（2）市政管网及二次供水水质监测报警阈值

二次供水水质根据《生活饮用水卫生标准》GB 5749—2022作为参考限值，见表7-4，超过该指标则无法作为饮用水使用。可根据业主需求设置二级和三级报警作为预警。

二次供水水质一级报警表　　表7-4

二次供水水质	一级报警	余氯≤0.05，余氯≥2，浊度=1，pH>8.5，pH<6.5

（3）水源地水质监测报警阈值

水源地水质根据《地表水环境质量标准》GB 3838—2002的Ⅱ级、Ⅲ级、Ⅳ级标准来设定阈值。Ⅱ级为水源地一级保护区水质标准，Ⅲ级为水源地二级保护区水质标准，Ⅳ级适用于一般工业用水区。表7-5考虑水源地水质监测设备安装于水源地一级保护区范围内的情况设置阈值，若水质监测设备安装于水源地二级保护区内，则一至三级报警参照地表水环境标准的Ⅴ—Ⅲ级标准进行设置。

水源地水质监测报警等级表　　表7-5

水源地水质监测（安装于一级保护区）	一级报警	DO=3，COD=30，NH_3-N=1.5，TP=0.3，TN=1.5，pH>9，pH<6（Ⅳ级标准，一般工业用水区水质标准）
	二级报警	DO=5，COD=20，NH_3-N=1.0，TP=0.2，TN=1.0，pH>9，pH<6（Ⅲ级标准，二级保护区水质标准）
	三级报警	DO=6，COD=15，NH_3-N=0.5，TP=0.1，TN=0.5，pH>9，pH<6（Ⅱ级标准，一级保护区水质标准）

（4）智能消火栓监测报警阈值

主要监测指标包括流量、压力两个指标，用以表征和评估市政消火栓的设施运行状态，包括运行压力是否满足市政消火栓灭火要求，是否存在非法盗用公共用水等情况。参考《消防给水及消火栓系统技术规范》GB 50974—2014中3.2及7.2等规范条文，报警阈值设置如表7-6所示。

智能消火栓压力、流量报警阈值　　表7-6

智能消火栓	压力	一级报警	0—0.1MPa（不满足市政消火栓灭火时压力要求）
		二级报警	0.1—0.14MPa（满足市政消火栓静压要求）
		三级报警	0.14—0.21MPa（不满足居民用水要求）
	流量	一级报警	大于 15L/s（超过 3 支消火栓水枪用水流量）
		二级报警	7.5—15L/s（以 1 支消火栓水枪用水流量）
		三级报警	0—7.5L/s（以 1 支消火栓水枪用水流量）

7.3.3　供水管网监测数据分析

综合管道自身属性、设备监测数据及现场勘查情况，对布设的漏失监测仪的漏失报警进行分析，判断报警的真实性；通过对供水管网布设的流量计、压力计等设备日常运行指标的监测，为相关部门提供管网实时运行数据，当监测数据触发报警阈值时，利用各类系统参数进行耦合分析，分析报警的真实性和可能产生的后果，并通过分析报告的形式将研判结果进行推送。

1．流量分析方法

管网时变化系数K与流速分析方法：

（1）实测城市供水的时变化系数K并进行分析，对城市供水管网的工程设计和运行调度有重要的参考意义。

$$K=Q_{max}/Q_1$$

其中，Q_{max}为最高小时用水量（m^3/h），Q_1为平均小时用水量（m^3/h）。依据《室外给水设计标准》GB 50013—2018给出的最高日城市综合用水时变化系数宜采用的范围是1.2～1.6。城市规模越大，K值越小；城市规模越小，K值越大。

（2）实时关注管网流速V可以计算出原水管的最小淤积流速和最大冲刷流速，进行对比参照，同时关注管道内水体流速在监测范围内运行状态，关注水流对管网管壁的摩擦、冲刷力。

$$Q=V\cdot A$$

其中，Q为流量（m^3/h），V为流速（m/h或m/s），A为管道横截面面积（m^2）。《室外给水设计标准》GB 50013—2018中规定为防淤水质变坏等风险，最低流速通常不低于0.6m/s；为防止管网因为水锤现象出现事故，最大设计流速不应超过2.5—3m/s；平均经济流速：DN100—DN400，0.6—0.8m/s；DN≥400mm，0.8—1.4m/s。

2．压力分析方法

根据管道自身结构性隐患、外力破坏、环境因素和管理运行异常导致的管道压力监测指标数据异常进行供水压力报警阈值的设定。

（1）中高压力监测

1）管道材质及最大承压如表7-7所示。

管道材质及最大承压　　表7-7

管道材质	最大承受压力（MPa）
铸铁管	3.0
预应力混凝土管（PCP）	1.2
预应力钢筒混凝土管（PCCP）	3.0
聚乙烯管（PE）	PE63（5）、PE80（6.3）、PE100（8）
硬聚氯乙烯塑料（UPVC）	2.0

2）管道接口承压计算公式：

不考虑安全系数的钢管承压能力计算公式：$P=2T[S]/D$；

考虑安全系数的钢管承压能力计算公式：$P=2T[S]/(KD)$。

（2）低压监测

市政给水管网压力是依据城市总体规划确定的，一般设计城市建筑层数按六层考虑，供水压力按0.28MPa设计。当市政给水管网设有市政消火栓时，其平时运行工作压力不应小于0.14MPa，火灾时水力最不利市政消火栓的出水流量不应小于15L/s，且供水压力从地面算起不应小于0.10MPa。

3．流量压力耦合分析方法

利用流量压力监测数据采用流量阈值计算方法和水锤计算方法耦合分析管网压力流量波动情况及变化趋势，实现对管网可能出现的水锤爆管及路面塌陷等突发情况的预警研判。原理如图7-11所示。

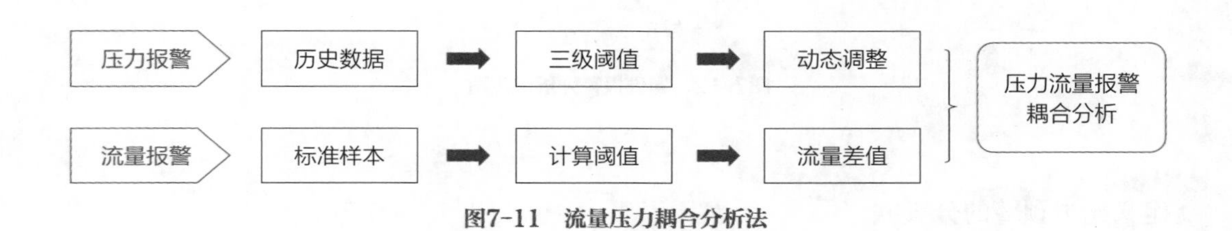

图7-11　流量压力耦合分析法

4．水锤分析方法

漏失监测技术主要通过监听和分析声波来判别供水漏失现象。供水管道一旦出现裂缝或破损，在管网内压的作用下水流通过裂口向外喷射，同时会产生持续的振动，以漏水声波的形式沿管壁或其他介质向外进行能量传播。通过在供水管道外壁安装漏失声波在线监测仪，在夜间比较安静的外部环境下，监听声波并加以分析识别。该监测设备主要分析声波的频率和声强，并与数据库中的大量漏水案例进行对比，当系统判定为管道漏水后便在现场采集声波结合频率声强数据一起传回供后台分析人员进行人工分析判断。具体流程如图7-12所示。

（1）为了提高分析的准确性，需要对连续报警的数据进行稳定性分析。具体方法是对连续数日报警的频宽和声强进行标准差计算。

$$\overline{X}=\frac{x_1+x_2+\cdots+x_n}{n}$$

$$S=\sqrt{\frac{\Sigma\left(x_i-\overline{X}\right)^2}{n-1}}$$

其中，$\overline{X}$可表示为声强或频宽x_n的平均值（dB）；n为样本x_n数量；S为声强或频宽的标准差，表征数值变化的稳定性（dB）。根据计算的标准差和连续报警的天数，

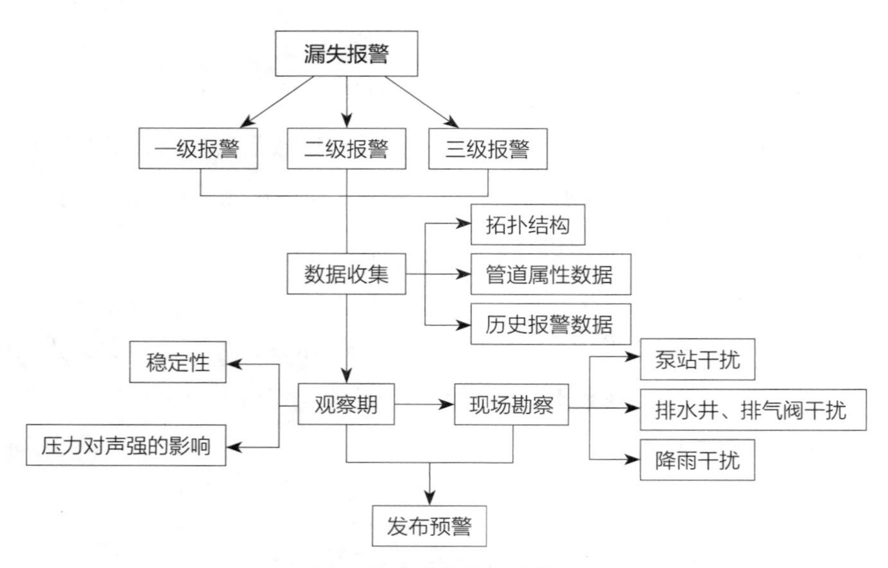

图7-12　漏失报警分析流程图

定义漏失预警的分级。

（2）供水管道压力对声强的影响：压力与声强呈线性相关，管道压力增加时，声强随之增强；管道压力减小时，声强随之减弱。

综合管道自身属性、设备监测数据及现场实际情况，对管道漏失报警进行分析，初步判断报警的真实性；在此基础上通过现场勘查确认报警点周边是否存在明漏现象，根据勘查结果选用相应的漏失定位检测装备对报警点周围管道进行进一步排查，确定漏点具体方向，为漏点最终复核和抢修提供指导性意见。

7.3.4　供水管网风险预警

通过监测报警数据分析研判后，可以得知供水监测数据是否发生异常。如发生异常，则需要结合供水管线自身条件（管径管龄、材质类型、管线埋深、外部环境等）进一步判断和识别供水管线是否存在风险、存在什么等级风险、风险可能造成的后果，针对不同风险进行分级预警，并按照对应级别的预警联动处置方案进行现场联动处置，消除风险隐患，形成闭环。

按照当前警情可能导致城市安全事故性质、当前风险的态势发展程度、事故发生后可能影响的严重程度等因素，将城市安全运行风险预警共分为三级。预警分级标准见表7-8。

预警分级标准　　　　表7-8

预警级别	分级说明
三级	预计可能会发生一般突发事件，事件可能会来临，事态有扩大的趋势
二级	预计会发生一般及以上突发事件，事件即将临近，事态正在逐步扩大，后果比较严重
一级	预计将要发生一般及以上突发事件，事件会随时发生，事态正在不断蔓延，后果很严重

依据以上预警分级原则，供水专项预警分级标准如表7-9所示。

供水专项预警分级表　　　　表7-9

预警级别	分级标准	可能造成的后果
一级预警	（1）口径超过 DN1000 的埋地管道出现大流量泄漏或者爆管； （2）泄漏周边地面有明显的沉降	预计发生路面塌陷突发事件的可能性很大，事件会随时发生，事态正在不断蔓延，后果很严重
二级预警	（1）口径在 DN600—DN1000 埋地管道出现大流量泄漏或者爆管，影响交通，需要破复道路抢修； （2）口径小于 DN600 埋地管道泄漏，处于人员密集等高后果区域	预计发生路面塌陷突发事件的可能性较大，事件即将临近，事态正在逐步扩大，后果比较严重
三级预警	（1）供水监测报警经研判可能存在供水泄漏； （2）非埋地管道或口径小于 DN600 埋地管道出现泄漏，泄漏点未处于人员密集等高后果区域	预计有发生路面塌陷或爆管的可能，事态有扩大的趋势

7.3.5　供水管网安全评估

前期收集整理供水管道管径、管龄、管材、埋深、人口交通、附近危险源和防护目标等基础信息。采用层次分析法及神经网络等评价技术，对供水管网整体状态进行风险评估，同时结合实时监测的报警数据、第三方施工以及道路规划等信息，定期对供水管网进行健康指数评估，完成相关报告的撰写。通过统计数据分析，对重点风险管道和风险趋势变化做出识别和分析研判。根据收集的各类数据（报警数据、管道属性以及现场巡检等），对供水管网薄弱环节进行初步分析，识别需要重点关注的管段；针对明装管道、老旧管道、脆弱性管道及第三方施工影响区域存在的具体风险因素，给出巡检养护建议。

综合已有管网的拓扑结构和管道属性数据，通过建立的水力学模型对供水管网进行综合模拟，识别管网运行薄弱环节，完成相关管网拓扑及规划分析报告。同时结合供水集团需求，从管网拓扑结构、信息挖掘等方面对后续管网的规划设计和改造提供技术咨询服务。通过构建管网水力水质计算模型，对不同运行条件下的管网情况进行分析，模拟管网中不同节点水龄的变化情况，分析总结供水管网节点水龄变化规律，再进一步对管网节点水龄特征、余氯变化情况、水质安全性评价进行综合分析。

考虑到影响管网健康水平因素复杂性，利用多因素来综合评价管网健康水平。选取的评估因素主要包括管道风险、管材、管径、管压、管龄、水龄、管网报警次数。根据各个评价因素的贡献率量化各评估指标的评分标准。

根据不同的得分将供水管网风险划分为5个等级，并用不同颜色标注，具体如表7-10、表7-11所示，对于中度风险的供水管网应高度重视，加强其运行维护管理；对于高风险的供水管网应对其进行风险排查和针对性管理；对于已无法实现预期功能的危险供水管网，应尽快进行更新改造。

管网指标评分标准　表7-10

评估指标	占比	指标值	得分
管道风险（S1）	16.5%	低风险 中等风险 较高风险 高风险	9 8 6 3
管材（S2）	18%	球墨铸铁管 镀锌钢管 自应力/预应力水泥管 塑料管	9.5 7 9 8
管径（S3）	17%	0—625 625（不含）—800 >800	9.5 6 8
管压（S4）	13%	0.15—0.25 0.25（不含）—0.35 >0.35	8 5 3
管龄（S5）	16.5%	≤10 10（不含）—30 >30	9 7.5 3
水龄（S6）	6%	0—6 6（不含）—12 12（不含）—24 >24	9 7 5 3
管网报警次数（S7）	4%	一级报警次数 a 二级报警次数 b 三级报警次数 c	-3 -2 -1

管网健康等级划分表 表7-11

风险等级	得分	颜色	风险程度	风险描述
Ⅰ级	70—100	绿色	安全	供水管网处于优良状态，水质良好
Ⅱ级	60—70（不含）	蓝色	低风险	供水管网基本满足现状要求，水质存在风险
Ⅲ级	50—60（不含）	黄色	中度风险	供水管网已有一般劣化迹象，有泄漏风险
Ⅳ级	40—50（不含）	橙色	高风险	供水管网发生严重劣化、泄漏，水质较差
Ⅴ级	0—40	红色	危险	供水管网具有普遍的恶化迹象

整体管网的健康得分：S=10×（S1+S2+S3+S4+S5+3S6+2S7）。

第8章 排水管网安全监测

近年来，排水管网安全监测技术发展迅速，能够在化解城市排水体系全链条的安全隐患，构建“源—网—站—厂—河”的感知物联网，汇聚排水时空大数据，辅助排水管理和养护人员做出科学决策方面发挥重要作用。相比于传统的人工检测方法，通过使用安全监测技术对排水管网液位、流量、水质等的安全健康进行监测，在风险预警方面，可提高养护人员对排水管网溢流、积水、内涝、水污染等风险隐患的发现速度；在管网病害普查方面，可经济快速地对排水管网错接、渗流、淤堵病害问题进行诊断；在风险评估方面，可对模型公式和参数进行率定，对风险规律和态势整合评估，为排水管网安全运行提供知识库。

8.1 排水管网安全运行风险现状

城市排水管网主要存在的风险包括雨污混接、淤堵、渗漏、溢流、内涝、积水等。

8.1.1 雨污混接

雨污混接现象，简单地可认为是雨水管道和污水管道的错接。其表现状态主要包括两种。

（1）排水管道早期建设年代久远设计标准低，为解决污水出路问题将污水接入雨水管道，造成生活污水通过雨水管道直接排入水体甚至工业废水偷排到河道内，可能导致水体常年黑臭或水体富营养化。

（2）雨水管道错接入污水管道，会导致污水管道雨天超负荷运行，导致污水溢流，路面积水及水质污染。

8.1.2　管道淤堵

管道淤堵是指由于结构缺陷、淤泥过多或垃圾等异物侵入管道导致水流不畅的现象。管道淤堵形成的原因是多样的。可能是管道设计原因，坡度过小或管径过大导致水流流速小于管道最小设计流速，时间一长污水中底泥沉积导致管道淤堵；另外管道基础不均匀沉降形成的塌陷物导致管径变小也会导致管道淤堵；管道垃圾或异物过多也会导致淤堵。

管道淤堵将影响排水管道的正常运行，甚至造成局部管网瘫痪。首先，管道淤堵有沼气燃爆风险。排水管道淤积物中的有机物含量较高，且大多处于缺氧甚至是厌氧的条件下，高浓度的有机物在微生物的作用下，经过一系列的生化反应会产生可燃气体（如CH_4）。管网中出现的高浓度可燃气体在有限空间聚集到一定程度，遇到明火或电火花会产生爆燃。其次，淤积物在微生物（如硫化细菌）作用下，会产生H_2S等有毒有害气体，并最终转换成为酸性物质而腐蚀管道，从而降低排水管道的使用寿命，水管道腐蚀后会增大管道的漏损量，管道淤积物中可溶性的金属物质和有机污染物会影响地下水的安全。另外，管道淤堵会造成管道运行能力下降，有因淤堵抬高井内水位而带来雨天溢流的风险，水流不畅带来雨天路面积水风险，甚至会导致污水处理厂进水COD浓度过低。管道淤堵风险如图8-1所示。

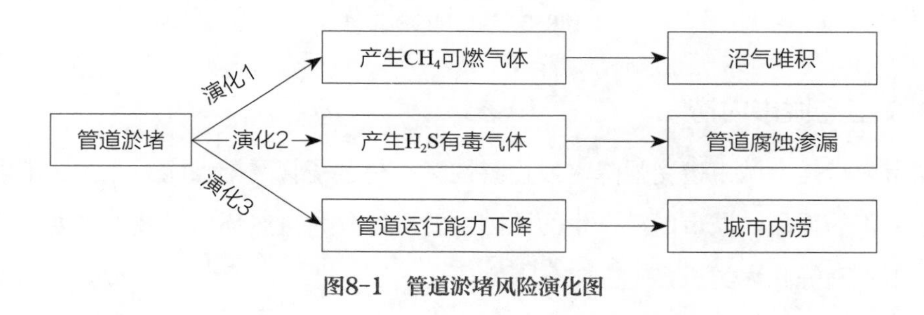

图8-1　管道淤堵风险演化图

8.1.3　管道渗漏

排水管道渗漏现象是指地下水入渗排水管道或排水管道内污水泄漏到地下外部环境的现象。渗漏的原因是多方面的，主要原因一是管道基础不均匀沉降导致管道破损；二是排水管道闭水段端头封堵不严密。

污水管道渗漏风险演化分为三方面。一是污水管网渗漏将直接导致污染地下水，对于某些以地下水作为饮用水源的地区，污水渗漏将进一步危害饮用水安全。二是地下水的内渗会增加污水处理厂的处理负担。三是排水管道漏水会使土壤具有流动性，造成地面空洞塌陷。管道渗漏风险演化如图8-2所示。

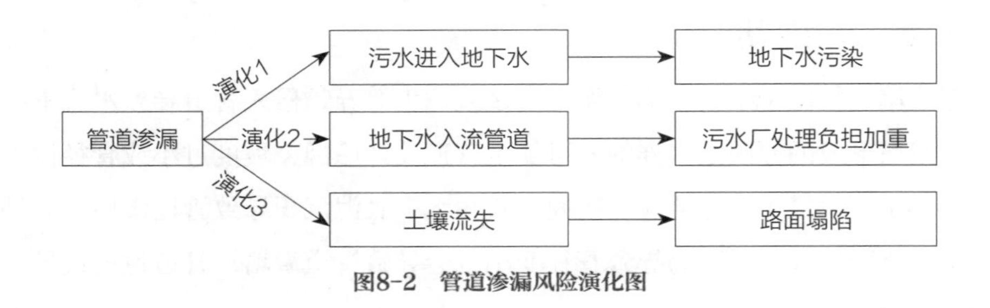

图8-2　管道渗漏风险演化图

8.1.4　溢流

溢流是指排水检查井内的水流溢出地面的现象。溢流原因是多方面的，管道淤堵、坡度过小、雨水错接污水管道、污水处理厂超负荷运行等都将导致排水能力不足发生溢流现象。

污水溢流会导致环境污染，影响周边居民生活；同时溢流可能造成一定范围内的路面积水。溢流风险演化如图8-3所示。

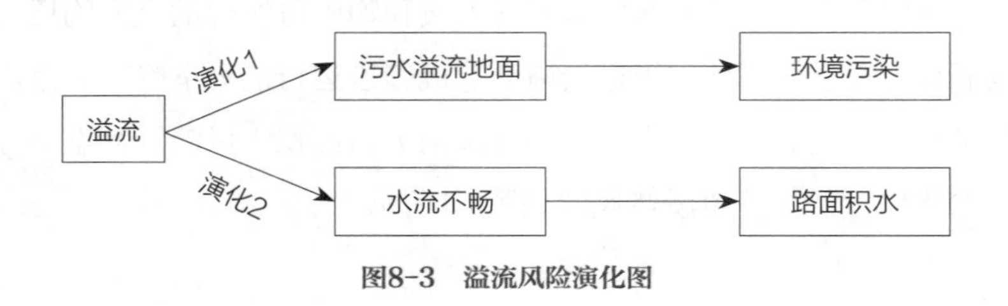

图8-3　溢流风险演化图

8.1.5　城市内涝

城市内涝是指城市遭受强降水或连续性降水超过了管网排水能力并在城市内产生了积水灾害的现象。城市内涝产生的原因主要可以分为自然环境、城市规划、工程建设、城市管理等几大类。

城市内涝灾害阶段划分如下：早期阶段是城市内涝灾害的孕育阶段，城市及周边的降雨云团、水利工程、排水管网、电力设备、地下车库、路面垃圾等灾害要素处于集聚和耦合阶段，降雨尚未开始或者刚刚开始，水利工程、排水管网存在防汛隐患但在平时和降雨初期仍能维持正常运转，路面垃圾在路面未被清理但不会影响路边收水口，此时城市内涝灾害的破坏强度微弱，尚未形成破坏力。中期阶段是城市内涝灾害的潜存阶段，在这个阶段降雨云团已经到达城市上空，降雨落下，落到地面雨水开始产生径流，河道、泵站、雨水管网在排泄雨水的过程中发挥作用，随着降雨量的不断累积，排水设施的能力不断被推向饱和，这个时候孕灾体已经和致灾因子集聚了强大的能量信息，如果出现降雨强度继续加大，或者排水工程操作不当、发生故障等诱发条件，便会立即引发城市内涝灾害。晚期阶段是城市内涝灾害的诱发阶段，降雨量已经超过现有城市排水系统的承受能力，大量的雨水无法正常排泄，雨水引发了多处积水，在这个阶段潜在的破坏力快速爆发，城市内涝灾害破坏作用来势凶猛。

8.2　排水管网监测对象

排水管网监测对象应包含城市排水管网及其附属设施，应实时对排水防涝、控源截污、地下空间燃爆等场景进行监测，在监测频次的设置上，宜对采集和通信频次进行统一设置，旱季数据的采集与收集可以适当降低频次。监测方式主要包括固定监测、轮换监测和临时监测，可以根据监测要素特性以及监测需求进行选择。排水监测对象及指标表应符合表8-1规定。

排水监测对象及指标表　　表8-1

监测场景	监测指标	监测设备技术要求
雨水管网及设施监测	雨量	量程：0.01—4mm/min（允许通过最大雨强 8mm/min）； 精度：±0.1mm； 分辨率：0.1mm； 使用寿命：不少于 5 年； 记录时间间隔：1min—99 h 连续可调； 环境适用性：应具有防腐、防水等抗恶劣环境性能； 防护等级：IP67
	液位（河道）	量程：0—20m； 精度：±1%FS； 环境适用性：应具有防水、防尘、防腐等抗恶劣环境性能
	液位（易积水点和管道）	量程：0—20m； 精度：±1% FS； 使用寿命：不少于 5 年； 环境适用性：应具有防水、防尘、防腐等抗恶劣环境性能
	流量	量程：-6.0—6.0m/s； 精度：±1%FS； 使用寿命：不少于 5 年； 环境适用性：应具有防水、防尘、防爆、防腐等抗恶劣环境性能
	井盖位移	电池寿命：大于 3 年，并可更换； 工作温度：-20—80℃； IP 等级：不低于 IP67
	视频监控	分辨率：不小于 1600TVL； 工作温度范围：-50—70℃； IP 等级：不低于 IP65

续表

监测场景	监测指标		监测设备技术要求
污水管网及设施监测（包括合流制管网）	流量		量程：-6.0—6.0m/s； 精度：±1%FS； 使用寿命：不少于5年； 环境适用性：应具有防水、防尘、防爆、防腐等抗恶劣环境性能
	管道/格栅　前池液位		量程：0—20m； 精度：±1%FS； 使用寿命：不少于5年； 环境适用性：应具有防水、防尘、防爆、防腐等抗恶劣环境性能
	水质	pH	测试范围：2—14； 分辨率：最小0.001； 响应时间：小于20s； 使用寿命：不少于5年； 防护等级：不低于IP65
		氨氮	测量范围：0—100mg/L； 测量精度：±3%FS； 环境温度：5—40℃； 使用寿命：不少于5年； 防护等级：不低于IP65
		COD_{Cr}	测量范围：10—5000mg/L； 重现性：±10%； 稳定性：±5%； 工作环境：5—40℃； 测量间隔：≤30min
		总磷	测量范围：0—50mg/L； 准确度：±5%； 测量周期：最小测量周期40min； 最低检出限：不大于0.01mg/L
	可燃气体浓度		量程：0—20%VOL； 精度：±0.1%VOL； 示值误差：≤2.5%FS； 使用寿命：不少于5年； 工作温度：-10—60℃； 防爆等级：Ex ib IIB T4 Gh； 防护等级：IP68； 通过交变湿热环境试验，湿度不低于95%RH； 通过恒定湿热环境试验，温度40±2℃，湿度（93±3）%RH
	井盖位移		电池寿命：大于3年，并可更换； 工作温度：-20—80℃； 环境适用性：应具有防水、防尘、防腐等抗恶劣环境性能

8.3　排水管网智能感知与监测技术

8.3.1　技术发展历程

目前，国内外许多城市非常重视城市排水设施的建设，并在城市防洪排涝工程上投入很多资金，取得了非常显著的进展，同时随着GIS技术的发展，许多国家开发了基于GIS技术的排水管网信息管理系统，取得了一定的成效。对于城市防洪除涝问题，国外长期以来都非常重视排水管网基础设施建设，并不断采用新的技术来提高应对能力，使得全民能够及时获取风险预警和实时监测信息。

在排水防涝方面，德国高度重视其城市规划，不仅制定了严格的法律法规，要求对污水进行治理，同时还要求对雨水进行收集，其对污水排放费用要高于供水费用。德国80%的路面能透水，即使再大的雨，也很少见路面积水。早在200多年前，其就开始改善城市排水管网系统，如柏林建立了独立的雨水排水管网系统，使得柏林在过去的几十年都没有发生内涝。同时，德国GeoGras公司在20世纪90年代成功研发了城市排水GIS系统——GEOGIS系统，对城市地下管网进行综合管理，现该系统已在欧洲200多个城市使用。

美国政府从1972年开始执行清洁水法案，并投入大量资金和行动来减少污水溢流问题，完善城市的排水系统。政府制定一系列的法律法规，综合实施各个地方的水环境保护标准，取得了非常显著的效果。SewageCAD是美国Haestad公司专门为排水行业开发的排水管网优化管理软件，采用它可以实现排水管网的动态分析和仿真，对管网系统进行校核和优化设计。

日本是一个多台风、多暴雨的国家，因此日本政府非常注重城市排水管网系统的建设。他们的“地下神殿”号称是世界上最先进的排水系统，其主要是为了减少台风和雨水灾害的侵袭所建，在东京设有降雨信息系统来统计和预测各种降雨数据，并进行各地的排水调度。相关学者提出利用多代理系统（MAS）来对油管道进行有效的监视，监测管道的物理特征（如温度、压力、视频以及气体和环境）参数，同时设计了高效的系统框架和无线传感器微粒来缓解管道内事故的发生。另有学者将传感器检测技术应用到GIS地下管线管理系统，实现了跨物种和全范围的管线实时监测，并使用RS485通信总线和GPRS网络进行数据传输，并使用批量估计数据融合方法优化监测数据，对地下管线的智能化管理具有重要意义。

在国内，由于地下排水管网在线监测成套设备生产的厂家极少，在线监测仪器基本都是进口仪表，需要集成和配套，对应于具体的在线监测任务，其监测系统的需求也具有很大的差异性，盛平等探讨了城市排水监测方法，并通过SCADA系统将pH、流量、水位的远程在线监测情况实时地显示出来。龚汝平等研究了城市排水在线监测与管理SCADA系统的设计方法及系统结构，具有一定的实用价值。房国良等根据在线监测的降雨信息和降雨预报信息，构建针对特大城市的暴雨积水数学模型，并通过

Web系统显示积水模拟结果，增强了系统的表现力。林占东等利用物联网技术完成重要积水监测点的水位、排水管网的流量、压力等基础信息的监测，建立城市内涝监测预警系统，实现实时的内涝监测，为用户提前预防内涝灾害提供了科学依据。廖玉霞设计开发了水环境监测系统，实现了对水质数据的接入和集成共享、数据的实时展示、及时处理和快速多介质预警等功能，对水质监测系统的完善和发展有一定的参考价值。李捷在传感器技术基础上设计研究了排水管网运行监测系统的设计与开发，实现了城市排水管网重要技术参数的实时在线监测与记录，并通过对这些采集数据与参数进行处理和分析，来为排水管网的安全运行提供科学依据。

8.3.2　排水管网监测设备

1．雨量计

雨量计的种类很多，常见的有虹吸式雨量计、称重式雨量计、翻斗式雨量计等。

虹吸式雨量计能连续记录液体降水量和降水时数，从降水记录上还可以了解降水强度。虹吸式雨量计由承水器、浮子室、自记钟和外壳所组成。雨水由最上端的承水口进入承水器，经下部的漏斗汇集，导至浮子室。浮子室由一个圆筒内装浮子组成，浮子随着注入雨水的增加而上升，并带动自记笔上升。自记钟固定在座板上，转筒由钟机推动作用回转运动，使记录笔围绕转筒在记录纸上画出曲线。记录纸上纵坐标记录雨量，横坐标由自记钟驱动，表示时间。当雨量达到一定高度（比如10mm）时，浮子室内水面上升到与浮子室连通的虹吸管处，导致虹吸开始，迅速将浮子室内的雨水排入储水瓶，同时自记笔在记录纸上垂直下跌至零线位置，并再次随雨水的流入而上升，如此往返持续记录降雨过程。虹吸式雨量计如图8-4所示。

称重式雨量计可以连续记录接雨杯上以及存储在其内降水的重量。记录方式可以用机械发条装置或平衡锤系统，将全部降水量的重量如实记录下来，并能够记录雪、冰雹及雨雪混合降水。

翻斗式雨量计是由感应器及信号记录器组成的遥测雨量仪器，感应器由承水器、上翻斗、计量翻斗、计数翻斗、干簧开关等构成；记录器由计数器、自记笔、自记钟、控制线路板等构成。其工作原理为：雨水由最上端的承水口进入承水器，落入接水漏斗，经漏斗口流入翻斗，当积水量达到一定高度（比如0.1mm）时，翻斗失去平衡翻倒。而每一次翻斗倾倒，都使开关接通电路，向记录器输送一个脉冲信号，

图8-4　虹吸式雨量计

记录器控制自记笔将雨量记录下来，如此往复即可将降雨过程测量下来。

2．液位计

常见的液位计有静压式液位计、超声波液位计、雷达液位计等。

静压式液位计采用静压测量原理，当液位变送器投入到被测液体中某一深度时，传感器所在液面受到的压强为$\rho \cdot g \cdot H+P_0$同时，通过导气不锈钢将液体的压力引入到传感器的正压腔，再将液面上的大气压P_0与传感器的负压腔相连，以抵消传感器背面的P_0，使传感器测得压强为：

$$P=\rho \cdot g \cdot H$$

式中 P——传感器所受压强；

ρ——被测液体密度；

g——当地重力加速度；

H——变送器投入液体的深度。

通过测取压力P，可以得到液位深度。

超声波液位计或雷达液位计的工作原理是通过一个可以发射能量波（一般为脉冲信号）的装置发射能量波，能量波遇到障碍物反射，由一个接收装置接收反射信号。根据发射超声波和回波的时间差，结合超声波的传播速度，可以精确计算出超声波传播的路程，进而可以反映出液位的情况。

超声波或雷达非接触式测量技术，具备不易受液体的黏度、密度等影响的优势，但极易受到水汽、温度、障碍物等环境因素影响数据准确性，设备抗干扰能力弱，数据不稳定。

3．水质监测仪

排水管网中主要测量的水质指标有COD、氨氮、SS。

COD的测量有化学法和光学法两种，化学法主要以氧化剂的类型来分类，最常见的是重铬酸钾法和高锰酸钾法两种。紫外可见光谱法以大部分有机物对254nm的吸收为测量依据，同时为了补偿水中悬浮物对254nm吸光度造成的散射影响，通常选用350nm、465nm、808nm等波长的吸光度作为补偿建模，测试结果表明，以此为基础的双波长测量法能较好地去除水中悬浮物带来的散射干扰。

氨氮一般采用参比电极法，氨气敏电极为复合电极，以pH玻璃电极为指示电极，银—氯化银电极为参比电极。将电极对置于盛有0.1mol/L氯化铵内充液的塑料管中，管端部紧贴指示电极敏感膜处装有疏水半渗透薄膜，使内部电解液与外部试液隔开，半透膜与pH玻璃电极之间有一层很薄的液膜。当水样中加入强碱溶液将pH提高到11以上时，铵盐转化为氨，生成的氨由于扩散作用而通过半透膜（水和其他离子则不能通过），氯化铵电解质在液膜层内向左移动，引起氢离子浓度改变，由pH玻璃电极测得其变化。在恒定的离子强度下，测得的电动势与水样中氨氮浓度的对数呈一定的线性关系。由此，可从测得的点位确定样品中氨氮的含量。

4．流量计

多普勒超声波测量技术的工作原理是将超声波信号以特定的频率传输到流体中；流体中的颗粒、固体或气泡将该信号反射至接收传感器，流量计将发射和接收的频率进行比较并计算频移，这种频移与液体的流速成正比，进而推导求出液体流速。多普勒超声波原理测量技术具有不受液体温度、黏度、密度或压力等因素影响的优点。但测量精度会受颗粒尺寸分布和浓度影响，也受颗粒和流体之间可能存在的相对速度的影响，如果流体中没有足够的颗粒，可重复性将会降低，如果管道内流速过低也难以准确测量。目前行业中较多将该技术应用于排水流量监测，但效果普遍不佳。

8.3.3 排水管网监测数据分析

1．排水管网雨污混接分析方法

雨污错接系统性诊断方案分为三步。

（1）对污水处理厂进水水量、水质进行分析。若出现降雨时期水量增大、氨氮或COD浓度降低的情况，则判定该污水管网系统存在雨水流入。

（2）对某管道中的污水井液位及水质进行分析。如若出现降雨时期液位上涨，氨氮或COD浓度降低的情况，则判定该路管道存在雨水流入。

（3）对某管道中的污水井液位进行上下游联动分析，即通过上下游晴雨天液位差的对比，得出具体的雨水流入管段位置。

2．排水管网淤堵分析方法

首先，对污水处理厂进水COD浓度进行分析，若进水COD浓度偏低（低于100mg/L），则判定该污水系统的管网可能存在淤堵情况。

其次，对污水管网淤堵情况进行分析。如某段管网满足以下条件越多，则判定管网淤堵的可能性较大。判定方法如下。

（1）晴天液位高于管径：管网发生淤堵后，污泥会占用管道一定空间，导致管网充满度较高。因此若晴天期间管道一直处于高于管顶线的高水位运行状态，排除管网负荷过高及管径小的可能性后，可判定管网存在淤堵。

（2）雨天液位下降慢：管网发生淤堵后，水流流速慢，当雨天液位上涨后，回落至晴天液位会比较缓慢。因此若降雨结束后，液位回落至晴天液位值历时大于2d，可判定管网存在淤堵。

（3）上下游液位差较大：管网发生淤堵后，水流不畅，会导致上游液位较高，下游液位较低，上下游液位差较大。

（4）上下游高程液位差突然增大：若管路中液位差突然增大，可能有三种情况。上游液位增加时下游液位不能同等增加，或下游液位降低时上游液位不能同等降低，甚至上游液位增加时下游液位降低，原理见图8-5。这三种情况的原因都可能是上游水流不能顺畅进入下游，可判定该段管道存在淤堵。

（5）管网COD浓度低：管网发生淤堵，水流速度慢，COD有可能发生沿程降解，管网COD浓度会较低。因此若管网COD浓度长期处于较低水平（低于100mg/L），排除非生活污水流入的可能性后，可判定该段管道存在淤堵。

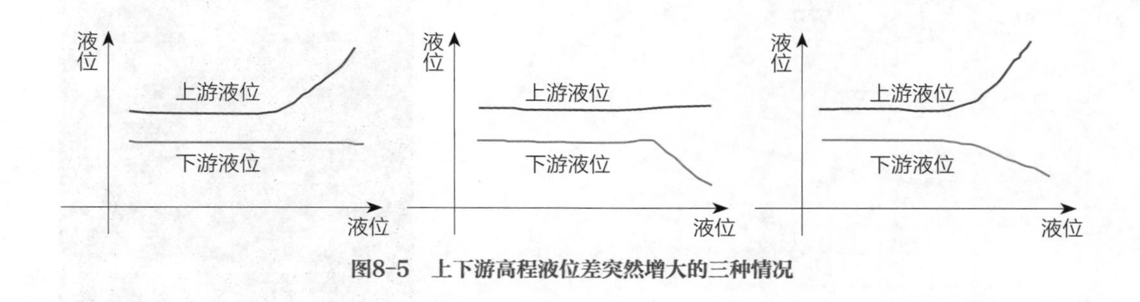

图8-5　上下游高程液位差突然增大的三种情况

3．排水管网溢流分析方法

通过对监测点位在雨期的雨量与最高液位进行曲线耦合，得出两者之间的公式关系。当耦合关系的均方差平方R^2值大于0.8时，判定耦合关系成立。再通过输入井盖线值，得出该排水井溢流时的雨量，进行溢流风险定量分析。

8.3.4　排水管网风险预警

基于在线监测数据与城市暴雨内涝预测预警模型模拟，实现内涝的早期预警、趋势预测和综合研判。

1．在线模拟输入设置

实现在线对暴雨内涝模型模拟参数的设置和编辑，主要是降雨输入条件的在线设置和编辑。

2．模型模拟率定

根据前端管网设备在线监测数据，对参数进行数据率定分析，保证内涝模型预测预警结果的准确性。

3．城市暴雨内涝实时在线分析

通过输入降雨过程线，能实时在线模拟暴雨内涝淹没过程、河涌倒灌过程、泵站排水过程等，实现对积水点、积水范围、积水蔓延趋势、积水消退趋势的动态展示，为防汛调度提供最优方案。示意图见图8-6。

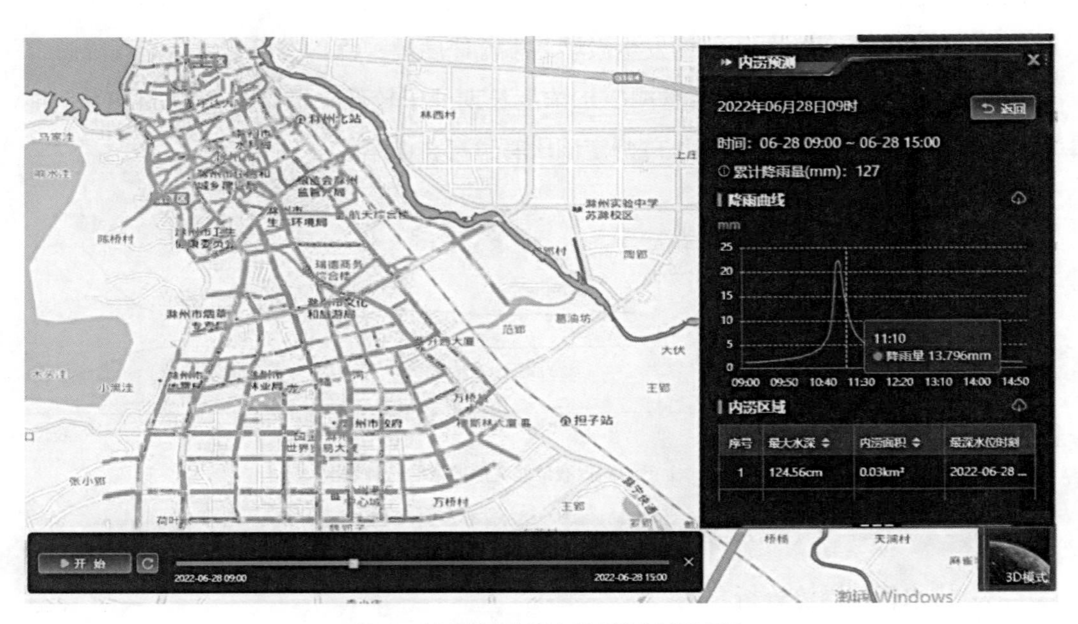

图8-6　城市暴雨内涝实时在线分析示意图

4．城市暴雨内涝预测预警

系统每日接入气象局的降雨预报信息，自动处理成模型所需的降雨输入条件并在后台提前进行模拟计算，计算结束后将相关的模拟计算结果推送到系统平台中，并对淹没区域进行报警推送。示意图见图8-7。

5．内涝区域检索分析

当发生内涝风险预警时，系统可以以内涝积水区域为范围检索淹没范围内的其他管线、地下商场、人防工程、地下空洞等危险源及防护目标，为交通管理、人员疏散、工程防护等提供决策依据。

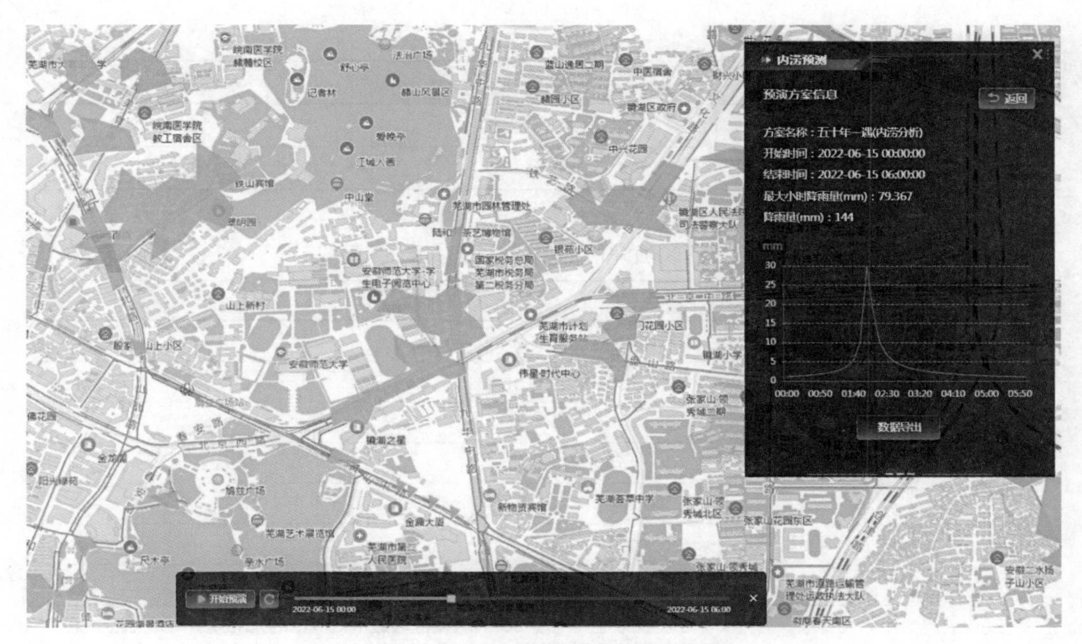

图8-7　城市暴雨内涝预测预警示意图

8.3.5　排水管网安全评估

1．综合风险评估

综合内涝风险评估、管网淤积风险评估、管网爆炸风险评估，得出各项风险等级和相应的权重系数，构建风险评分公式进行综合风险评估。

$$[R,T,V]=\mathrm{MAX}(L,F,S)$$

其中，R为风险等级，T为风险类型，V为管网综合风险分数，L为内涝风险等级，F为管网爆炸风险等级，S为管网淤积风险等级。

2．内涝风险评估

通过对管道内水流特征进行评价，对雨情进行模拟，提前感知内涝风险区域。

内涝风险安全定级基于可能性A和后果严重性B计算总得分R，$R=\sqrt{A\times B}$，超出100分的按100分记。根据R值，得出风险等级，见表8-2。风险评价指标及评分标准见表8-3。

内涝风险安全定级评定标准表　　　　表8-2

风险等级	风险阈值	风险颜色
重大风险	$80\leqslant R\leqslant 100$	红
较大风险	$60\leqslant R<80$	橙

续表

风险等级	风险阈值	风险颜色
一般风险	40≤R<60	黄
低风险	0≤R<40	蓝

风险评价指标及评分标准　　表8-3

Ⅰ级指标	Ⅱ级指标	等级	分值	备注
可能性A	管龄	30 年及以上	70	
		20—29 年	55	
		10—19 年	40	
		0—9 年	25	
	管网类型	雨水管	10	
		污水管	5	
		雨污合流	15	
	管线附近危险源	5 个及以上	20	包括附近100m内的加油站、加气站、燃气站场、燃气管网、危化品企业、建筑/道路施工、地质隐患点、烟花爆竹企业、放射源、放射性废物库
		1—4 个	10	
		0	0	
后果严重性B	管径 DN	300 以下	25	
		[300，500）	40	
		[500，800）	55	
		800 及以上	70	
	附近有无易涝点	有	20	100m 以内
		无	0	
	附近重要防护目标数量	5 个及以上	20	包括附近 100m 内的学校、医疗机构、餐饮场所、住宿场所、宗教活动场所、党政军机关、大型群众文化活动、福利机构、高层建筑、火车站、客运站、商场、体育场馆、休闲娱乐场所、机场、供电设施、通信设施、文物保护单位、科研机构
		1—4 个	10	
		0	0	

3．淤积风险评估

运用管网淤积风险评估模型，定期对现状管网进行评估分析，包括管道流速分析、管道充满度分析、检查井溢流分析和出水口排水分析等，进而分析管道淤积风险，为制定清淤养护方案提供决策支持。

造成管网淤积的因素主要有管道流速、管道坡度、管道覆土厚度。淤积风险层次结构分析图如图8-8所示。

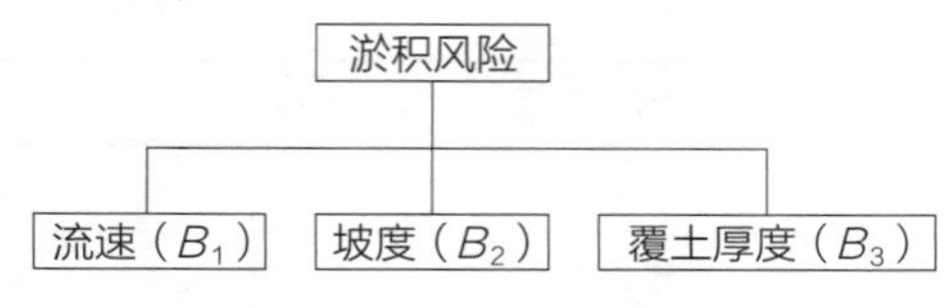

图8-8　淤积风险层次结构分析法示意图

依据《室外排水设计标准》GB 50014—2021，根据不同管道坡度范围、覆土厚度范围以及管道内水流流速范围，给出风险评分。

（1）管道坡度：坡度与管道产生淤积呈负相关关系。坡度越小，管道越可能发生淤积，或者淤积程度越严重。符合规范设计的坡度风险分数较低，根据不同管材，不同坡度范围，设定发生风险分数范围为[1，10]。具体见表8-4。

管道设计坡度风险评分　表8-4

坡度范围 k_H	风险评分
$k_H \leqslant 0.002$	10
$0.002 < k_H \leqslant 0.006$	6
$k_H > 0.006$	2

（2）管道覆土厚度：覆土厚度越大，管道越不容易受到外界压力影响。覆土厚度越小，管道越容易受影响，设定发生风险分数范围为[1，10]。具体见表8-5。

管道覆土厚度风险评分　表8-5

管道覆土厚度 k_V（m）	风险评分
$k_V \leqslant 0.3$	10
$0.3 < k_V \leqslant 0.6$	5
$k_V > 0.6$	1

（3）管道流速：依据《室外排水设计标准》GB 50014—2021最小设计流速规定，流速越小，管道越容易淤积。记符合规范设计的流速为1m/s，不同设计流速范围，设定不同风险分数范围为[1，10]。具体见表8-6。

管道流速风险评分　表8-6

设计流速 k_S（m/s）	风险评分
$k_S \leqslant 0.25$	10
$0.25 < k_S \leqslant 0.5$	8
$0.5 < k_S \leqslant 0.75$	5
$k_S > 0.75$	1

使用层次分析法，对淤积各风险因素判断矩阵如表8-7所示。

风险因素判断矩阵表　　表8-7

A	B_1	B_2	B_3
B_1	1	5	7
B_2	1/5	1	3
B_3	1/7	1/3	1

$$\boldsymbol{A}=\begin{bmatrix}1 & 5 & 7\\ 1/5 & 1 & 3\\ 1/7 & 1/3 & 1\end{bmatrix}$$

归一化矩阵$\boldsymbol{A}$：

$$\boldsymbol{A}=\begin{bmatrix}0.7447 & 0.7895 & 0.6364\\ 0.1489 & 0.1579 & 0.2727\\ 0.1064 & 0.0526 & 0.0909\end{bmatrix}$$

计算各个因素之和：

$$W_{B1}=0.7447+0.7895+0.6364=2.1706$$
$$W_{B2}=0.1489+0.1579+0.2727=0.5795$$
$$W_{B3}=0.1064+0.0526+0.0909=0.2499$$

令向量$\boldsymbol{W}$=[2.1706，0.5795，0.2499]^{T}，计算判断矩阵的最大特征根λ_{max}：

$$\boldsymbol{AW}=\begin{bmatrix}1 & 5 & 7\\ 1/5 & 1 & 3\\ 1/7 & 1/3 & 1\end{bmatrix}\begin{bmatrix}0.7446\\ 0.1580\\ 0.0909\end{bmatrix}=\begin{bmatrix}2.1706\\ 0.5795\\ 0.2499\end{bmatrix}$$

$$\lambda_{max}\left(\frac{2.1706}{0.7446}+\frac{0.5795}{0.1580}+\frac{0.2499}{0.0909}\right)/3=3.1107$$

对$\boldsymbol{A}$进行一致性检验。

因此各个因子的权重$\boldsymbol{W}$分别为：

$$k_S=0.7446$$
$$k_H=0.1580$$
$$k_V=0.0909$$

使用公式求出风险分数：$YR=(k_S\times Y_S\times k_H\times Y_H\times k_V\times Y_V)\times 10$。$YR$的范围在[1，100]之间。根据风险分数$YR$按照表8-8划分风险等级S。

管道淤积风险等级评定　　表8-8

风险分数 YR	风险等级 S
$YR\leqslant 40$	Ⅳ
$40<YR\leqslant 60$	Ⅲ

续表

风险分数 YR	风险等级 S
$60 < YR \leqslant 80$	Ⅱ
$80 < YR \leqslant 100$	Ⅰ

风险等级Ⅰ：管道内会产生一定程度的淤积，需要及时清淤；

风险等级Ⅱ：管道内会产生少量淤积；

风险等级Ⅲ：管道内可能会产生少量淤积；

风险等级Ⅳ：发生淤积可能性低，管道能够安全运行。

4．爆炸风险评估

运用雨水箱涵大空间爆炸风险评估模型，定期对雨水箱涵发生大空间爆炸的风险进行评估，有利于及时采取降低事故发生的可能性、减少人员暴露于危险环境中的频繁程度、减轻事故损失等安全预防控制措施。

借鉴目前油气管道行业普遍使用的穆氏风险综合评估方法的基本原理，根据对合肥市近五年燃气管道失效情况历史记录进行统计分析结果，建立雨水箱涵大空间爆炸风险评估模型。

$$R = P \cdot V \cdot C$$

其中，R为雨水箱涵大空间爆炸相对风险值，P为可燃气体聚积的可能性，V为具备点火源的可能性，C为爆炸事故可能造成危害后果的严重性。

相对风险值R值越大，表明雨水箱涵大空间爆炸的危险性越大，需要采取降低事故发生的可能性、减少人员暴露于危险环境中的频繁程度、减轻事故损失等安全预防控制措施。

外源可燃气体聚集是雨水箱涵发生大空间爆炸事故的重要原因，而外源可燃气体主要来源为燃气管线。对合肥市2014年和2015年燃气管线抢修记录进行统计分析，发现合肥市燃气管线泄漏概率与管材、管龄、管径、埋深、防腐层类型、运行压力等因素密切相关。

雨水箱涵中污水分解、污泥分解等会产生沼气，较高的污水浓度以及雨水箱涵高负荷运行状态下都有可能引起沼气聚积。

统计一年内雨水箱涵各个监测点的CH_4浓度数据，从高到低排序，并进行区间划分，不同区间范围对应不同的本质可燃气体聚积可能性。

点火源是雨水箱涵中可燃气体聚积引发大空间爆炸的必要条件。根据对雨水箱涵大空间爆炸事故的统计分析，其点火源主要为外来火源，如乱扔的烟头、鞭炮等，因此是否容易产生点火源与检查井爆炸事故关系密切，而检查井爆炸事故与人员活动正相关，因此以评估单元附近人流密度程度为依据。分级情况如表8-9所示。

人流密度程度分级　　表8-9

人流密度程度	分值
平均人流量为 100 人次 /min 以上的路段	10
平均人流量为 50—100 人次 /min 的路段	6
平均人流量为 25—50 人次 /min 的路段	3
平均人流量为 1—25 人次 /min 的路段	1

雨水箱涵大空间爆炸的后果主要和爆炸破坏范围及该范围内的人口分布、经济状况以及导致的社会影响有关。

本模型从原始爆炸伤害后果C_1、次生伤害后果C_2、潜在社会影响C_3三个方面评估雨水箱涵大空间爆炸事故后果，用W_1、W_2、W_3分别依次表示三种事故后果的权重。

按照三种危害后果对爆炸伤害的重要程度，设定W_1为0.6，W_2为0.3，W_3为0.1。则$C=C_1\times W_1+C_2\times W_2+C_3\times W_3=0.6\times C_1+0.3\times C_2+0.1\times C_3$。

（1）原始爆炸伤害后果C_1

雨水箱涵大空间爆炸事故对人员近距离伤害主要是爆炸冲击波伤害，较远距离伤害主要是破片伤害。路面人流量、车流量越大，人口密集越高，爆炸产生的后果将越严重，故原始爆炸伤害后果C_1可以通过人员、车辆的密集程度进行定量分级。分级情况见表8-10。

人流、车流密度程度分级　　表8-10

人流、车流密度程度	分值
商业网点集中，商业店铺占道路长度不小于 70% 的繁华闹市地段 主要旅游点和进出机场、车站、港口的主干路及其所在地路段 大型文化娱乐、展览等主要公共场所所在路段 平均人流量为 100 人次 /min 以上和公共交通线路较多的路段 主要领导机关、外事机构所在地 本市确定的重点道路、景观道路、快速路	10
城市主、次干路及其附近路段 城市网点较集中、占道路长度 60%—70% 的路段 公共文化娱乐活动场所所在路段 平均人流量为 50—100 人次 /min 的路段 有固定公共交通线路的路段	6

续表

人流、车流密度程度	分值
商业网点较少的路段 居民区和单位相间的路段 城郊接合部的主要交通路段 人流量、车流量 25—50 次 /min 的路段	3
城郊接合部的支路 居住区街巷道路 人流量、车流量 1—25 次 /min 的路段	1

（2）次生伤害后果C_2

雨水箱涵大空间爆炸发生后，冲击波对周围土壤会产生挤压应力，导致临近管线受到挤压作用；同时会导致土壤振动，产生地震波，管线在地震波的影响下可能会破裂或变形。另外，可能引发冲击波范围内加油站、加气站发生次生爆炸灾害。因此，雨水箱涵大空间爆炸次生灾害后果从周边地下管线数量和周边加油站、加气站两个方面进行评估。

（3）潜在社会影响C_3

潜在社会影响主要指爆炸所造成的社会人员恐慌、政治影响等。该评价指标与每个评价单元附近的建筑物类型有关。评分标准见表8-11。

建筑物评分标准　　表8-11

序号	项目	分值
1	党政机关主要驻地	10
2	医院	6-8
3	学校	5-7
4	主要商业区	5
5	居民区	1-4
6	工厂	1

第9章 城市水环境安全监测

水是城市中人们生产和生活的重要资源，维持着城市的生态平衡，并且与城市的历史文化共生共融，反映着城市特有的文化内涵，是决定城市发展水平的关键因素。水环境是指围绕人群空间及可直接或间接影响人类生活和发展的水体，其正常功能的各种自然因素和有关社会因素的总体。水环境安全即水体保持一定的水量、安全的水质条件以维护其正常的生态系统和生态功能，保障水中生物的有效生存，周围环境处于良好状态，使水环境系统功能持续正常发挥，同时能较大限度地满足人类生产和生活的需要，使人类自身和人类群际关系处于不受威胁的状态。水环境安全是水域生态和人类发展协调的过程，由于水资源时空分布不均或人类过度挤占生态用水，会造成水环境的破坏，引起水量短缺、水质污染等问题，时刻威胁水环境安全。因此，需要对城市水系统中的环境风险、城市水环境的关键节点，开展水质、水量监测，并通过信息化的手段及时发现问题、应急处置，避免环境事故发生。开展城市水环境安全监测是十分必要的。

9.1 城市水环境风险现状

国内外专家学者提出的城市水环境一般指向城市河流、湖泊、水库、近岸海域等城市水系。高宗军等将水环境分为两类：一是水力环境；二是水质环境，即通常所说的水环境质量状态，属于与水环境直接相关的自然属性。

现阶段我国各城市发展速度加快，人口和工业规模迅速增长，污染物急剧增多，导致了大量工业废水和生活污水直排入河湖面、江面，造成河流、湖体、江体等水质超标严重。资料表明，在我国90%以上城市水体污染严重，大部分城市的水体有黑臭现象或富营养化，严重影响我国城市的可持续发展。水被污染后，通过饮水或食物链，污染物进入人体，会导致人类急性或慢性中毒。砷、铬类等重金属污染物还可诱

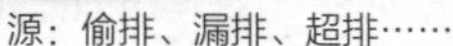
源：偷排、漏排、超排……

管网：混接、错接、漏损……

厂：进水不达标、排放不达标、溢流污染

排口：晴天出水、初期雨水污染、大雨污染排放……

河湖：水体黑臭不达标、治理后反弹

图9-1　城市水污染问题

发癌症等疾病，污染物吸入量过大还会造成死亡。图9-1为城市水污染问题。此外，我国每年水污染对工业、农业和人体健康等方面造成的经济损失高达上千亿元。因此水环境风险也被政府和社会公众关注。总体看来，我国城市水环境存在以下风险。

1．面源污染严重，防控力度不足

工业污染、城市生活垃圾、农业面源污染，使得我国大部分城市水体受流域内面源污染影响较重，城市地表径流污染影响又较为突出，一般由城市地表径流所带来的污染物占流域城市面源的90%。由部分排水户偷排、漏排、标准滞后等原因造成的水污染情况严重，甚至已经对生态造成了不可逆转的危害。此外，我国城市人口密度大，菜地种植、零星畜禽养殖、小区住户的裸露地面等产生的污染直接入水，导致水体受到了较大的人为影响。我国对于城市面源污染的防控治理虽然开展已久，但防控技术应用和力度不足，防治效果难以达到预期，流域面源污染有进一步加重的趋势。

2．基础设施建设不足

地下排水管道系统的完善是防止水污染的有效途径，城市污水管网系统错综复杂，众多主管和支管形成了大量的拐点和连接点，而污水在管网中通常是多点汇集，造成污染物在管网中的淤积和堵塞，最终会破坏管网导致泄漏并污染地下水。城中村、工业区、农贸市场等普遍存在雨污混流、错接乱排现象，大量污水及点、面源污染等混接入雨水管网，导致城市水污染问题进一步加重。近年来，城市化建设进程加快，人口及产业大量聚集，市政基础设施建设却相对不足，相关资金投入一直处于较低水平，污水截污干管缺失严重，部分工业企业将废水就近排入附近水体，部分生活污水也没有得到有效处理，导致工业废水和生活污水直排问题普遍存在。

3．污水治理不彻底

城市化发展背景下，各城市高度重视发展经济，忽略了水环境治理。新污水处理厂的建设以及旧污水处理厂的改造需达到Ⅳ类地表水标准，这意味着更高的治理成本，污染物控制工艺及能源消耗大。多数排水户依旧沿用传统的污水处理方式，国内外先进的CAST、UNITANK等污水处理技术得不到广泛使用，导致我国整体污水处理落后于发达国家。此外，我国的城市污水处理厂往往没有严格按照标准的处理工序来执行处理工作，导致污水处理效果欠佳，会对城市水环境造成相应的污染。

4．监督管理体制不到位

为解决水资源与经济社会发展之间的突出矛盾，党中央和国务院出台了实施最严格水资源管理制度的文件。然而，我国目前对该方面的管理监督落实还不到位，无法有力监督我国的污水处理现状。问责法制不健全、监督问责程序不完善、监督与问责制度执行不到位、社会公众监督意识不足等问题造成我国无论是在管理机制还是在惩罚制度上都缺乏相应的法律法规，导致我国的排水户在污水处理过程中存在侥幸心理，没有落实各个步骤的污水处理程序，加剧了我国水污染的严峻形势。

9.2 水环境监测对象

水质自动监测站配置有相应的采水单元、配水单元、仪器测试单元和系统控制单元。采水、配水单元设计上考虑了过滤、沉沙、清洗、补水系统，确保仪器对样品水的要求得到满足。

每个水站系统必须具备自动采样、自动分析、自动数据采集与处理及传输功能，并保证连续稳定运行，见图9-2。水站系统对于断电、断水等意外事件应具有智能诊断、自动保护及自动恢复功能。水站系统内各单元之间必须实现合理的连接，形成一个独立自动运行的完整系统，并保证稳定运行。水站数据直接上传到总站管理和发布平台。

根据监测目的、水质特点确定监测项目，分为必测项目和选测项目，见表9-1。对于选测项目，应根据水体特征污染因子、仪器设备适用性、监测结果可比性以及水体功能进行确定。仪器不成熟或其性能指标不能满足当地水质条件的项目不应作为自动监测项目。

图9-2　水质自动监测站内部

地表水水质自动监测站必测项目与选测项目　　表9-1

水体	必测项目	选测项目
河流	常规五参数（水温、pH、溶解氧、电导率、浊度）、氨氮、高锰酸盐指数、总氮、总磷	挥发酚、挥发性有机物、油类、重金属、粪大肠菌群、流量、流速、流向、水位等
湖、库	常规五参数（水温、pH、溶解氧、电导率、浊度）、氨氮、高锰酸盐指数、总氮、总磷、叶绿素 a	挥发酚、挥发性有机物、油类、重金属、粪大肠菌群、藻类密度、水位等

9.3　水环境安全智能感知与监测技术

9.3.1　技术发展历程

水环境污染不仅会对城市环境产生恶劣影响，还会威胁人们的用水安全，损害人体健康。因此，水环境监测一直是我国开展生态环境保护的首要工作之一，通过水环境监测，能够对水体是否污染以及污染物分布和污染程度等进行科学的分析和评价，为水污染的治理和预防提供理论依据，为后期开展水污染防治工作提供重要的帮助。

水环境监测主要包括地表水监测和地下水监测。首先在地表水监测中，需要对水源常规因子进行调查，并结合调查结果分析水质状况，明确水源被污染程度、水源污染原因、污染成分、含量和污染范围。其次是地下水监测，目前进行地下水监测时大多是通过抽检的方式完成，通过采样并展开分析，最终明确地下水的硫酸盐、氯化物、铁以及酸碱性等成分含量，明确水文特点。

我国常用的监测方法主要包括自动监测、常规监测和应急监测。自动监测和常规监测分别执行国家生态环境部批准发布的《地表水自动监测技术规范（试行）》HJ 915—2017和《地表水环境质量标准》GB 3838—2002。对于应急监测，如果被测项目有对应的国家认定的标准方法，则采用标准方法测定，否则应使用等效方法监测。

传统的环境水质监测工作以人工现场采样、实验室仪器分析为主，工作流程主要为：（1）实地调研与材料搜集；（2）明确监测项目；（3）监测站布置及确定收集时间和方式；（4）水环境样品存放；（5）样品的分析测试；（6）数据整理与结果汇报。虽然实验室分析手段比较完备，但实验室监测存在监测频次低、采样误差大、监测数据分散、不能及时反映污染变化状况等缺陷，难以满足政府和企业进行有效水环境管理的需求。因此，环境监测必须要有科学的发展方向以满足越来越高的监测需求，未来的水环境监测技术必然要朝着全面化、系统化、标准化、科学化的方向发展，以提供更为科学、准确、全面的决策依据，应对更复杂的水环境污染问题。近年来，动态监测、在线监测等监测技术手段得到了越来越多的应用，已成为环境监测的发展趋势。

水环境动态监测以常规监测方法为基础，根据不同水体污染的特征，实现水质水量等方面的动态监测。在监测项目、时间、频率以及监测范围方面，根据各河道污染的主要水质指标，分河段按不同水情和污染状况，采取不同监测频率，对河道水污染进行跟踪性或监视性监测，以确定污染的影响范围与程度，便于管理部门及时采取对策。同时，动态监测能及时掌握河道水量水质变化。水污染动态监测信息传递，要做到迅速、准确，以提高监测资料的时效性。

从国外环保监测的发展趋势和国际先进经验看，在线自动监测已经成为有关部门及时获得连续性监测数据的有效手段。在线自动监测只需要几分钟的数据采集，水源地的水质信息就可发送到环境分析中心的服务器中。一旦观察到有某种污染物的浓度发生异变，环境监管部门就可以立刻采取相应的措施，进行取样分析。可见，水质在线分析系统最大的优势在于可快速准确地获得水质监测数据。自动水质监测系统的应用，有助于环保部门建立大范围的监测网络收集监测数据，判断目标区域的污染状况和发展趋势。随着监测技术和仪器仪表工业的发展，环境水质监测工作更开始向自动化、智能化和网络化的监测方向发展。

在线自动监测虽然解决了耗时长、费人力等问题，但受制于水污染种类繁多、成因复杂等因素，目前行业普遍缺乏系统有效的技术手段去构建水污染最前端防线。因此，水污染溯源相关技术被越来越多的科研工作者所关注和研究。

水质多特征污染溯源技术基于水体污染物所特有的荧光光谱及紫外-可见吸收光谱特性，通过建立不同水体的荧光光谱及紫外-可见吸收光谱数据库，结合基于水质指纹识别技术、紫外-可见吸收光谱技术、深度学习等技术，实现了污染物检测、预警、污染源溯源和污染留证。该项技术已帮助环境监管精准锁定了多家偷排漏排企业，成为环境执法的利器。

为进一步提升水环境治理效果，我国还应当加强相关监测、治理技术的研发和引进力度，实现对水生态环境的自动化监测和溯源的普及，以及对环境风险的提前预测，以避免环境风险对水生态环境造成负面影响。

9.3.2　水环境监测技术及设备

1．五参数分析仪简介

（1）pH（玻璃电极法）

分析依据：《水质pH值的测定　电极法》HJ 1147—2020。

指标描述：pH用于测定水溶液的酸碱度，是表示水中氢离子浓度的参数，其定义为水中氢离子活度（浓度）的负对数，可表示为$pH=-lgH^+$。

测量原理：pH由测量电池的电动势得到。该电池通常由参比电极和氢离子指示电极组成。溶液每变化1个pH单位，在同一温度下电位差的改变是常数，据此在仪器上直接以pH的读数表示。

（2）水温（热敏电阻/热电阻法）

分析依据：热敏电阻/热电阻法。

指标描述：水的物理化学性质与水温有密切关系。水中溶解性气体（如氧、二氧化碳等）的溶解度、化学反应速度以及pH等都随水温变化而改变。水温作为现场监测的常规五参数之一，通常采用pH内置的温度元件进行测量。

测量原理：利用半导体的热敏性制成的电阻，采用NTC温度探头进行监测。NTC热敏电阻在一定测量功率下，电阻值随着温度上升而下降。

（3）溶解氧（电化学法）

分析依据：《水质　溶解氧的测定　电化学探头法》HJ 506—2009。

指标描述：溶解氧指溶解在水中的分子态氧，通常记作DO，用每升水中氧的毫克数表示。溶解氧的饱和含量与空气中氧的分压、大气压、水温和水质有密切的关系。

测量原理：溶解氧电极用一薄膜将铂阴极、银阳极，以及电解质与外界隔开，一般情况下阴极几乎是和这层膜直接接触的。氧以和其分压成正比的比率透过膜扩散，氧分压越大，透过膜的氧就越多。当溶解氧不断地透过膜渗入腔体，在阴极上还原而产生电流，此电流和溶氧浓度成正比，只需将测得的电流转换为浓度单位即可。

（4）电导率

分析依据：《电导率的测定（电导仪法）》SL 78—1994。

指标描述：电导率表示溶液导电能力的大小。

测量原理：电导率分析仪的测量原理是将两块平行的极板，放到被测溶液中，在极板的两端加上一定的电势（通常为正弦波电压），然后测量极板间流过的电流。根据欧姆定律，电导（G）是电阻（R）的倒数，是由导体本身决定的。

（5）浊度

分析依据：《水质　浊度的测定　浊度计法》HJ 1075—2019。

指标描述：浊度是指水中悬浮物对光线透过时所发生的阻碍程度。水中的悬浮物一般是泥土、砂粒、微小的有机物和无机物、浮游生物、微生物和胶体物质等。水的浊度不仅与水中悬浮物质的含量有关，而且与它们的大小、形状及折射系数等有关。

测量原理：采用特定波长的红外光，使之穿过一段水样，并从与入射光呈90° 的方向上检测被水样中的颗粒物所散射的光量，从而测试水样的浊度。

以上五种参数指标见表9-2。

五参数分析仪器检测方法及相关指标　　表9-2

项目	单位	在线仪器常用量程	水体常规经验值	分析方法
pH	无量纲	0—14	6—9	玻璃电极法
水温	℃	0—60℃	0—40℃	热电阻电极法
溶解氧	mg/L	0—60mg/L	2—15mg/L	电化学法
电导率	mS/cm	10—500mS/cm	10—200mS/cm	电导仪法
浊度	NTU	0—4000NTU	10—4000NTU（或更高）	90° 散射光法

2．氨氮分析仪简介

分析依据：《水质　氨氮的测定　水杨酸分光光度法》HJ 536—2009。《水质　氨氮的测定　纳氏试剂分光光度法》HJ 535—2009。

指标描述：氨氮是指水中以游离氨（NH_3）和铵离子（NH_4^+）形式存在的氮。动物性有机物的含氮量一般较植物性有机物为高。同时，人畜粪便中含氮有机物很不稳定，容易分解成氨。因此，水中氨氮含量指以氨或铵离子形式存在的化合氮。

测量原理：

（1）水杨酸分光光度法

在碱性介质（pH=11.7）和亚硝基铁/氰化钠存在下，水中的氨、铵离子与水杨酸盐和次氯酸离子反应生成蓝色化合物，在波长697nm处用分光光度计测量吸光度。

（2）纳氏试剂分光光度法

以游离态的氨或铵离子等形式存在的氨氮与纳氏试剂反应生成淡红棕色络合物，该络合物的吸光度与氨氮含量成正比，于波长420nm处测量吸光度。

3．高锰酸盐指数分析仪简介

分析依据：《水质　高锰酸盐指数的测定》GB 11892—1989。

指标描述：高锰酸盐指数是表征水中还原性物质的综合性指标，采用强氧化剂氧化水体中还原性物质，通过确定所消耗氧化剂含量进行测定，多用于监测水源地等比较清洁的水体。

测量原理：在试样中加入已知量的高锰酸钾和硫酸（对高盐度水样，有时加入$AgNO_3$），在沸水浴中加热30min，高锰酸钾将试样中的某些有机物和无机还原性物质氧化，反应后加入过量的草酸钠还原剩余的高锰酸钾，再用高锰酸钾标准溶液回滴过量的草酸钠。通过计算得到试样的高锰酸盐指数值。

4．总磷分析仪简介

分析依据：《水质　总磷的测定　钼酸铵分光光度法》GB 11893—1989。

指标描述：总磷（TP）是衡量水质的重要指标之一。总磷的主要来源为生活污水、农药、化肥及洗涤剂中所含有的磷酸盐增洁剂等。

测量原理：在中性条件下用过硫酸钾使试样消解，将所含磷全部氧化为正磷酸盐。在酸性介质中，正磷酸盐与钼酸铵反应，在锑盐存在下生成磷钼杂多酸后，立即被抗坏血酸还原，生成蓝色的络合物。该蓝色络合物在700nm波长处有最大吸收量。

5．总氮分析仪简介

分析依据：《水质　总氮的测定　碱性过硫酸钾消解紫外分光光度法》HJ 636—2012。

指标描述：总氮（TN）也是衡量水质的重要指标之一。总氮是水体中各种形态的有机氮和无机氮的总称，即硝酸盐氮、亚硝酸盐氮、氨氮与有机氮的总称。总氮监测指标常被用来表示水体受营养物质污染的程度。

测量原理：在120—124℃下，碱性过硫酸钾溶液使样品中含氮化合物的氮转化为硝酸盐，采用紫外分光光度法于波长220nm和275nm处分别测试吸光度并计算校正吸光度，总氮（以N计）含量与校正吸光度成正比。

9.3.3 水环境监测数据分析

在对水环境质量进行综合评价或对区域水污染状况进行评价时，都是以一定数量的监测数据和资料为依据的。这些数据和资料包括环境要素的监测数据、环境条件数据、污染源调查监测数据、现场调查数据和实测数据等。环境监测综合分析采用的方法很多，并在不断完善和发展，通常采用的分析方法有统计规律分析、合理性分析、效益分析等。

1．统计规律分析

统计规律分析中包括了对环境要素进行质量评价的各种数学模式评价方法，也就是应用数理统计方法、模糊数学方法和适用于不同环境要素的数学、物理方程等方法，对监测数据资料进行剖析、解释，做出规律性的分析和评价。该分析方法主要应用于环境调查、环境规划或课题、环境评价等比较大的工作中。

2．合理性分析

由于影响水环境要素变化的因素十分复杂，而用于综合分析的监测数据资料有限，所以需要结合环境要素的各项条件和污染源参数，理论结合实际分析其合理性。应考虑到环境要素之间的相互影响，监测项目之间的相关和对比关系，全面分析其合理性，这样才能提供准确、可靠、合理的监测结果。如何合理地分析数据，可以从以下几个方面判断。

（1）通过项目之间的相关性来分析。

监测项目多种多样，有机的、无机的都有，但是物质本身具有相互关系，两个或两个以上的项目监测数据往往存在一种固定关系，这就为我们分析单个已实行质量控制措施的监测数据正确与否提供了依据，对一些例行监测数据，可做出直观的判定。例如，COD、BOD_5和COD_{Mn}之间的关系。根据COD、BOD_5和COD_{Mn}的概念，COD是指用强氧化剂，在酸性条件下，将有机物氧化成CO_2与H_2O所消耗的氧量；BOD_5是指在水温为20℃的条件下，微生物氧化有机物所消耗的氧量；COD_{Mn}是在一定条件下，用高锰酸钾氧化水样中的某些有机物及无机还原性物质，由消耗的高锰酸钾量计算相当的氧量；结合其实际的测定过程，对于同一份水样三者的监测结果，应存在以下规律：COD＞BOD_5，COD＞COD_{Mn}，氨氮与溶解氧也存在一定的关系。环境中氮的存在形式根据环境条件的变化而发生变化，尤其受水体中溶解氧的质量浓度影响，一般溶解氧高的水体硝酸盐氮质量浓度高于氨氮质量浓度，反之，氨氮质量浓度高于硝酸盐氮质量浓度，亚硝酸盐氮质量浓度与之无明显关系。综上所述，物质之间存在的相互关联性对综合分析监测数据的合理性起着至关重要的作用，它直观地体现出数据在分析过程是否存在分析误差，可以在第一时间分析出数据是否合理，为进一步综合分析数据提供了准确依据。

（2）通过掌握的资料对监测值进行判定。

对现有的数据进行综合分析，首先要了解采样地点的本底值范围，特别是例行监测或者是年度监测计划。这种工作一般情况下都是连续性的，一年或是几年，数据可比性比较好，对同一点位的数据，如个别项目变化较大，可以先将该值列为可疑数值，然后进行合理性分析。进行合理性分析时，首先要了解是否有新的污染源介入，其次是采样全过程有无异常，包括水质的颜色、气味、流量大小等。

与以往数据进行比对，采样是否规范，采样的容器是否达到可用标准等。再次是实验室分析，如查找显示剂保存时间是否过期，标准曲线是否绘制及时，分光光度计是否调零等。对于可疑值，在分析过程中已经知道数据是可疑的应将可疑值舍去；对复查结果时已经找出可疑值出现原因的，也应将可疑值舍去；对找不出可疑值出现原因的，不应随意舍去或保留，要对留样重新进行实验室分析或根据数理统计原则来处理。

（3）通过监测项目的性质对监测值判定。

在同一水样中有许多项目根据其性质可以判定相关的监测值是否正确。如总氮，是指可溶性及悬浮颗粒中的含氮量，如果同一水样监测结果出现总氮与氨氮、亚硝酸盐氮、硝酸盐氮数据倒挂，就表明监测结果是不正确的，需要重新分析找出原因。以上只是列出部分项目之间的关系，还有许多项目关系需要我们在日常生活中不断总结和发现，运用到日常的环境监测综合分析中，更好地服务于环境管理。

（4）通过了解污染源对监测值进行判定。

水环境监测数据是多种多样的，不仅包括雨水、地表水、地下水等，也包括点源，如工业污染源。工业污染源多种多样，不同的行业有不同的污染物产生，多数行业都有自己的特殊污染物产生，氨氮只是多数工业污染源的共性污染物。因此，要在日常工作中对辖区内的污染源或者是重点污染源有所了解，根据行业的不同，选择有针对性的监测项目来监督污染企业。

如国家颁布执行的制药行业六项标准，就是根据制药行业不同工业生产工艺和污染治理技术的特点，分别制定了《发酵类制药工业水污染物排放标准》《提取类制药工业水污染物排放标准》《化学合成类制药工业水污染物排放标准》《中药类制药工业水污染物排放标准》《生物工程类制药工业水污染物排放标准》《混装制剂类制药工业水污染物排放标准》。其中有共性的污染物，也有特殊的污染物，根据特殊的污染物是否存在，就可以判定是哪类制药行业。又如对化工行业来说，有机物含量种类较多，重金属含量比较少；对于重金属行业来说，有机物含量较少；造纸行业主要是有机污染物等。如果在一个生产有机化工的企业，废水监测出高质量浓度的重金属，则监测数据应重新考虑，需按照综合分析方法分析其原因。

9.3.4 水环境风险预警

水污染事件发生会对生态环境和经济造成不可估量的损失，只有建立完善的水环境风险预警体系，实时预报水环境变化情况，使决策部门根据系统平台的智慧化辅助决策，对水环境风险事件做出应急指挥调度，有效避免水污染事件的发生，从而确保水环境安全，进而防止或减轻未来可能的污染源对生态环境产生影响，从而达到社会效益、环境效益、经济效益的统一。

流域水环境风险预警主要通过实时和历史监测数据对风险及其变化趋势进行预判，从而提出应急响应措施。一般可分为累积式预警和突发污染事件预警。累积式预警，即对污染物长时间积累，对从量变引起质变的过程进行预警，如水体水华爆发风险预警。突发污染事件预警，主要是污染物泄漏或工业企业偷排漏排。而按照风险预警模式，可分为监测指标预警、统计分析预警及模型预警。监测指标预警是指通过对监测指标设定异常状态触发上下阈值，当前端感知设备实时在线监测数据触发阈值，对水质的异常状态进行实时预警。统计分析预警是根据历史数据，基于多元统计分析方法，对实时监测数据及未来可能发生的风险变化进行预警。模型预警是通过建立水质迁移转化模型，模拟污染物在地表水或管网中的迁移、转化和扩散过程，根据模拟结果对水环境风险进行预警（图9-3）。

国外对流域水环境预警体系的研究起步较早。1950年，瑞士、法国、卢森堡、德国和荷兰五国联合成立了保护莱茵河国际委员会（ICPR），ICPR于1986年提出莱茵河流域水环境预警体系，在莱茵河及其支流建立了水质监测站，从瑞士至荷兰共设有57个监测站点，通过最先进的方法和技术手段对莱茵河进行监控，形成监测网络。每个监测站还设有水质预警系统，通过连续生物监测和水质实时在线监测，及时对短期和突发性的环境污染事故进行预警。ICPR和莱茵河国际水文学委员会（CHR）于1990年共同开发了“莱茵河预警模型”，对莱茵河水质进行实时监测，防止突发性污染事故。美国俄亥俄河流域水环境预警体系也是针对化学污染意外泄漏和工业企业非

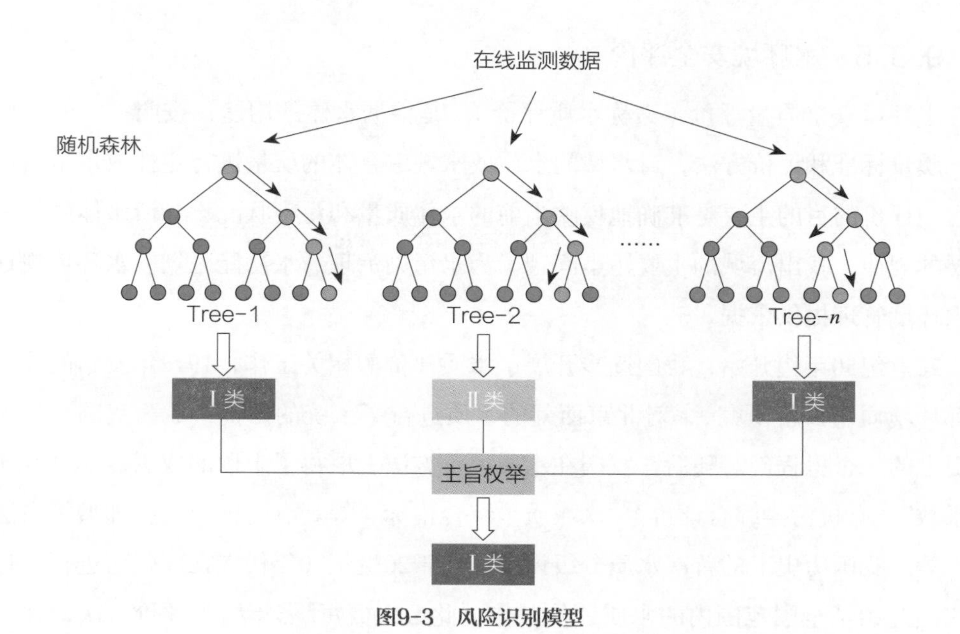

图9-3 风险识别模型

法排放而设立的，体系包括有机污染物监测、污染事件上报、监测船现场监测、迁移模型模拟及应急措施。另外还有在英国特伦特河流域、法国塞纳河流域、日本淀川河流域、美国密西西比河流域建设的不同功能目标的流域水环境预警体系，主要预警指标为有机污染物指标，部分流域还包括生物毒性和营养盐类指标。

目前，我国流域已建成的水环境风险预警体系主要分为两类，一类为基于前端水质、水量感知设备实时监测数据的水环境预警体系；另一类为基于模型模拟预测的水环境风险预警体系。通过模型模拟污染物在水体中的迁移转化路径，从而预测目标污染物到达某一节点的时间和浓度。这一风险预警模型可以在突发污染事件时，对污染物在地表水水体或管网的传输路径进行模拟，预测污染物到达下游目标节点的时间及浓度，从而为应急处置提供参考。也可以基于对水质多特征的水污染溯源模型进行污染源解析，这种模型根据水体中的水质多特征解析和污染排放源溯源，依托本地水质多特征数据库的数据实现比对分析，得出疑似排污企业、疑似排污行业、疑似传播路径。合肥经开区王建沟项目作为全国首个城市小流域水环境风险预警溯源精细化监管项目，建成覆盖19家涉水重点企业、300km排水管网、1个雨水泵站、1家污水处理厂和5km河道的预警溯源物联网，实现流域水污染常态化、精细化监管。聚焦污染产生、传输、处理和排放全过程，将污染源、排水管网和河道作为有机系统，布设固定和移动溯源监测设施，形成“源—网—站—厂—河”全流域预警溯源物联网。通过实时监测和水质溯源分析模型，有效提升溯源排查能力和精细化监管能力。

9.3.5 水环境安全评价

水环境安全质量评价（又称水质评价），是根据水体的用途，按照一定的评价参数、质量标准和评价方法，对水域的水质或水域综合体的质量进行定性或定量评定的过程。评价的目的主要是准确地反映当前的水体质量和污染状况，弄清水体质量变化发展的规律，找出流域的主要污染问题，为水污染治理、水功能区划、水环境规划以及水环境管理提供依据。

20世纪50年代开始，我国逐步开展了水质评价的相关工作，1972年发布的《北京西郊环境质量评价研究》，对北京西郊的水质进行了系统的评价，成为我国水质评价历史上的一个里程碑。随后，我国在水质评价方法上取得了丰硕的成果，如"水质质量系数""有机污染综合评价""水域质量综合指标"等观点的提出，叠加型指数法的应用等。我国历史上的首次水质分级评价工作于20世纪70年代末在广州市进行。1981年我国开始了全国范围内的水质评价工作，此后大概每隔5年组织评价一次，评价范围基本包含我国境内的所有流域，并形成水资源公报内容向全社会公布。第一次评价时还没有制定全国范围内的水质分级标准，因此专家对水质分级进行了划分，使用单因子评价法进行评价，之后全国的水质评价基本上沿用了这种方法。现在水质评价几乎存在于所有的环境质量评价中，是环境质量评价不能缺少的主要内容。

由于水环境的复杂性，在评价时，评价指标的选取、相应指标的无量纲化处理方法、水环境因子与水质级别之间复杂的非线性关系等因素都会导致评价结果的不同，至今为止还没有一个通用标准、被大家公认、具有可比性的水质综合评价模型或方法。单就评价方法而言，当前常用的几类水环境质量评价方法包括单因子评价法、污染指数评价法、模糊评价法、灰色评价法、物元分析法、人工神经网络法、地理信息系统GIS。

1．单因子评价法

单因子评价法是把全部参与评价的指标分别与《地表水环境质量标准》GB 3838—2002中相对应的分级标准进行对比，选取对应水质级别最差的那个作为该水体的水质级别。这种水质评价方法计算方便，但是水环境质量是由众多因子共同控制的，一个因子的含量并不能完全反映水体的水环境质量，因此单因子评价法的评价结果过于保守。我国《环境状况公报》和《水资源公报》中水质评价的结果就是采用单因子评价法得出的。

2．污染指数评价法

目前常用的有综合污染指数法、内梅罗污染指数法等。这类模式的特点在于均以监测数据与评价标准之比作为分指数，然后通过数学综合运算得出一个综合指数，以此代表水体的污染程度以及进行不同河流或同一条河流不同时期的水质比较。指数化综合评价是对整体水质量做出定量描述，只要项目、标准、监测结果可靠，综合评价从总体上看基本可以反映水体污染的性质和程度，而且便于同一条水体在时间上、空间上的基本污染状况和变化的比较。所以现在进行水质污染评价时多采用这种方法。

依据对分指数的处理不同，指数法又可以分为不同的指数形式，主要有豪顿（Horton）水质指数、布朗（Brown）水质指数、普拉特（Prati）水质指数、内梅罗（Nemerow）指数、罗斯（Ross）水质指数、黄浦江污染指数。

3．模糊评价法

由于水体环境本身存在大量不确定性因素，各个项目的级别划分、标准确定都具有模糊性，因此，模糊数学在水质综合评价中获得广泛应用。模糊评价法的基本思路是：由监测数据建立各因子指标对各级标准的隶属度集，形成隶属度矩阵，再把因子的权重集与隶属度矩阵相乘，得到模糊积，获得一个综合评判集，表明评价水体水质对各级标准水质的隶属程度，反映综合水质级别的模糊性。

模糊数学用于水质综合评价的方法主要有模糊聚类法、模糊贴近度法、模糊距离法等。

4．灰色评价法

由于我们对水环境质量所获得的数据都是在有限的时间和空间范围内监测得到的，信息是不完全的或不确切的，因此可将水环境系统视为一个灰色系统，即部分信息已知，部分信息未知或不确定的系统，灰色系统的原理也较多地应用于水质综合评价。其基本思路是：计算水体水质中各因子的实测浓度与各级水质标准的关联度，然后根据关联度大小确定水体水质的级别。对处于同类水质的不同水体可通过其与该类标准水体的关联度大小进行优劣比较。

灰色系统理论进行水质综合评价的方法主要有灰色聚类法、灰色关联评价法、灰色贴近度分析法、灰色决策评价法。

5．物元分析法

在水质评价中，各单项水质指标评价结果往往是不相容的。由蔡元教授创立的物元分析原理，对这种不相容问题能够给予很好的解决。利用物元分析法，可以建立事物多指标性能参数的质量评定模型，并能以定量的数值表示评定结果，从而能够较完整地反映事物质量的综合水平。将该方法用于湖泊和地表水的水质评价研究，得到了较合理的评价结果，是一种值得推广应用的评价方法。

6．人工神经网络法

人工神经网络是一种由大量处理单元组成的非线性自适应的动力学系统，具有学习、联想、容错和抗干扰功能，具有客观性。目前应用于水质评价的主要有BP神经网络、RBF神经网络、模糊神经网络、SOM神经网络、Hopefield神经网络等，其中BP神经网络是应用最多的。BP神经网络应用于水质评价需要先进行学习，即用已知的样本（一般为水环境质量标准）对神经网络进行训练，经过自适应、自组织的多次训练后，网络具有了对学习样本的记忆联想能力，然后将实测资料输入网络系统，由已掌握知识信息的网络对它们进行评价。训练后的人工神经网络具有类似人脑思维的某些特征，具有运算速度快、评价客观的优点。缺点是对于协同性较差的样本，评价结果易出现均化的现象。

7．地理信息系统GIS

近年来地理信息系统在城市规划、资源调查和评价领域中的应用比较成熟，且应用范围广泛。GIS技术应用于水环境质量评价与管理，主要是利用其在数据采集、空间查询、空间分析与模型分析方面的基本功能。GIS以地理空间数据库为基础采用地理模型分析方法，适时提供多种空间的、动态的地理信息，为地理研究和决策服务。例如将GIS应用于污染源的分析，尤其是在面污染源的分析中，能适应其污染范围巨大、成因复杂的情境。

第10章 供热管网安全监测

随着国内供热事业的进步，城市供热管网建设高速发展，规模不断扩大。然而，当供热管网发生泄漏，漏点位置确认难度大、停热时间长、抢修成本高，若漏点不能及时发现还易造成影响公共安全的恶性事故。传统一般采用人工巡检监测法，即按照运行使用年限和状态，分级分周期由运维人员沿直埋管线的路由进行巡检。然而人工成本逐年上涨，运维人员工作质量的监督、量化考核难，且运行人员的素质、知识和经验以及责任心，对检查的效果影响大。现代供热管网安全监测技术通过布设于管道及周边的前端传感设备，感知管网关键节点的重要运行信息，判断可能发生的泄漏，为管网运维人员及时提供可靠数据，辅助管网运维人员做出科学决策。相比于传统的人工巡检，供热管网安全监测技术可全面感知管网的实时运行状态，把控管网的整体运行状况。当泄漏严重时，可及时准确掌握现场情况，及时调度、处理故障，确保供热管网的安全稳定运行，提高供热管网管理效率。推广实现供热管网的智能化运行监测和精确化泄漏检测技术已是当前发展的必然趋势。

10.1 供热管网安全运行风险现状

热力管道属于生命线工程，在居民日常生活和现代工业建设中广泛应用。根据国家住房和城乡建设部发布的最新统计数据，截至2021年底，全国集中供热面积达约125.48亿m^2，其中城市集中供热面积达106.03亿m^2，县城集中供热面积达19.45亿m^2，全国管道长度达550767km，供热总量高达52.29亿GJ。城市供热主要集中在北方地区，北方早期建立的供热管网最长工作时间可达50年，余下后建的供热管线大部分也已经工作了20—30年，处于老化期状态；早期供热管网设计施工标准相对落后，供热管网质量和性能已经不能满足当下日益增长的供热需求，在供暖季一直处于超负荷的运行状态；热力管网运输的介质具有高温高压特殊属性，易加快管网设备的损耗，降低管线寿命；外界环境长期对管道的腐蚀侵蚀以及各种人为因素的破坏，会提高管道发生泄漏、穿孔和断裂的概率；地下管网基础资料缺乏，导致管网定位不清，因外力施工挖断管线的事故时有发生。上述情况都极大地增加了供热管道的运行风险。

管道事故一方面造成能源大量浪费，导致较大损失，另一方面还直接影响民生工程，威胁居民的生存环境并引发恐慌，造成极大的社会影响。近年来典型事故如：2018年11月30日4时10分左右，位于河南省郑州市经三路和农科路附近的卡萨公寓发生热力老旧管网爆管事故，造成3人死亡，1人受伤；2012年4月1日，北京市西城区车公庄大街附近路面由于热力管道腐蚀破裂漏水导致路面突然塌陷，行经此地的一女子意外落到坑里，被热力管道渗漏的热水烫伤，经医院全力抢救无效死亡；2016年8月11日，湖北省当阳市马店矸石发电有限责任公司热电联产项目在试生产过程中，2号锅炉高压主蒸汽管道上的一体焊接式长径喷嘴裂爆，导致发生一起重大高压蒸汽管道爆裂事故，造成22人死亡，4人重伤，直接经济损失约2313万元；2018年10月23日，西安市阎良区境内热力换热站管井内发生供热管道泄漏事故，大量水蒸气弥漫空中，可见度极低，致使多名群众受伤。因此，感知把控供热管网运行态势，及时判断供热管网运行风险，对事故进行分析预警，确保供热管线安全运营，是供热领域当前迫切需要解决的问题，具有极为重要的现实意义。

10.2 供热管网监测对象

城镇常见的集中供热系统热源有热电厂、区域锅炉房和集中锅炉房，将热源厂产生的蒸汽或热水送入一次管网，然后经过换热站的换热器把一次网的蒸汽或热水的热量传给二次管网，最后通过二次管网把热量送到热用户，热用户再通过室内散热器把热量传递到室内，保证冬季在室内保持一定的温度，以满足人们的生活、生产需求，流程如图10-1所示。由于一次管网输送的介质温度高、压力大、流速快，在运行时会给管道带来较大的膨胀力和冲击力，因此一次管网是热力管网安全运行关注的重点。目前，根据输送介质的不同，集中供热系统一次管网一般分为蒸汽管网和热水管网。

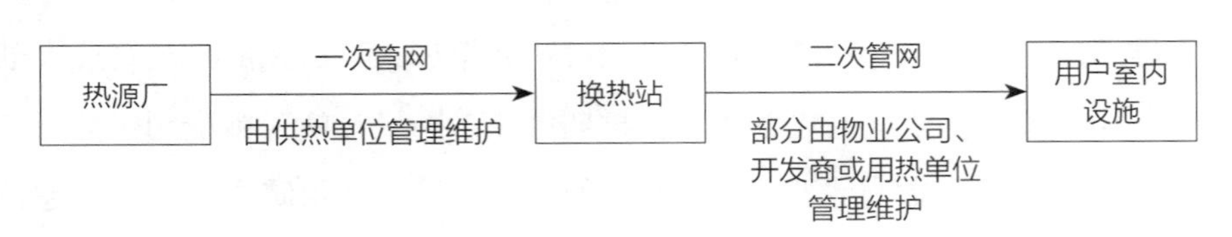

图10-1 居民集中供热示意图

为实时感知热力管网运行状态，需要对蒸汽和热水管网运行的实时温度、压力、流量等要素进行在线监测；同时需辅以热力管网周边空间内介质温度监测，从而对热力管道的运行状态进行评估，及时发现热力管道的泄漏并对泄漏位置进行分析，解决人工巡检难以及时发现的问题，避免长时间泄漏出现爆管、塌陷等重大事故。

10.3　供热管网智能感知与监测技术

10.3.1　技术发展历程

发达国家的大城市基本实现了利用“互联网+物联网”的方式实时感知城市地下管网的运行状态，并利用在管网模型构建、管网漏损评估、管网爆管定位研究上，通过优化SCADA系统保证运行的安全性。为适用管线系统特别是城市地下管线工程的发展，降低公众对于管线安全的担忧，美国联邦政府于2002年通过了《2002管道安全改进法案》，以法律形式明确要求管线从业者执行管线完整性管理方案。法国作为科技发达的工业国家，近年来也在筹划将一些高新技术应用在地下管线管理当中。目前巴黎市政府正在加快建立城市地下管线数据库，以便对城市地下管线的实时状态进行管理。欧洲研究发展委员会和美国学者相继提出市政管网的漏损、腐蚀、运行压力等数据，通过智能化的预测算法来评估管网的运行状况，并据此制定管网维护改造计划的系列实施方案。

欧美国家对城市供热管网运行安全监测系统的研究较早。由于北欧地区处于高纬度区域，冬季非常寒冷，地理环境条件驱使北欧各国重视集中供热；欧美地区属于较早进入工业化社会的区域，经济发展条件为欧美各国发展集中供热提供了经济基础，因此，诸如英国、挪威、芬兰、德国、荷兰、俄罗斯等欧洲国家集中供热系统发展趋于成熟，在供热质量、供热安全、管理水平方面均强于中国。不论是从供热设备、技术，还是供热运行合理等许多方面，这些国家的集中供热发展都处于世界顶尖水平，基本上已经全面实现了温度的自动调节控制以及分户热计量管理，且大部分都建立起了智能化水平较高的热网监控系统，对热力管网实时状态进行动态监测，通过智能化的预测算法来评估管网的运行状况。欧洲形成了一系列供热管道相关标准（如BS/EN13941—2017、BS/EN15632—1—2009、BS/EN15698—1—2009等），制造商基本严格按照欧洲标准制造和供货，材料质量有保证，制造安装工艺较为先进。即便如此，在大部分欧洲国家的供热管道建设中，依然把泄漏监测系统作为管道的标准配置，管道不分大小甚至包括入户管道都按标准配置泄漏监测系统，泄漏监测系统已经成为供热管道的有机组成部分，并形成了管网安全运行监测系统的相关标准BS/EN14419—2009。经过数十年积累，管道安全运行监测已趋于成熟，在业内有多家具有代表性的公司，如丹麦EPC公司的EMS系统（European Monitoring System）、瑞典Pipeguard Monitoring System AB公司的PGMS系统等。

在我国，由于历史原因，外国政府贷款项目如牡丹江供热项目、大连供热项目、秦皇岛供热项目等在建设时进行了供热管道安全运行泄漏监测系统的配套，但大部分监测系统并没有正常运行。除此以外，由国内投资的供热管道极少在建设时进行监测系统的安装。相比于国外，我国的供热管道质量、工程建设质量、管道运行维护管理水平、使用寿命等都有着较明显差距，在线监测系统更为必要。近期，由于智慧热网的建设热潮，一些地方已经开始进行在线监测系统的建设，并形成了一些技术规程，如《城镇供热监测与调控系统技术规程》CJJ/T 241—2016、《城镇供热直埋热水管道泄漏监测系统技术规程》CJJ/T 254—2016等。另外，对于供热管网的监控国内已有一些相应的标准，如《热力输送系统节能监测》GB/T 15910—2009等，一些地方（如北京）也出台了相关的地方标准，如《供热管网节能监测》DB11/T 1535—2018等。相比于国外，这些标准和技术不够丰富，且更多是从热网节能、调控、调度管理的角度出发，而从安全保障的角度对热力管网运行开展监测还缺乏顶层引领。

在具体技术方面，针对管道在日常运行中泄漏事故频发问题，自20世纪70年代以来，国内外研究者利用理论分析、实验研究以及数值模拟等方法对管道泄漏检测技术和方法进行研究，基于管道泄漏导致的管内流体介质压力、流量、声波以及周边介质温度场等参数的变化，国内外专家学者研发出多种检测管道泄漏以及定位泄漏点位置的技术方法，并在实际监测中得到成功应用。

1．泄漏导致声音和磁场异常

压力管道泄漏后，管内流体介质在流出泄漏口时与管道以及周围介质发生摩擦，管道声波和磁场将出现异常，针对该现象，可通过相关设备检测管道泄漏状况并对泄漏点位置进行定位。在利用声波技术检测管道泄漏方面，目前我国管道巡检人员大多基于听音法与人工巡检法判定管道泄漏状况，该方法具有操作简单等优势，但测量精度低，易受外界环境因素与检测人员专业素质影响。

2．泄漏导致压力异常

与管道稳定运行（压力梯度为斜直线）相比，管道发生泄漏后，泄漏点上游位置流量和压力梯度均变大，漏点下游流量和压力梯度变化趋势与之相反，同时泄漏管段压力随泄漏时间的延续呈现下降趋势，下降速率与管道运行压力和泄漏量相关，因此可通过管道压力参数的变化判定管道泄漏状况。目前，利用压力信号检测管道泄漏技术主要为负压波法和压力梯度法。

3. 泄漏导致温度异常

热力管道泄漏后周边介质温度将发生变化，针对该现象，可基于管道周边介质温度场分布变化情况判定管道泄漏状况，进而定位泄漏点位置，一般是利用分布式光纤传感器、热红外成像技术等进行管道周边介质温度感知。

10.3.2　供热管网监测技术及设备

在热力管网及周边安装各种传感器，形成前端监测物联网，监测管网运行的状态，实现对管网运行状态的实时感知。按照不同区域的供热管道将供热管网划分为多个子系统，根据每个子系统的介质流向和管网拓扑结构设计监测位置，在供热管网及其支路上的必要点处安装温度计、压力计、流量计和土壤温度计等设备。由前端部分来完成对监测因子含量的监测采集与汇总、转换、传输等工作，这些监测因子由测控终端使用不同的方法进行测量，从而获得准确的测量数据，此结果通过数据处理转换后经由网络向热力公司现有的监控中心传输数据，由监控中心来实现数据的接收、过滤、存储、处理、统计分析并提供实时数据查询等任务，同时增加运行状态、指标参数等数据，这些状态、指标数据根据采集的数据实时计算，并存入数据库，使系统更加完善与优化。当某项指标超过设定阈值时，系统自动开启报警功能。

由于热力管网为带压管道，为减少感知设备布设及运行带来的风险，避免在主管道上开孔，对于不同输运介质的热力管网，需选取不同的手段进行监测。

对于蒸汽管网，优先选择疏水箱进行压力、温度监测，以及土壤温度监测。

（1）由于蒸汽管道在运行过程中不可避免地会产生蒸汽凝结水，因此需安装疏水箱以起到阻汽排水的作用，可使蒸汽管道均匀给热，充分利用蒸汽潜热，防止蒸汽管道中发生水锤。

由于蒸汽管网内疏水箱压力值可以直观地反映主管道内部实时压力情况，在疏水箱内部管道中安装压力传感器主要实现以下功能：

1）在管网发生故障时，能实时通过压力值的变化对故障进行报警及预警。

2）此方案安装方便，不用大批量破复开挖、不用在主管道开孔。

3）通过安装压力传感器，在对管网切换及关送气时，能够实时对管网各关键节点进行全方位的直观监控。

4）由于蒸汽温度与蒸汽压力存在必然联系，在监测压力的同时，也能监测出主管道的蒸汽温度。

（2）依据对疏水箱中疏水器疏水次数的统计，对管道内积水量进行判断，从而可以对管道的运行风险进行预测与预警。在疏水箱管道中安装温度传感器，根据温度的变化来判断疏水次数，进而对管网积水风险进行分析。

（3）热力管道补偿器主要是用来补偿管道因受环境温度变化的影响而产生的热胀冷缩，在管道设计中必须考虑管道自身所产生的热应力，否则它可能导致管道的破裂，影响正常生产的进行。对于热力管道的泄漏情况统计，最大的风险点就在补偿器位置，当蒸汽发生泄漏时，外套管温度升高，所以，在补偿器附近安装土壤温度传感器可以监测到补偿器及周边范围内蒸汽是否发生泄漏，以达到监测蒸汽管线运行状况的目的。

对于热水管道，优先选择压力计、温度计、流量计，以及土壤温度计监测。

（1）由于热水管道一般运行压力、温度、介质输运速度等比蒸汽管道要低，因此其危险性较蒸汽管道小。如果经过专业设计机构研判校核，在压力、温度、管径等参数较低的主管道上进行开孔作业处于安全范围内，则可直接在主管道上安装压力计。

而一般情况下，为避免对主管道进行破坏，需尽量选择管道上已有的开孔进行压力计的安装。放风阀一般安装在管线的隆起部分，使管线投产或检修后通水时，管内空气可经此阀排出，平时用以排出从水中释出的气体，以免空气积在管中，恢复系统正常压力值和热效率；在管线的最低点须安装泄水阀，它和排水管连接，以排出水管中的沉淀物以及检修时放空管内的存水。因此，可选择在放风阀或泄水阀后接三通接头，三通后两边各连接压力计及新的放风阀或泄水阀，在新装测量设备的同时保留功能，如图10-2所示。由于原有阀常开，压力计与主管道相连，压力值可以直观地反映主管道内部实时压力情况。

（2）如果经过专业设计机构研判校核，在压力、温度、管径等参数较低的主管道上进行开孔作业处于安全范围内，则可在主管道上安装插入式温度计，直接测量介质温度。而一般情况下，为避免对主管道进行破坏，需选择非插入外贴片式温度传感器，在主干管道外壁安装。安装时先拆除局部保温层，将温度传感器安装捆扎于管道外壁，使用不锈钢抱箍捆扎，再对保温层进行恢复，需要选用与原材质相同的保温材料恢复，并做保温面层处理。

（3）如果经过专业设计机构研判校核，在压力、温度、管径等参数较低的主管道上进行开孔作业处于安全范围内，则可在主管道上安装插入式流量计，测量流量。而

图10-2　热水管道压力计安装示意图

一般情况下，为尽量降低可能造成的风险，减少管道开孔，采用非插入式外夹超声波流量计，即在主干管道外壁双轨道夹持安装。安装时先拆除局部保温层，将双轨道加持安装在主干管道的两侧，然后用不锈钢抱箍抱紧，再将流量传感器安装固定于管道外壁，使用不锈钢抱箍捆扎，再对保温层进行恢复，选用与原材质相同的保温材料恢复，并做保温面层处理。

（4）热水作为介质进行供热时，热水温度可达到120℃。热水泄漏后会直接进入土壤中，且有可能在地下形成空洞而在地上不受察觉，所以存在较高的危险性。根据维修记录得知，热水管道泄漏主要位置是焊缝以及补偿器的位置。在焊缝及补偿器旁布设温度传感器，以土壤为介质进行温度探测，可直接反映出热水管网的运行状态。当温度传感器发生报警时，可预测到周边焊缝及补偿器发生泄漏，管网发生了故障。

供热管网的前端监测设备作为整个供热管网监测系统的基础，能感知被测物理量的变化，并按照一定的规律（数学函数法则）转换成可用信号并传递给分析系统，是整个监测系统的最前端，其采集精度及性能指标对整个监测系统起到至关重要的作用。根据上面对供热管网监测技术的介绍，供热管网监测设备主要包括流量计、压力传感器、温度传感器、土壤温度传感器等。前端监测设备的选型技术要求如表10-1所示。

供热管网监测对象及监测设备主要指标　　表10-1

监测对象	监测指标	监测设备技术要求
疏水阀	温度	量程：0—250℃； 精度：±0.5%FS； 使用寿命：不少于5年； 采集频率：不低于1次/5s； 环境适用性：应具有WF1级防腐、IP68级防护等抗恶劣环境性能
	压力	量程：0—2.5MPa； 精度：±0.2%FS； 使用寿命：不少于5年； 采集频率：不低于1次/5s； 环境适用性：应具有WF1级防腐、IP68级防护等抗恶劣环境性能
土壤	温度	量程：0—150℃； 精度：±0.5%FS； 使用寿命：不少于5年； 采集频率：标准模式下不低于1次/6h，触发报警时不低于1次/30min； 环境适用性：应具有WF1级防腐、IP68级防护等抗恶劣环境性能
热力管道	流量	量程：0—10000m^3/h； 精度：±0.5%FS； 使用寿命：不少于5年； 采集频率：标准模式下不低于1次/h，触发报警时不低于1次/10min； 环境适用性：应具有WF1级防腐、IP68级防护等抗恶劣环境性能； 电磁流量计应符合《电磁流量计》JB/T 9248—2015的规定； 涡街流量计应符合《涡街流量计》JB/T 9249—2015的规定； 超声流量计应符合《超声流量计检定规程》JJG 1030—2007的规定
	压力	量程：0—2.5MPa； 精度：±0.2%FS； 使用寿命：不少于5年； 采集频率：不低于1次/5s； 环境适用性：应具有WF1级防腐、IP68级防护等抗恶劣环境性能
	温度	量程：0—250℃； 精度：±0.5%FS； 使用寿命：不少于5年； 采集频率：不低于1次/5s； 环境适用性：应具有WF1级防腐、IP68级防护等抗恶劣环境性能

10.3.3 供热管网风险预警

1．供热管网泄漏预警与定位

当管道发生泄漏时，泄漏处立即产生因流体物质损失而引起的局部液体密度减小出现瞬时的压力降低，这个瞬时的压力下降作用在流体介质上就作为减压波源通过管道和流体介质向泄漏点的上下游以一定的速度传播。以发生泄漏前的压力作为参考标准，泄漏时产生的减压波就称为负压波。利用漏点附近流量计的变化情况，可以给出上下游关系，同时对负压波法的准确性提供验证。

利用设置在漏点两端的压力传感器拾取压力度信号。根据两端拾取的压力信号变化和泄漏产生的负压波传播到达上下游的时间差，利用信号相关处理方法就可以确定漏点的位置和漏口的大小。

负压波法算法示意图如图10-3所示。

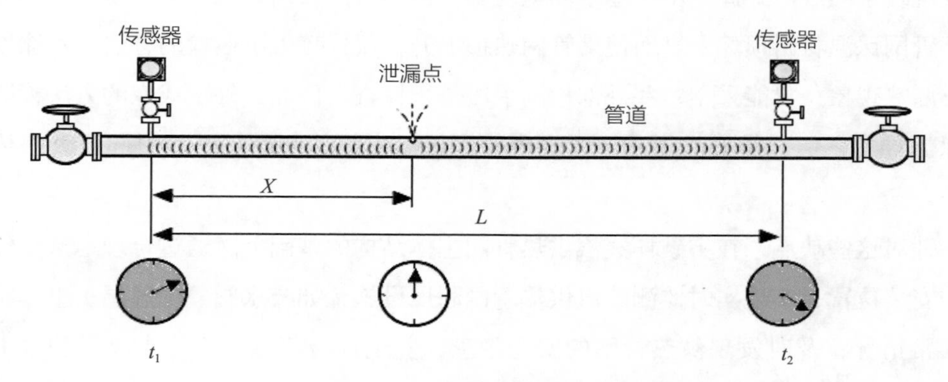

图10-3　负压波法算法示意图

计算两个测压点负压波法漏水定位公式为：

$$X = \frac{(L - \Delta t \cdot V)}{2}$$

其中，X为泄漏点至第一个压力传感器的距离，m；L为第一个报警压力计与第二个报警压力计之间的管道距离，m；Δt为第二个压力传感器报警时间t_2与第一个压力传感器报警时间t_1的时间差，s；V为负压波在管道中的传播速度，m/s，一般取值1500m/s。

管道正常运行时，管内流量可认为是恒定的，当管道发生泄漏时，上游流量增大，下游流量减小，差值即为泄漏量。泄漏量计算公式如下：

$$Q_L = Q_1 - Q_2$$

其中，Q_L为漏损流量，m^3/s；Q_1为泄漏后管道上游流量，m^3/s；Q_2为泄漏后管道下游流量，m^3/s。

2．蒸汽管网基础设施工作状态预警

疏水阀、保温层作为蒸汽管网的重要附属设施，一旦损坏将会使蒸汽管网的热量损失升高，给热力企业带来巨大的经济损失。目前，国内外针对蒸汽管网附属设施（疏水阀、保温层）的监测技术较少。蒸汽管网附属设施损坏，如疏水阀工作状态异常，可能会导致冷凝水不能及时排出，引起大量冷凝水聚集；管道保温层失效会导致蒸汽管道大量蒸汽冷凝，产生大量冷凝水。聚集的冷凝水如不及时排出，将会给供热管道带来巨大的安全隐患。如果供热管道压力骤然变化，将会使管道出现水击现象，破坏供热管网的结构，为供热管网的安全运行带来巨大的风险，同时也会造成热损增加，进而给供热企业带来经济损失。供热企业一般通过人工巡检方式，发现疏水阀损坏。但人工巡检具有一定的周期性，不仅耗费了大量的人力物力，而且无法及时发现疏水阀故障。此外由于地下环境复杂，供热管网长期处在地下潮湿环境，极易引起管网保温材料损坏，进而使得管网热损上升，仅依赖人工巡检的方法并不能发现此类漏热现象，只能采用一些外部检测手段进行探查，例如红外热成像的方法检测管道保温异常，但这类方法无法及时发现管网保温损坏的问题，进而引起巨大的热量损失。

针对这些缺点，在不破坏蒸汽供热管网主体结构的基础上，通过合理地选择传感器的安装位置，实现实时监测蒸汽供热管网附属设施（如疏水阀、保温层）工作状态的异常情况，及时发现供热管网的安全隐患，实现预警蒸汽管网积水风险和水击风险，为蒸汽管网健康安全运行提供保障。

由前端感知系统对温度、压力指标进行实时监测，通过网络传输系统将前端数据利用物联网技术传输到采集平台，最后由业务系统对数据进行分析处理并结合下面的内容进行分析与判断，及时将上传数据与预警信息进行展示。

（1）获取疏水阀出口温度传感器的数值，将其与理论疏水温度阈值比较，识别疏水阀故障。

（2）利用疏水阀出口温度传感器获取一段时间内的疏水频次，将其与理论疏水频次对比，识别疏水阀是否处于异常疏水状态。

（3）获取布设在管段附近土壤温度传感器的数值，将其与理论土壤温度值比较，识别蒸汽管道保温层是否处于异常工作状态。

（4）获取该管段疏水支路的压力数值及该管段上游疏水支路的压力数值，将二者进行对比，识别管段是否处于异常压力状态。

（5）结合上述判断结果，综合研判蒸汽供热管网是否存在积水风险或者水击风险。

3．热力管网泄漏次生衍生灾害预警

通过调研国内外热力管道泄漏事件，确定热力管道可能引发的次生衍生灾害链。对常见的泄漏安全事件，利用动力学方法分析不同介质的热力管道泄漏速率，从而确定灾害范围和危险性。

（1）次生衍生灾害链

1）高温伤亡

由于地下供热管道是以热水或者蒸汽的形式通过管道系统输送给用户，这就决定

了其与普通自来水供水管道相比具有高温的特殊性。供水管道一旦发生失水事故，如管道爆裂等，就有可能对周边居民或过往行人造成高温烫伤等危害。

2）建筑物损毁

高温供热管道具有气压高的属性，供热管道一旦发生爆裂事故，高温热水在蒸汽压的推动作用下从断裂口喷出，对周围建筑物形成强大冲击力，若供热管道安装质量不好，则容易因高温水喷出形成反作用力而对周围物体造成破坏。

3）引发火灾

供热管道正常情况下管外均包有保温层，保温层一旦破裂，其管道内的高温热量将通过管道壁破损处向外界散发，若此时存在易燃、可燃物覆盖该处，则很容易由于散热不良和温度升高而引发火灾；供热管道入户后，居民将通过散热器进行取暖，若散热器上随意覆盖易燃、可燃物，导致通风不畅，温度升高，同样也容易引发火灾。

4）其他灾害

供热管道当中的高温水为高价软化处理水，已改变了原自来水的水质，再加上管道防腐剂等化学药剂的使用等，管道水中存在较多对人体有害的元素，滥用容易对身体健康产生不利影响，可能导致污染附近水源。此外还包括路面塌陷、管沟水灾和危害其他管道等。

热力管道泄漏事故引发的灾害事故具体如图10-4所示。

（2）热力管道泄漏次生衍生灾害动力学分析

1）热水泄漏动力学分析

热水泄漏可用流体力学的伯努利方程计算，其泄漏速率为：

$$Q = CA\rho\sqrt{\frac{2(P+P_0)}{\rho}+2gh}$$

其中，Q为泄漏速率，kg/s；C为泄漏系数，按表10-2取值；A为小孔面积，m^2；P为管道内压力，Pa，灾害分析时应考虑爆管压力为平时运行压力的数倍；P_0为环境大气压力，Pa；g为重力加速度，m/s^2；h为小孔上液位的高度，m。

不同裂口形状和雷诺数下的泄漏系数C取值　　表10-2

雷诺数 R_e	裂口形状		
	圆形（多边形）	三角形	长方形
＞100	0.65	0.60	0.55
≤100	0.50	0.45	0.40

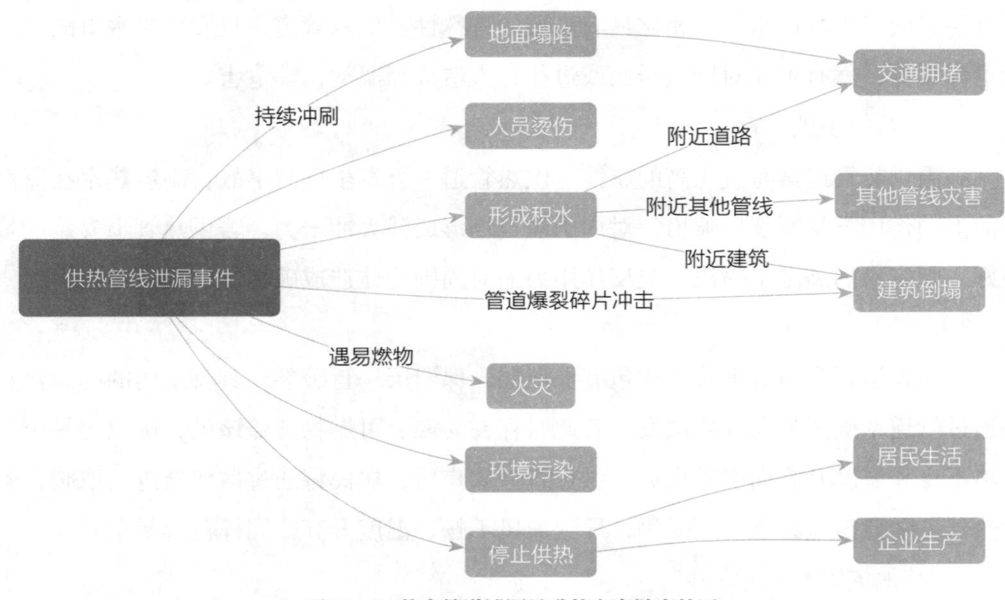

图10-4　热力管道泄漏导致的灾害链事件图

2）蒸汽泄漏动力学分析

首先要根据热力管道压力，判断气体泄漏是否为临界流，判断公式如下所示：

$$\frac{P_0}{P} \leqslant \left(\frac{2}{k+1}\right)^{\frac{k}{k-1}}$$

其中，P_0为大气压力，P为管道压力，k为气体绝热指数，即定压比热容和定容比热容的比值。若满足上式，气体泄漏为临界流，否则视为亚临界流。

按以下公式计算蒸汽泄漏速率：

$$Q = YCAP\sqrt{\frac{Mk}{RT}\left(\frac{2}{k+1}\right)^{\frac{k+1}{k-1}}}$$

其中，Q为泄漏速率，kg/s；C为泄漏系数：小孔视为圆形时取1.0；A为小孔面积，m^2；P为管道内压力，MPa；M为相对分子质量，这里取18；R为气体常数，8.314J/（mol·K）；T为管道内蒸汽温度，K；Y为泄漏系数，临界流的情况下取1.0，亚临界流时按下式计算：

$$Y = \sqrt{\left(\frac{1}{k-1}\right)\left(\frac{k+1}{2}\right)^{\frac{k+1}{k-1}}\left(\frac{P}{P_0}\right)^{\frac{2}{k}}\left[1-\left(\frac{P_0}{P}\right)^{\frac{k-1}{k}}\right]}$$

3）热力管道泄漏次生衍生模型构建

计算得到热力管道不同介质的泄漏速率后，结合周围环境危险源和重要防护目标等信息，即可确定泄漏事件造成的次生衍生灾害范围和危险性。

10.3.4　供热管网安全评估

综合风险评估模型以风险等于概率和后果二者的乘积为理论依据建立。城市热力管网每一条管道的危险性倾向都不同，而且由于管道本身及周围环境复杂多样，造成了每条管道风险性存在差异，因此从理论角度出发，应划分管段后再建立分段管道的综合风险评估模型。首先根据泄漏概率风险评估模型，结合每条热力管道长度计算管道的泄漏概率，然后对每条管道泄漏的后果严重性进行定性和定量评估，最终建立热力管网综合风险评估模型。

1．热力管网泄漏概率评估

热力管网泄漏包括工作管泄漏和外套管泄漏，两者都会造成能源的损失和浪费，影响热力管网的正常运行，甚至会导致人员财产损失和一定的社会问题。热力管网维护能够有效地提高供热可靠性并减少泄漏风险，也能在很大程度上增加热力企业的利润。管网维护通常存在三个方案：当漏失率接近阈值，进行维护；当管道达到一定的使用年限，进行维护检查；每年投入一定资金进行维护。但是，查找漏失点及随之而来的管网系统维修更换是一项成本很高的工作，这些费用主要包括检测、修理、更换和资金利息。因此，为了建立科学合理的供热管网维护体系，首先要了解管道发生风险的可能性，即建立直埋管网泄漏概率评估模型。

（1）确定管网事故的顶上事件，利用事故树分析方法寻找导致顶上事件发生的其他原因事件，包括直接原因和潜在原因。

统计热力管网历史事故类型，获取导致重大公共安全事件的热力管网事故作为顶上事件分析。通过分析选取管网泄漏事故作为顶上事件，按照演绎法，运用逻辑推理建立热力管网泄漏事故树模型，确定基本事件，完成风险因素辨识，如图10-5所示。

（2）通过事故树分析，建立评价指标

指标是评价的依据。影响风险的因素往往非常多且复杂，需要建立一套指标体系，从整体上反映风险。每个指标可从不同的侧面刻画影响风险的某种特性。

从事故树分析结果来看，导致顶上事件发生的基本事件众多，若在进行定量风险评价时考虑所有基本事件，将导致评估工作量巨大，不利于评估工作开展。因此，结

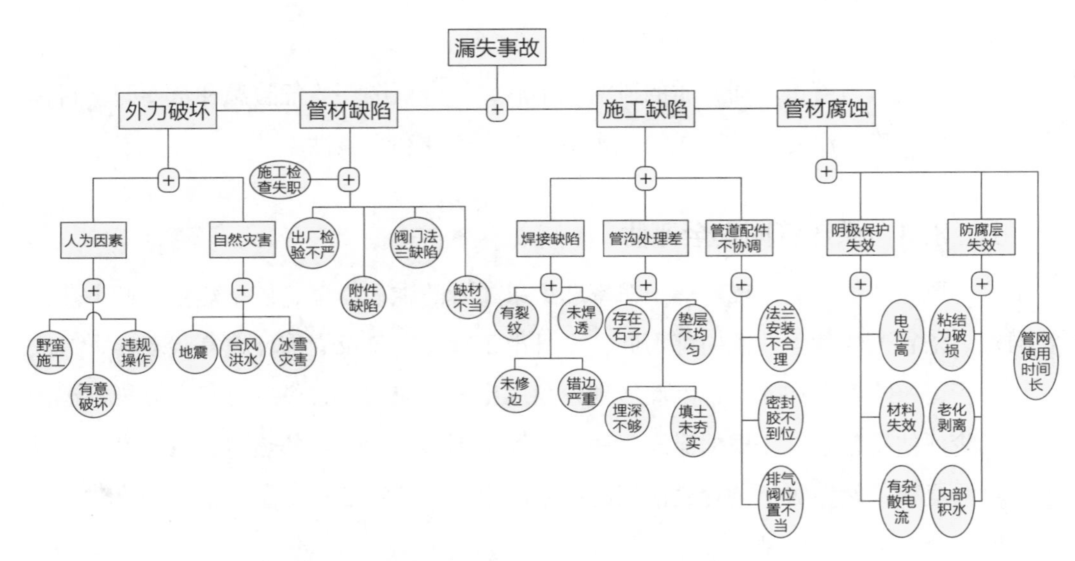

图10-5　热力管网泄漏事故树模型

合大量的热力管网事故统计分析，选取一些具有代表性的指标，建立考虑管材、管龄、管径、埋深、土壤性质等评价指标的管网泄漏概率风险评估模型，综合考虑热力管网泄漏概率与管材、管龄、埋深、管径、土壤性质因素的耦合关系。层次结构图如图10-6所示。

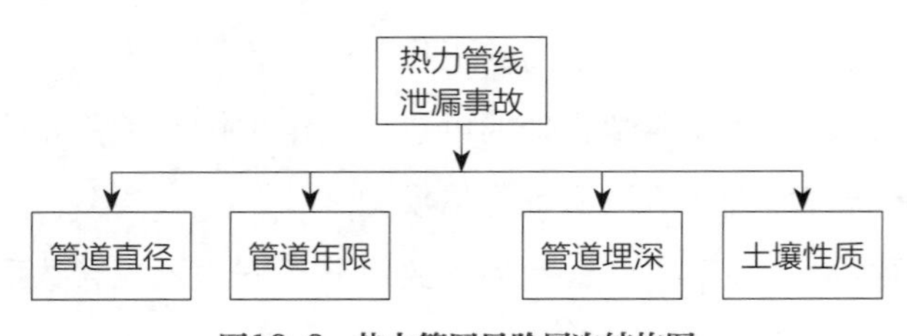

图10-6　热力管网风险层次结构图

（3）指标权重确定

各因素权重反映各因素间的内在关系，体现了各因素在因素集中的重要程度。利用层次分析法分析计算得到权重集。建立层次结构图，然后分别对每一层进行因素两两分析并建立判断矩阵；然后，对模型中每一层次因素的相对重要性，根据人们对客观现实的判断给予定量表示，再利用数学方法确定每一层次因素相对重要性次序的权值。最后，通过综合计算各层因素相对重要性的权值，得到最底层（方案层）相对于最高层（总目标）的相对重要性次序的组合权值，以此作为评价和选择方案的依据。

（4）建立数学模型

根据直埋热力管道历史维修数据，以管径和管龄作为研究对象，分别对不同材质下管道泄漏概率与管径和管龄之间的关系进行统计分析，得出泄漏概率与各因素间的函数关系，然后结合不同指标之间的计算权重，建立热力管网泄漏概率风险评估模型。

$$P=\omega_{\mathrm{d}}P_{\mathrm{d}}+\omega_{\mathrm{y}}P_{\mathrm{y}}$$

2．热力管网泄漏后果严重性评估

热力管网泄漏不仅会造成能源的损失和浪费，影响热力管网的正常运行，还会产生高温烫伤、路面塌陷等次生衍生灾害，造成人员财产损失和一定的社会问题。首先对埋地热力管网泄漏可能造成的后果进行识别和分析，再结合人流量、车流量、高后果区域和停止供热的影响四个指标，对直埋热力管道发生泄漏后的后果严重性进行定量评估。

（1）热力管道运行风险的后果识别

城市直埋热力管道泄漏风险后果识别如表10-3所示。

城市直埋热力管道泄漏风险后果识别表　　表10-3

事故类型	所产生后果
热力管道泄漏	高温热水大量流失
	系统水压降低
	居民取暖困难
	高温烫伤人员及动物
	居民使用该水导致身体不健康
	部分工厂生产停止
	路面积水，阻碍交通
	冲毁建筑物
	破坏环境，影响市容
	引起地面塌陷
	建筑基础浸泡，地基变软

（2）直埋热力管道泄漏后果严重度指标评分析

以人流量、车流量、高后果区域、停止供热的影响为分析指标。

实时监测每个路段的人流量，统计得到各个路段人流量的平均值，并进行等级划分；实时监测每个路段的车流量，统计得到各个路段车流量的平均值，并进行等级划分；根据热力管道周围建筑物的类型和用途划分，如学校、医院、商业区、居民区、企业等，对高后果区域及对应风险进行等级划分；根据用户类型如医用、办公、居民、商用、工业等，对停止供热的影响进行评估并划分等级。

（3）热力管道泄漏后果严重度指标权重确定

直埋热力管道泄漏后果严重度指标权重确定步骤和确定直埋热力管道泄漏指标权重步骤一致，利用层次分析法分析计算得到权重集。

3．热力管网运行风险评估

综合风险评估以风险等于概率和后果二者的乘积为理论依据建立。根据直埋热力管网泄漏后果严重度指标评分值和指标权重，结合每根管道的泄漏概率和每千米的管道数，建立直埋热力管网运行风险评估模型。

$$R = P \cdot 100 \cdot \left(\omega_{C1} C_1 + \omega_{C2} C_2 + \omega_{C3} C_3 + \omega_{C4} C_4\right)$$

其中，R表示管网综合风险，年/km，计算获取；P为每根热力管道的泄漏概率；C_1表示人流量评分值，现场采集获取；C_2表示车流量评分值，现场采集获取；C_3表示高后果区域评分值，现场采集获取；C_4表示停止供热的影响评分值，定性分析。

第 11 章

综合管廊安全监测

11.1 综合管廊及建设情况

城市地下综合管廊（在日本被称为“共同沟”、在中国台湾被称为“共同管道”），是地下城市管道综合走廊，即在城市地下建造一个隧道空间，将供水、排水、燃气、热力、电力、通信、广播电视、工业等各种工程管线集于一体，设有专门的检修口、吊装口和监测系统，实施统一规划、统一设计、统一建设和管理，是保障城市运行的重要基础设施和“生命线”。综合管廊解决了以往多政府部门、多辖区、多使用单位的管理混乱难题，也最大程度改善了城市内涝、“马路拉链式”工程和地下空间资源利用率低等问题。

当前，在城市地下综合管廊建设方面，国家陆续出台相关政策，鼓励城市根据自身发展规划综合建设城市地下管廊，提高城市生命线安全运行水平。根据财政部、住房和城乡建设部《关于开展中央财政支持地下综合管廊试点工作的通知》以及国务院办公厅《关于推进城市地下综合管廊建设的指导意见》中对城市管廊建设做了统筹规划。文件指出管廊配套系统应具有智能化管理水平，满足运营维护需要，2016年政府工作报告明确开工建设城市地下管廊2000km，2015年、2016年住房和城乡建设部、财政部确立在包头、沈阳、哈尔滨、苏州、厦门、长沙、海口、白银、郑州、合肥等25个城市试点建设地下综合管廊。据不完全统计，截至2020年，全国地下综合管廊长度已达 7191.81km，华东地区和西南地区地下综合管廊建成长度为2125km和1813.8km，占比相对较大。

尽管我国综合管廊起步较晚，但整体发展速度较快，目前在综合管廊设计、建设、监测、运维、运营等方面已形成了一系列国家、行业和省级的标准，规范了综合管廊建设及运营水平。如2015年5月，住房和城乡建设部发布了《城市综合管廊工程技术规范》GB 50838—2015，提出了城市综合管廊的设计、建设工作应遵循“规范先行、适度超前、因地制宜、统筹兼顾”的建设原则，对监控与报警系统的功能、参数、接口等均做出了具体的要求，更要求“当管线采用自成体系的专业监控系统时应通过标准通信接口接入综合管廊监控与报警系统统一管理平台”。2019年8月，住房和城乡建设部发布了国家标准《城市地下综合管廊运行维护及安全技术标准》GB 51354—2019，规范了综合管廊的安全运行监测及运维。2020年3月，国家市场监督管理总局联合国家标准化管理委员会发布了《城市综合管廊运营服务规范》GB/T 38550—2020，规范了城市综合管廊的运营。

随着我国城市地下综合管廊的不断发展，建设和运营过程中也遇到了一些技术和管理的难题，主要体现在管廊本体结构风险、廊内火灾爆炸、内涝等方面。例如管廊在正常运行过程中，会受到四周土体的挤压或者土体上部荷载过重等多方面的原因而产生变形、裂缝甚至坍塌的风险，在内部因素和外部因素的双重作用下，可能发生有毒有害物质泄漏、火灾、爆炸和廊体坍塌等安全事故，事故将造成管廊周边区域破坏并引起相关生命线瘫痪，严重影响城市安全和居民正常生活。同时由于管廊深埋地下，对于管廊的安全运行环境以及其他状况都无法准确了解和详细评估，因此开展综合管廊的安全监测是十分有必要的。综合管廊安全监测大致可以分为：（1）管廊主体结构监测：变形监测、振动监测；（2）附属设施监测：消防、通风、供电、照明、排水、标识等监测，温湿度、氧气、一氧化碳、二氧化碳、硫化氢等监测；（3）入廊管线监测：廊内燃气、供水、排水、电力等管线监测。

11.2 主体结构监测

管廊安全运行监控是采集管廊安全方面主要运行数据，对管廊廊体结构各项参数的实时监测和报警，包括沉降、偏移、裂缝、渗漏等，实时掌握管廊结构的安全状况。准确掌握管廊主体的运行情况，当指标超标时进行报警。

主体结构监测项目包括变形、渗透水量。有下列情形之一时，应对主体结构进行监测。

（1）在综合管廊安全控制区范围内有深基坑、桩基等施工对综合管廊结构造成影响应进行变形监测。

（2）变形缝有明显错位、开裂等现象时应进行变形监测。

（3）防水堵漏后应进行渗漏水量监测。

（4）其他重点部位的监测。

11.3　附属设施监测

附属设施监测主要涉及廊内环境参数和附属设施运行状态参数，主要包含火灾报警系统、环境与设备监控系统、电力监测系统、可燃气体探测报警系统、防入侵系统、视频监控系统、门禁管理系统、身份识别系统、巡检系统和廊内供配电系统。由于廊内附属设施系统数量较多，设备种类和厂家各不相同，需要建立综合运维管理系统一张图，基于GIS+BIM实时展示廊体结构，实时采集和处理管廊内环境参数和附属设备的运行数据、状态数据、告警数据、配置参数等廊内环境，通过接入视频监控数据，形成统一图层，做到入侵告警、故障告警、突发事件的视频联动（表11-1）。

管廊附属设备设施集中监控　　表11-1

附属设施集中监控	功能说明
排水泵监测控制	监测排水泵的运行状态，实现根据浮球液位计液位信号自动控制功能以及手动控制功能
集水坑水位监测控制	对启泵、停泵、报警液位进行测量，集水坑液位计高限位信号又作为爆管后的水位测量及报警信号上传至监控中心
通风控制	根据综合管廊内外的温湿度情况、管廊内的气体检测数据，控制通风系统的运行；根据火灾自动报警系统的信号，关闭通风机；根据系统要求，开启事故后排烟风机，进行事故后排烟。风机可设置远程控制、手动控制，并将运行状态、故障信号上传至监控中心
照明控制	可设置远程、就地的控制模式，同时结合入侵探测、火灾报警的联动信息，实现照明的智能控制
供配电监测控制	采集电力相关智能仪表及变压器温控箱主要电气参数实时监视，实现供配电系统有效、可靠管理，为节能管理提供依据
入侵报警控制	实现远程启动自动灭火系统；直接控制消防水泵等重要消防设备；控制防火分区通风机及防火阀；控制火灾声光警报器；控制防火门监控器关闭着火分区常开防火门
出入口控制	实现远程控制门禁开关的功能，紧急情况下应联动解除相应出入口控制装置的锁定状态
可燃气体报警控制	可燃气体报警控制器具备启动本防火分区的声光警报器；启动天然气舱事故段防火分区及其相邻防火分区的事故通风设备；切除非相关设备的电源；向安全防范视频监控系统发出联动触发信号

通过前端监测感知设备提供数据，对综合管廊的电力、温度、湿度、燃气、有毒气体、易燃气体、空气质量、通信质量、人为损坏、入侵、火灾烟感、水位等环境数据进行监控，预设报警值和对应报警方式，一旦数据发生异常，立刻进行预警消息推送和预警提醒，根据预警方式和报警级别不同，提醒不同程度的关注和办理。管廊内环境及附属设施如图11-1所示。

图11-1　管廊内环境及附属设施

11.4　入廊管线监测

通过前端感知设备采集入廊各专业（如供水管线、污水管线、燃气管线、热力管线、电力电缆以及廊体内环境）的实时数据，实时掌握综合管廊及入廊管线的安全运行状态，设置合理的安全运行监测报警阈值，运行参数超出阈值或数据异常时，系统发出报警。通过分析接入入廊管线的前端实时监测参数，对管廊廊体和廊内燃气管线、电力管线、供水管线和污水管线等可能发生的各种安全事件进行预测预警分析，包括可供水管道爆管预警、排水管线渗漏和淤积、热力管线泄漏（包括漏水和爆管）、燃气管线泄漏、电力电缆火灾等。

1．供水管线

对供水管线压力过高或过低、压力和流量突变、管道渗漏的风险因素进行监测，并输出监测信号，触发预警阈值时进行预测预警，如图11-2所示。

2．污水管线

对管道堵塞、管道渗漏、溢流、管道变形沉积、运行水位过高或过低、有害气体浓度的风险因素进行监测，并输出监测信号，触发预警阈值时进行预测预警（图11-3）。

3．燃气管线

对燃气管线压力过高或过低、压力和流量突变、天然气泄漏的风险因素进行监测，并输出监测信号，触发预警阈值时进行预测预警（图11-4）。

图11-2　供水管线风险监测

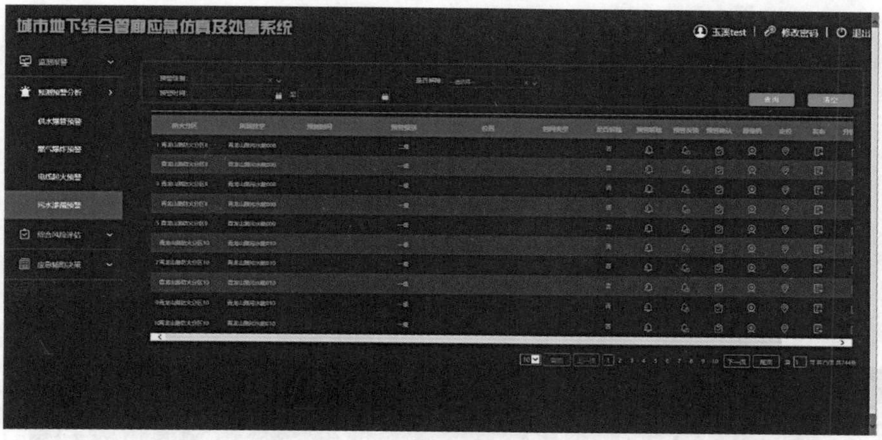

城市地下综合管廊应急仿真及处置系统

玉溪test | 修改密码 | 退出

图11-3　污水管线风险预测预警界面

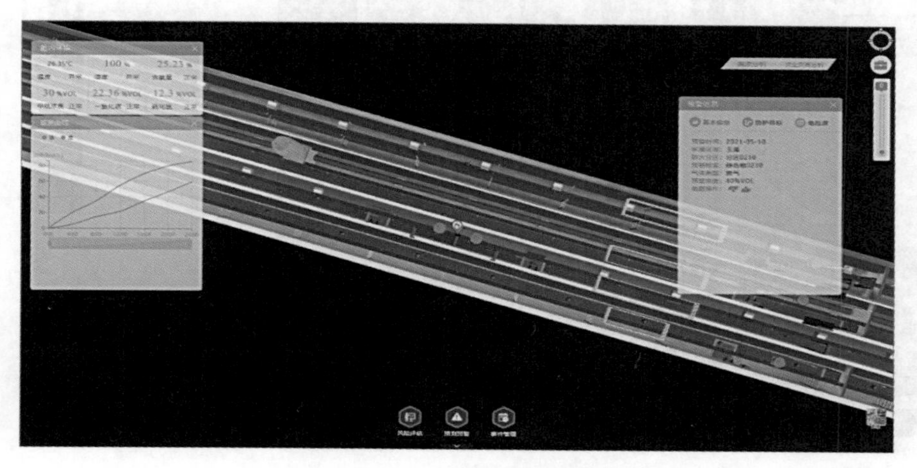

图11-4　燃气管线风险预测预警界面

4．热力管线

对热力管线压力和流量突变、温度突变的风险因素进行监测，并输出监测信号，触发预警阈值时进行预测预警（图11-5）。

5．电力电缆

对电缆绝缘失效、电缆绝缘温度升高、电缆接头温度升高等风险因素进行监测，绝缘失效立刻进行预警，电缆绝缘及接头处温度升高触发预警阈值时进行预测预警（图11-6）。

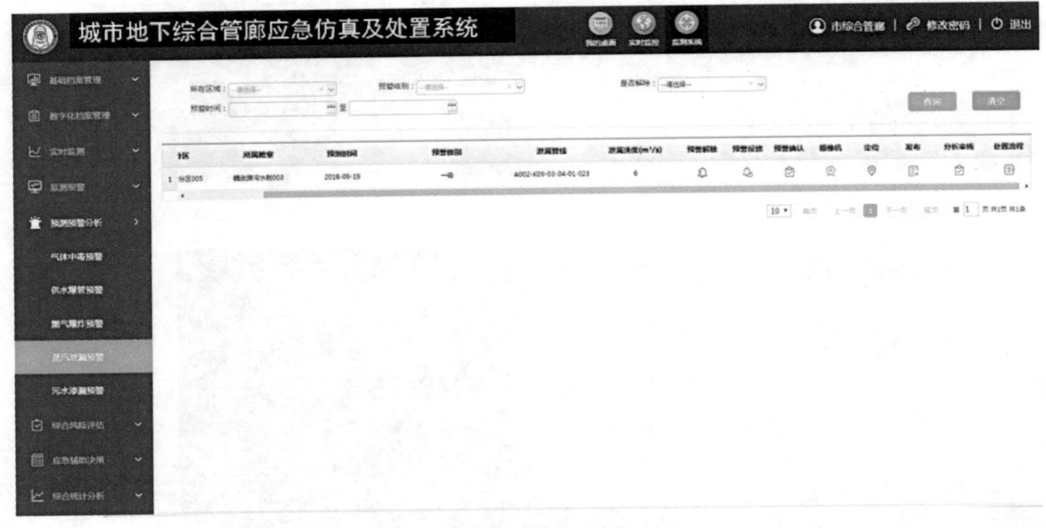

图11-5　热力管线风险预测预警界面

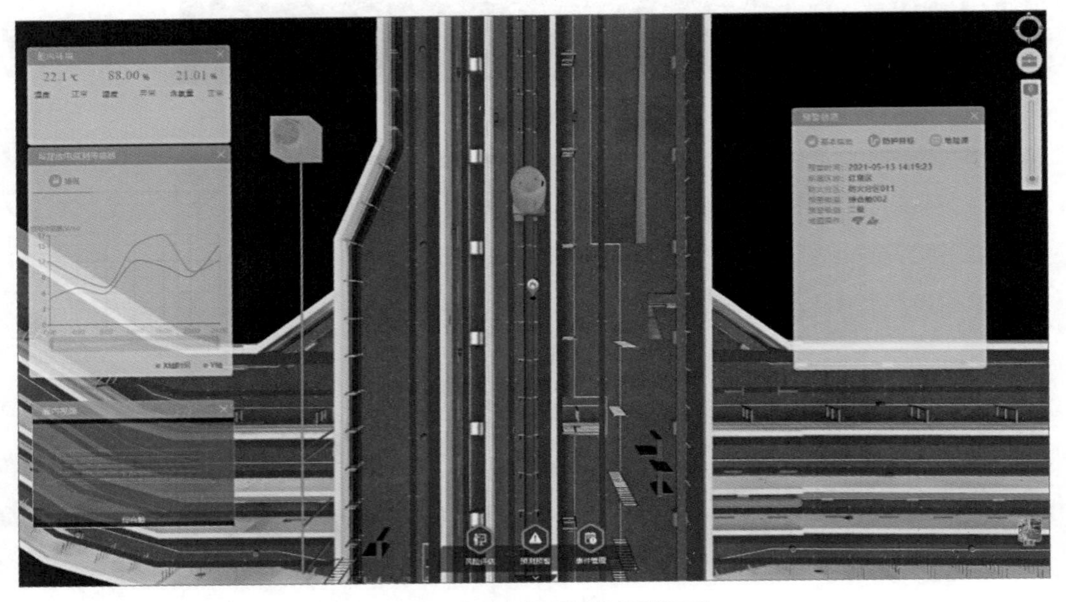

图11-6　电力电缆风险预测预警界面

11.5 综合管廊安全评估

重点以供水管线爆管、热力管线泄漏和电力电缆火灾等重点风险为例，介绍风险评估模型的研究和建设过程。

11.5.1 供水管线爆管风险评估模型

开展城市地下综合管廊安全运行风险评估模型研究，建立供水管线爆管风险评估模型。层次结构如图11-7所示。

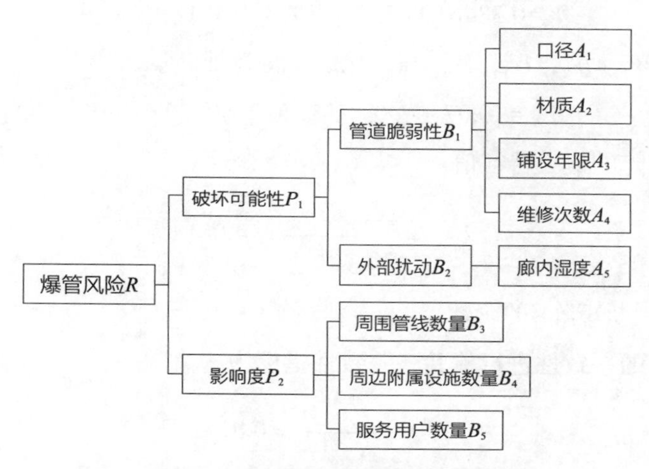

图11-7 供水管线爆管风险层级划分

1. 管道破坏可能性

管道破坏可能性（P_1）主要考虑管道脆弱性（B_1）和外部扰动（B_2）的影响。

（1）管道脆弱性评估

管道脆弱性影响因素有：口径（A_1）、材质（A_2）、铺设年限（A_3）和维修次数（A_4），对管道脆弱性进行评估填表如表11-2所示。

管道脆弱性评估表　　表11-2

B_1	A_1	A_2	A_3	A_4
A_1	1	1/3	1/4	1/5
A_2	3	1	1/2	1/3
A_3	4	2	1	1/2
A_4	5	3	2	1

$$A=\begin{bmatrix}1 & 1/3 & 1/4 & 1/5\\ 3 & 1 & 1/2 & 1/3\\ 4 & 2 & 1 & 1/2\\ 5 & 3 & 2 & 1\end{bmatrix}$$，归一化后为：$$\begin{bmatrix}0.0769 & 0.0526 & 0.0667 & 0.0984\\ 0.2308 & 0.1579 & 0.1333 & 0.1639\\ 0.3077 & 0.3158 & 0.2667 & 0.2459\\ 0.3846 & 0.4737 & 0.5333 & 0.4918\end{bmatrix}$$

按列归一化后的判断矩阵按行相加：

$$W_1=0.0769+0.0526+0.0667+0.0984=0.2946$$

$$W_2=0.2308+0.1579+0.1333+0.1639=0.6859$$

$$W_3=0.3077+0.3158+0.2667+0.2459=1.1361$$

$$W_4=0.3846+0.4737+0.5333+0.4918=1.8834$$

将矩阵$\boldsymbol{W}=[W_1，W_2，W_3，W_4]^T$归一化后，得特征向量：

$$\boldsymbol{W}_{\mathbf{A}}=[0.0736，0.1715，0.2840，0.4709]^T$$

计算判断矩阵的最大特征值：

$$\lambda_{\max}=\sum_{i=1}^{n}\frac{(AW)_i}{nW_i}=4.0514$$

其中，n为判断矩阵$\boldsymbol{A}$的阶数。

对判断矩阵的一致性进行检验，一致性指标为：

$$CI=\frac{\lambda_{\max}-n}{n-1}=0.0171$$

其中，一致性指标$CI=0$时，$\boldsymbol{A}$一致；

$CI>0$时，$\boldsymbol{A}$不一致，并且CI越大，$\boldsymbol{A}$的不一致性程度越严重；当$CI>0$时，可利用一致性比率CR判断$\boldsymbol{A}$的不一致性程度是否在容许范围内：

$$CR=\frac{CI}{RI}$$

其中RI为随机一致性指标，根据判断矩阵阶数不同具有不同值，见表11-3。

随机一致性指标值　　表11-3

n	1	2	3	4	5	6	7	8
RI	0	0	0.58	0.90	1.12	1.24	1.32	1.41

当$CR<0.1$时，判断矩阵$\boldsymbol{A}$的不一致性程度在容许范围内，此时$\boldsymbol{A}$的特征向量可以作为权重向量。

根据n=4时，RI=0.90，计算得到：

$$CR=0.019<0.1$$

因此，$\boldsymbol{W}_A$可以作为权重向量，各个因子的权重分别为：

$$W_{A1}=0.0736$$

$$W_{A2}=0.1715$$

$$W_{A3}=0.2840$$

$$W_{A4}=0.4709$$

以某地区的供水管线基础数据现状为例，对供水管线口径、材质、铺设年限和维修次数进行专家打分，如表11-4—表11-7所示。

口径（A_1）分数表　　表11-4

口径（mm）	DN1000 以上	DN600—DN1000	DN300—DN600	DN300 以下
分数（A_1）	10	7	5	1

材质（A_2）分数表　　表11-5

材质类型	水泥管、PE 管	铸铁	球墨铸铁	钢管
分数（A_2）	10	7	5	1

铺设年限（A_3）分数表　　表11-6

铺设年限（年）	≥20	10—19	5—10	<5
分数（A_3）	10	7	5	3

维修次数（A_4）分数表　　表11-7

维修次数（次/年）	≥5	3—4	1—2	0
分数（A_4）	10	7	3	0

（2）外部扰动评估

综合管廊内供水管线的外部扰动主要为廊内环境的影响，具体体现为廊内湿度（A_5）。

由于廊内湿度为外部干扰的唯一因子，该因子权重即为1。

以某地区的综合管廊和供水管线基础数据现状为例，对廊内湿度进行专家打分，如表11-8所示。

廊内湿度（A_5）分数表　　表11-8

廊内湿度（%）	≥70	50—70	30—50	<30
分数（A_5）	10	7	3	1

（3）管线破坏可能性评估

综上两种因素，对管道破坏的可能性进行评估填表如表11-9所示。

管道破坏的可能性评估表　　表11-9

P_1	B_1	B_2
B_1	1	8
B_2	1/8	1

得到判断矩阵$\boldsymbol{B}=\begin{bmatrix}1 & 1/8\\ 8 & 1\end{bmatrix}$，按列归一化后为：$\begin{bmatrix}0.889 & 0.889\\ 0.111 & 0.111\end{bmatrix}$

将列归一化后的判断矩阵按行相加：

$$W_1=0.889+0.889=1.778$$

$$W_2=0.111+0.111=0.222$$

将矩阵$\boldsymbol{W}=[W_1, W_2]^{\mathrm{T}}$归一化，得到特征向量：

$$\boldsymbol{W}_{\mathbf{B}}=[0.889, 0.111]^{\mathrm{T}}$$

计算判断矩阵的最大特征值：

$$\lambda_{\max}=\sum_{i=1}^{n}\frac{(BW)_i}{nW_i}=2$$

其中，n为判断矩阵$\boldsymbol{B}$的阶数。

对判断矩阵的一致性进行检验，一致性指标为：

$$CI=\frac{\lambda_{\max}-n}{n-1}=0$$

一致性指标CI=0，$\boldsymbol{B}$一致，$\boldsymbol{B}$的特征向量$\boldsymbol{W}_{\mathbf{B}}$可以作为权重向量，各个因子的权重分别为：

$$W_{\mathrm{B1}}=0.889$$

$$W_{\mathrm{B2}}=0.111$$

2．供水管网爆管风险影响度评估

管道爆管风险影响度（P_2）与周围管线数量（B_3）、周边附属设施数量（B_4）和服务用户数量（B_5）等影响因素有关。

对管道爆管风险影响度进行评估填表如表11-10所示。

管道爆管风险影响度评估表　　表11-10

P_2	B_3	B_4	B_5
B_3	1	1/3	1/4
B_4	3	1	1/2
B_5	4	2	1

$$\boldsymbol{B}=\begin{bmatrix}1 & 1/3 & 1/4\\ 3 & 1 & 1/2\\ 4 & 2 & 1\end{bmatrix}，归一化后为：\begin{bmatrix}0.1250 & 0.1000 & 0.1429\\ 0.3750 & 0.3000 & 0.2857\\ 0.5000 & 0.6000 & 0.5714\end{bmatrix}$$

按列归一化后的判断矩阵按行相加：

$$W_3=0.3679$$

$$W_4=0.9607$$

$$W_5=1.6714$$

将矩阵$\boldsymbol{W}=[W_3, W_4, W_5]^{\mathrm{T}}$归一化后，得特征向量：

$$\boldsymbol{W}_{\mathbf{B}}=[0.1226, 0.3202, 0.5571]^{\mathrm{T}}$$

计算判断矩阵的最大特征值：

$$\lambda_{\max}=\sum_{i=1}^{n}\frac{(AW)_i}{nW_i}=3.0183$$

其中，n为判断矩阵$\boldsymbol{B}$的阶数。对判断矩阵的一致性进行检验，一致性指标为：

$$CI=\frac{\lambda_{\max}-n}{n-1}=0.0092$$

$CI>0$，利用一致性比率CR判断$\boldsymbol{B}$的不一致性程度是否在容许范围内：

$$CR=\frac{CI}{RI}$$

根据$n=3$时，$RI=0.58$，计算得到：

$$CR=0.0158<0.1$$

因此，$\boldsymbol{W}_{\mathbf{B}}$可以作为权重向量，各个因子的权重为：

$$W_{\mathrm{B3}}=0.1226$$

$$W_{\mathrm{B4}}=0.3202$$

$$W_{\mathrm{B5}}=0.5571$$

以某地区的综合管廊和内部供水管线基础数据现状为例，对周围管线数量、周围附属设施数量（可正常运转的关键附属设施数量）和服务用户数量进行专家打分，如表11-11—表11-13所示。

周围管线数量（B_3）分数表　　表11-11

周围管线数量（根）	≥5	3—4	1—2	0
分数（B_3）	10	7	3	0

周围附属设施数量（B_4）分数表　　表11-12

周围附属设施数量（台）	≥16	11—15	6—10	≤5
分数（B_4）	10	7	4	1

服务用户数量（B_5）分数表　　表11-13

服务用户数量	[45，+∞）	[30，45）	[15，30）	（0，15）
分数（B_5）	10	8	5	2

3．管道爆管风险评估

管道爆管风险评估中，管道破坏可能性P_1与影响度P_2乘积为综合风险分数R。本方法评估为多层次评估方法，依照列出来的风险因子和相应的权重系数，构建风险评估公式。

管道脆弱性评估：

$$B_1=W_{A1}\times A_1+W_{A2}\times A_2+W_{A3}\times A_3+W_{A4}\times A_4$$

管道外部干扰评估：

$$B_2=A_5$$

管道破坏的可能性评估：

$$P_1=W_{B1}\times B_1+W_{B2}\times B_2$$

管道爆管风险发生后的影响度评估：

$$P_2=W_{B3}\times B_3+W_{B4}\times B_4+W_{B5}\times B_5$$

管道爆管风险分数：

$$R=P_1\times P_2$$

11.5.2　热力管线泄漏风险评估模型

将热力管线纳入城市综合管廊有利于生命线管网统一管理，对热力管线进行风险评价有利于综合管廊和附近生命管线正常运行。首先，研究城市综合管廊内热力管线的泄漏风险机理，分析风险发生可能性因子和风险发生后的影响程度；其次，基于风险矩阵法，建立适用于工程实际的综合管廊热力管线风险评估模型。层次结构如图11-8所示。

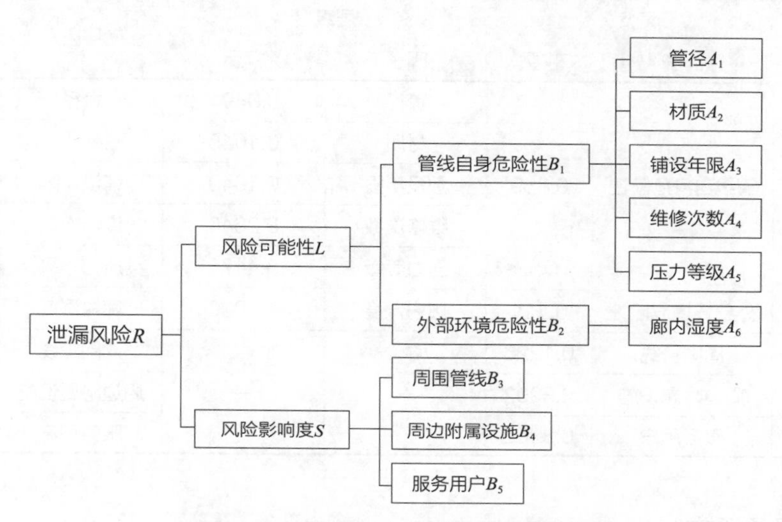

图11-8 管廊内热力管线泄漏风险层级划分

利用上述管廊内热力管线泄漏风险可能性和风险影响度分析，根据风险矩阵法，风险值为风险可能性分值与风险影响度分值的乘积，即$R=L\times S$。

（1）层级划分

根据热力管线泄漏风险可能性分析和风险发生后影响程度分析，将因子和要素进行层级划分。

（2）权重系数计算

1）底层因子对相邻上层因子的权重系数计算

采用层次分析法对上述因子和要素等进行权重系数计算。

2）计算综合权重系数

完成单层级元素对相邻上层级元素的权重系数计算后，往往需要计算底层元素对顶层元素的综合权重系数。上述计算得出管径、材质、铺设年限、维修次数和压力等级等最底层因子对管线自身危险性的权重系数向量为$\boldsymbol{W}_{\mathbf{A1}}=(W_{A1}, W_{A2}, \cdots, W_{A5})^{T}$，单因子廊内湿度对外部环境危险性的权重向量即为1，相同方法计算管线自身危险性和外部环境危险性对风险可能性的权重系数向量，记为$\boldsymbol{W}_{\mathbf{B1}}=(W_{B1}, W_{B2})^{T}$，则风险可能性的各最底层因子对其权重系数向量为$\boldsymbol{W}_{\mathbf{L}}=(W_{B1}\cdot W_{A1}, W_{B1}\cdot W_{A2}, W_{B1}\cdot W_{A3}, W_{B1}\cdot W_{A4},$

$W_{B1} \cdot W_{A5}, W_{B2})^T$。风险影响度最底层因子对其综合权重系数向量即为$\boldsymbol{W}_S=\boldsymbol{W}_{B2}=(W_{B3}, W_{B4}, W_{B5})^T$。计算出权重如表11-14所示。

综合管廊内热力管线泄漏风险因子权重计算　　表11-14

层级1	层级2		层级3		底层因子	综合权重
目标	因子	权重	因子	权重		
风险可能性	管线自身危险性	0.889	管径	0.0491	管径	0.0437
			材质	0.1045	材质	0.0929
			敷设年限	0.1649	铺设年限	0.1466
			维修次数	0.2640	维修次数	0.2347
			压力等级	0.4175	压力等级	0.3712
	外部环境危险性	0.111	廊内湿度	1.0000	廊内湿度	0.1110
风险影响度	周围管线	0.1226	—	—	周围管线	0.1226
	周边附属设施	0.3202			周边附属设施	0.3202
	服务用户	0.3202			服务用户	0.3202

（3）因子评分

根据综合管廊内热力管线泄漏风险层级划分结果，采用专家打分法对最底层因子进行分级和评分，并根据最底层因子实际数据进行打分。得到表11-15所示评分表。

因子分级与评分　　表11-15

风险属性	因子	分级与评分			
		10	7	5	2
风险可能性	管径	≤DN100	DN100—DN500	DN500—DN1000	≥DN1000
	材质	Q235AF	Q235A	Q235B	10、20、低合金钢
	铺设年限	≥20年	10—19年	5—10年	<5年
	维修次数	>5次/年	4—5次/年	2—3次/年	0—1次/年
	压力等级	>2.5MPa	≤2.5MPa	≤1.6MPa	≤1.0MPa
	廊内湿度	>80%	70%—80%	60%—70%	<60%
风险影响度	周围管线数量	≥5	3—4	1—2	0
	周边附属设施数量	≥16	11—15	6—10	≤5
	服务用户数量	≥45	30—45	15—30	<15

（4）风险值计算

记泄漏风险可能性的6个最底层因子打分结果为$\boldsymbol{A}=(A_1、A_2、A_3、A_4、A_5、A_6)$，

泄漏风险影响度的3个最底层因子打分结果为$\boldsymbol{B}$=（B_1、B_2、B_3），则泄漏风险可能性分值为$L=\boldsymbol{A}\cdot \boldsymbol{W}_{\mathrm{L}}$，风险影响度分值为$S=\boldsymbol{B}\cdot \boldsymbol{W}_{\mathrm{S}}$。

泄漏风险值等于风险可能性分值与风险影响度分值的乘积，即$R=L\times S=(\boldsymbol{A}\cdot \boldsymbol{W}_{\mathrm{L}})\times(\boldsymbol{B}\cdot \boldsymbol{W}_{\mathrm{S}})$。

11.5.3　电力电缆火灾风险评估模型

从火灾风险评估的角度出发对城市管廊电力电缆隧道的火灾风险与防控问题进行研究，分析影响电力电缆隧道火灾风险的关键因素。根据城市电缆隧道的火灾特点，从火灾发生可能性与火灾发生影响度两方面构建城市电力电缆火灾风险因素层次模型。层次结构见图11-9。

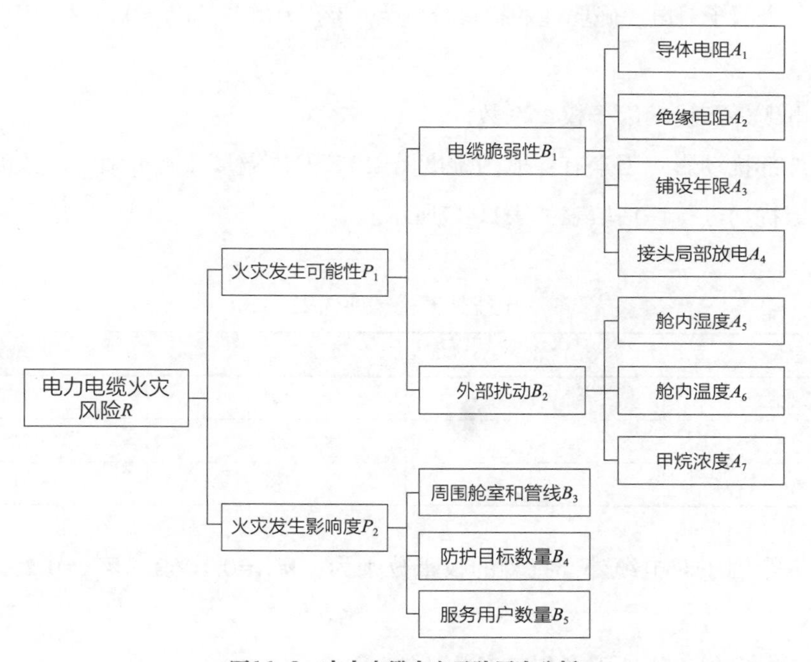

图11-9　电力电缆火灾风险层次分析

1. 层级划分

根据电力电缆火灾发生风险可能性分析和风险发生后影响程度分析，将因子和要素进行层级划分。

2. 权重系数计算

采用层次分析法对上述因子和要素等进行权重系数计算，完成单层级元素对相邻上层级元素的权重系数计算，并计算底层元素对顶层元素的综合权重系数。

（1）电缆脆弱性因子权重系数计算

电缆脆弱性影响因素有：导体电阻（A_1）、绝缘电阻（A_2）、铺设年限（A_3）和接头局部放电（A_4）。对电缆脆弱性进行评估填表如表11-16所示。

电缆脆弱性评估表　　表11-16

B_1	A_1	A_2	A_3	A_4
A_1	1	1/2	1/3	1/6
A_2	2	1	1/2	1/5
A_3	3	2	1	1/3
A_4	6	5	3	1

计算各个因子对电缆脆弱性的权重分别为：W_{A1}=0.0773，W_{A2}=0.1263，W_{A3}=0.2221，W_{A4}=0.5743。

（2）电缆外部扰动因子权重系数计算

电缆外部扰动影响因素有：舱内湿度（A_5）、舱内温度（A_6）和甲烷浓度（A_7）。对电缆外部扰动进行评估填表如表11-17所示。

电缆外部扰动评估表　　表11-17

B_2	A_5	A_6	A_7
A_5	1	1/3	1/5
A_6	3	1	1/3
A_7	5	3	1

计算各个因子对电缆外部扰动的权重分别为：W_{A5}=0.1062，W_{A6}=0.2605，W_{A7}=0.6333。

（3）火灾发生可能性因子权重系数计算

火灾发生可能性受到电缆脆弱性（B_1）和外部扰动（B_2）的双重影响，对火灾发生可能性因子进行评估填表如表11-18所示。

火灾发生可能性因子评估表　　表11-18

P_1	B_1	B_2
B_1	1	2
B_2	1/2	1

计算电缆脆弱性（B_1）和外部扰动（B_2）对火灾发生可能性的权重分别为：W_{B1}=0.6667，W_{B2}=0.3333。

计算导体电阻（A_1）、绝缘电阻（A_2）、铺设年限（A_3）、接头局部放电（A_4）、舱内湿度（A_5）、舱内温度（A_6）和甲烷浓度（A_7）对火灾发生可能性的综合权重系数$\boldsymbol{W}_\mathrm{L}$=（0.0515，0.0842，0.1481，0.3829，0.0354，0.0868，0.2111）$^\mathrm{T}$。

（4）火灾发生影响度因子权重系数计算

火灾发生影响度因子有周围舱室和管线（B_3）、防护目标数量（B_4）和服务用户数量（B_5）。对火灾发生影响度因子进行评估填表如表11-19所示。

火灾发生影响度因子评估表　　表11-19

P_2	B_3	B_4	B_5
B_3	1	1/3	1/4
B_4	3	1	1/2
B_5	4	2	1

计算各因子对火灾发生影响度的权重系数，也即综合权重系数$\boldsymbol{W}_\mathrm{S}$=（0.1226，0.3202，0.5571）$^\mathrm{T}$。

3．因子评分

根据综合管廊内电力电缆火灾风险层级划分结果，采用专家打分法对最底层因子进行分级和评分，并根据最底层因子实际数据进行打分。

4．风险值计算

记火灾风险可能性的7个最底层因子打分结果为$\boldsymbol{A}$=（A_1，A_2，A_3，A_4，A_5，A_6，A_7），火灾风险影响度的3个最底层因子打分结果为$\boldsymbol{B}$=（B_3，B_4，B_5），则火灾风险可能性分值为$\boldsymbol{L}=\boldsymbol{A}\cdot\boldsymbol{W}_\mathrm{L}$，风险影响度分值为$\boldsymbol{S}=\boldsymbol{B}\cdot\boldsymbol{W}_\mathrm{S}$。

火灾风险值等于风险可能性分值与风险影响度分值的乘积，即$\boldsymbol{R}=\boldsymbol{L}\times\boldsymbol{S}=(\boldsymbol{A}\cdot\boldsymbol{W}_\mathrm{L})\times(\boldsymbol{B}\cdot\boldsymbol{W}_\mathrm{S})$。

3 实践篇

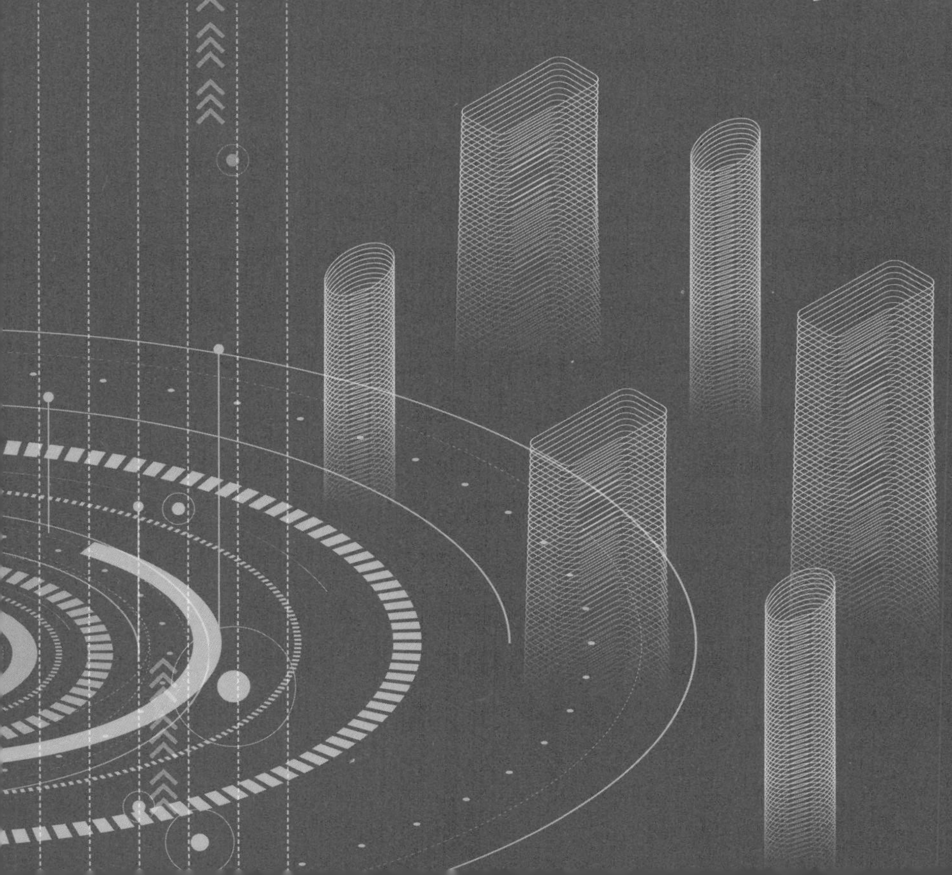

第12章

“合肥模式”——城市基础设施安全运行监测预警

12.1 基本情况

2013年，合肥市人民政府与清华大学合作共建清华大学合肥公共安全研究院，打造全国首个公共安全领域产学研用基地。2015年启动城市生命线安全工程建设，以物联网、云计算、大数据等手段，监测预防燃气爆炸、桥梁坍塌、城市内涝、管网泄漏及其导致的路面塌陷等重大安全事故，探索出一条以场景应用为依托、以智慧防控为导向、以创新驱动为内核、以市场运作为抓手的城市生命线安全发展新模式。

湖北十堰“6·13”燃气爆炸事故后，合肥市启动建设高风险区域燃气监测预警项目，在已有基础上实现燃气管网风险监测市县重点区域全覆盖；2021年7月19日，安徽省委、省政府发文要立足“省会示范、辐射各市、服务全国”定位，建设覆盖全省的城市生命线安全运行监测网，打造城市安全发展的“安徽样板”；2021年8月，合肥市印发《关于加快推进全市县域城市生命线工程建设工作的通知》，明确四县一市及巢湖经济开发区开展高风险区域燃气、桥梁、供水监测预警建设，目前正按进度计划稳步推进实施；目前已围绕风险识别评估和监测预警编制发布安徽省地方标准《城市生命线工程安全运行监测技术标准》DB34/T 4021—2021，指导各地市城市生命线安全工程建设，按照计划各地市在2022年6月底前一期项目已完成验收。

合肥市政府通过开创性、针对性、系统性地建立城市生命线工程安全运行监测系统，将公共安全科技与物联网、云计算、大数据等现代信息技术的融合应用，实现对城市生命线系统风险识别评估、运行状况实时感知，安全隐患及时发现和突发事件快速响应，建立“前端感知—风险定位—专业评估—预警联动”的城市生命线工程安全运行与管控精细化治理创新模式，将科学有效的风险隐患预警技术方法与完整的沟通对接联动机制相结合，实现由“以治为主”向“以防为主”转变，由“被动应付”向“主动监管”转变。

12.2　主要做法

合肥市城市生命线工程安全运行综合平台按照统筹规划、顶层设计、资源共享、集约建设的原则进行建设（图12-1），做到1个“平台”（24小时全方位监测平台），2个“创新”（科技创新、机制创新），3个“统一”（统一标准、统一监管、统一服务），4个“全面”（全面感知、全面接入、全面监控、全面预警），5个“落地”（风险可视化、监管规范化、运行透明化、管理精细化、保障主动化）。

合肥市城市生命线安全运行监测系统主要涵盖4大功能：一是整体监测。汇聚全市风险隐患点、危险源、重要基础设施和重点防护目标信息，全面梳理、辨识、分析城市生命线安全运行的交叉耦合风险，绘制“红、橙、黄、蓝”四色等级安全风险空间分布图，精准部署感知探测器，以燃气管网为例，一环老城区和省市政务区管网总里程7700km，系统精准识别出高风险线路822km、风险点20万余个，采用空间风险量化模型部署4.9万个监测点，截至2022年2月底，监测排除了燃气爆燃险情一级预警965起，二级预警1596起，实现科学全面防控。二是动态体检。依托物联网技术实时监测城市生命线安全运行状态，根据监测报警和日常积累数据，描绘城市安全运行画像，变“突击式”体检为“常态化”体检。系统上线前，合肥市桥梁一般1—2年全面检测1次，现在全天候不间断监测，每天2次综合评估，大大降低了风险发生概率。三

图12-1　合肥市城市生命线工程安全运行监测中心

是早期预警。运用智能化预警模型和大数据、人工智能技术，对异常监测数据进行自动分析、科学研判，及时推送风险类型、等级、发展趋势和具体位置等预警信息，将风险隐患控制在萌芽状态。通过模型算法，万分之一浓度的微小燃气泄漏即可快速定位泄漏管线、0.3L/min的微量水管泄漏即可溯源到泄漏点±1m，改变了传统排查开挖无序低效现象。四是高效应对。预警发出后，系统实时预测事件发展趋势，分析制定应对建议，为突发事件信息接入、方案制定、力量调配、处置评估等提供决策支持。

建设内容包括多个安全运行监测系统，如桥梁安全运行健康诊断系统、燃气管网相邻地下空间安全监测系统、供水管网安全监测系统、排水管网安全运行监测系统、热力管网安全监测系统、综合管廊安全运行监测系统等。下文将以桥梁、燃气管网、供排水管网和综合管廊专项为例展开介绍。

12.2.1 桥梁安全监测专项

桥梁整体监测示意图如图12-2所示。通过智能传感技术，实时获取桥梁结构静态、结构动态、环境、车辆荷载等信息，实现对桥梁结构响应的实时监测与预测预警，及时了解结构缺陷与质量衰变，并评估分析其在所处环境条件下的可能发展势态及其对结构安全运营造成的潜在风险，实现对桥梁结构全生命周期的监测和管理。

桥梁监测网络示意图如图12-3所示。通过对环境与外部载荷进行评估，对结构静态与动态响应中的各个特性进行分析，结合GPS系统和视频监控系统，实现对桥梁状态及环境的实时监测。

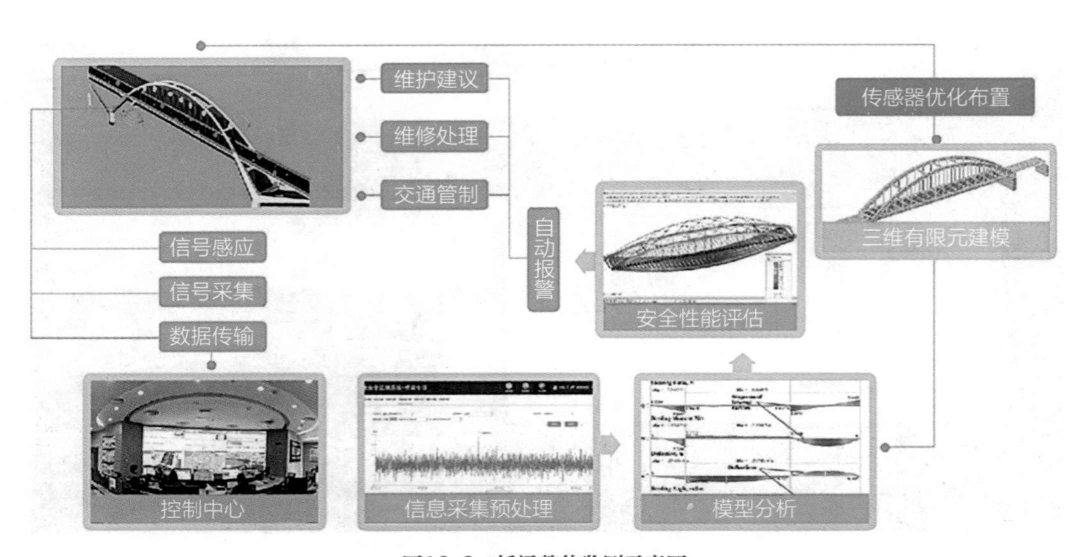

图12-2 桥梁整体监测示意图

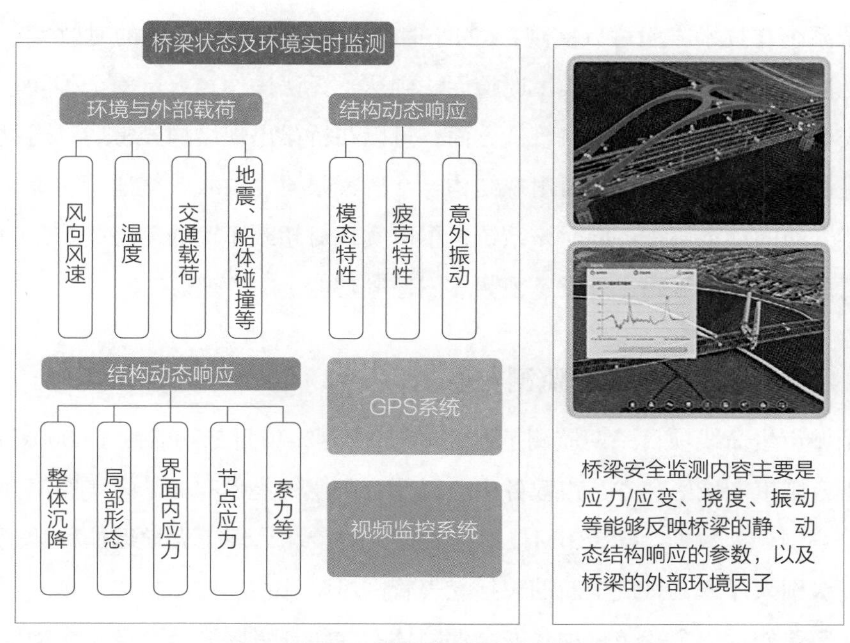

图12-3　桥梁监测网络示意图

图12-4为桥梁监测系统开发示意图。通过对结构动态响应分析、安全性评估、运营寿命预测、抗灾性能评估、承载载荷强度评估实现对结构的安全状态评估，进而提供维护与养护决策；对结构静态响应则主要对桥梁的静态属性进行判断，判断是否超过警戒值，超过警戒值则进行自动报警。基于以上结构动态和静态响应，实现对桥梁监测系统的开发。

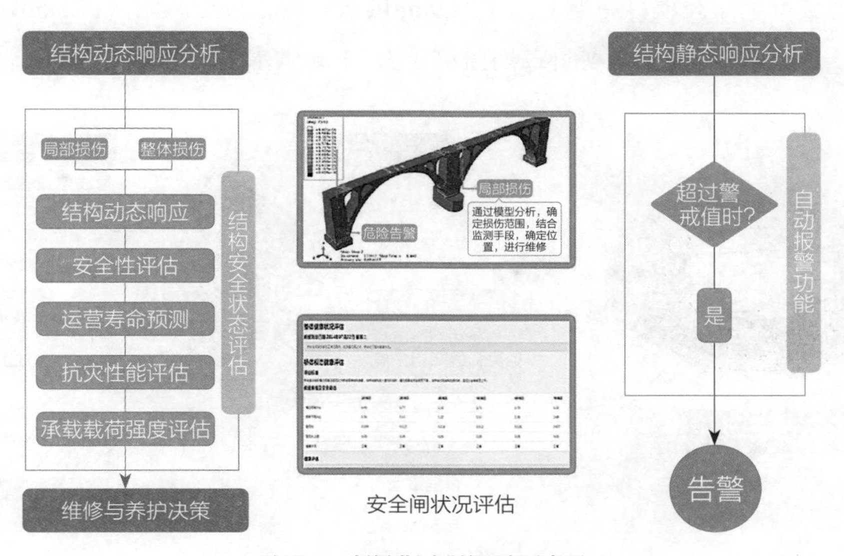

图12-4　桥梁监测系统开发示意图

整个系统在技术方面可以实现7×24小时监测，提高常规检测的时效性；找出常规检测无法发现的病因；克服人工巡检无法到达、无法操作、人员安全等问题；实现对桥梁安全状态的按需评估。在管理方面，可以在桥梁出现结构异常后，通过诱导屏或信号控制、交通管制等手段对出现结构异常桥梁限流、限载或交通管制等，实现对监测桥梁交通的动态调查。同时该系统也可以实现对超载车辆的动态监控，为非现场执法进行取证（车牌号码、总重、视频、图像等功能）。

12.2.2 燃气管网安全监测专项

合肥城市生命线项目一期监测了2.5km燃气管网，项目二期监测了6000km燃气管网，覆盖合肥市老城区和省、市政务中心以及合肥燃气集团8400个燃气阀门井。监测系统以物联网、大数据、GIS/BIM技术为支撑，对接北京理工大学爆炸科学国家重点实验室高级别人才库，打造全新的包括燃气管网风险评估、监测报警、预测预警、辅助决策、应急处置等全链条主动式安全保障体系，实现级联系统全链条主动保障。监测示意图如图12-5所示。

在创新感知终端方面，清华大学合肥公共安全研究院基于TDLAS激光分子光谱分析技术，独家转化清华大学公共安全研究院成果，创新设计出业界最高等级的可燃气体智能感知终端，集高精度、超便携、长寿命、免校准于一体。

12.2.3 供排水管网安全监测专项

合肥城市生命线项目一期监测了24.9km供水管网，包括庐阳区17.5km的输水管和包河区7.4km的输水管，项目二期监测了714.1km供水管网和254km排水管网，范

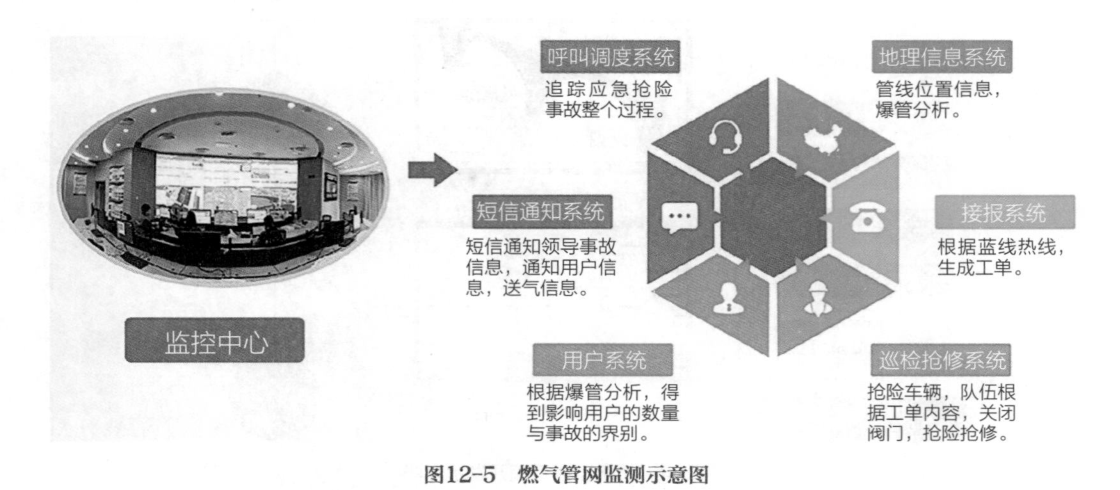

图12-5　燃气管网监测示意图

围覆盖合肥市一环老城区和省、市政务区。供排水管网安全监测专题旨在化解城市供排水体系全链条的安全隐患，构建从水源地到排污口的感知物联网汇聚供排水时空大数据，搭建从市政府到业务主体间的水安全业务桥梁，帮助城市管理者对路面塌陷、可燃气体爆炸、水体污染、城市积水内涝等问题进行精细化治理，降低事故发生概率，防范次生衍生灾害，并积累设施运行数据辅助科学规划建设。监测示意图如图12-6所示。

供排水管网监测系统接入前端监测设备总数量为409套，包含合肥市王小郢污水处理厂污水系统、望塘污水系统等10个污水系统和3个雨水系统。其中，泵站监测布设67套设备、河道及排口监测布设7套设备、易涝点监测布设26套设备及管网监测布设309套设备。系统结合现有分流制地区雨污混接调查整改信息系统与厂站网智慧排水监管调度系统建设进度和应用功能，取消与建设中的分流制、厂站网项目有类似功能的子系统，如：管网地理信息系统、泵站调蓄池运行调度系统、污水处理运行监管系统、污水输送调度系统、组态监控系统、污水处理厂数据同步子系统。同时接入排水管理部门现有的门户网站、固定资产管理系统、水质监测系统、防洪指挥调度系统、排水行政许可审批系统、手机软件（APP）管理系统等。

在风险评估方面，基于模型的管网风险动态识别与跟踪，实时评估管网健康状态，形成风险等级时空分布图，建立拓扑结构和三维实景，全面掌握管网现状，实现“管网安全透视眼，一图看清地下事”。在灾害趋势分析方面，模拟预测供排水管网

图12-6 供排水管网监测示意图

发生事故后的次生衍生灾害及其发展变化趋势。基于管网基础数据、监测数据、水量数据、高程数据等信息，构建多因素耦合分析模型，分析爆炸、渗漏、爆管等事故发生后产生的影响并及时预警。系统通过对供排水管网高风险管段进行长期监测，积累核心指标（压力、流量、液位、水质、可燃气体浓度等）的历史数据，提供管网规划建议，评价管网改造效果，做到“有数可查、有据可依”，科学决策，从而降低未来事故发生概率。

12.2.4　综合管廊安全监测专项

综合管廊安全监测系统是在智能化城市安全管理平台地下综合管廊入廊管线安全运行监测系统的基础上，针对管廊日常运维管理相关业务需求，新增巡检和维护等运营管理、资产管理、管线入廊管理、安全管理、应急管理、信息管理等业务，全面提升综合管廊业务精细水平和风险管控能力，有效降低运营人力和物力成本，保障运营安全，实现综合管廊价值最大化。该平台通过融合运用物联网、云计算、大数据、移动互联、BIM、GIS等现代信息技术，实现对综合管廊的廊体、入廊管线、附属设施的安全监测及综合管廊的运维管理。示意图如图12-7所示。

系统已实现对合肥市58.32km管线的安全运行监测，主要分布于高新区、新站区和肥西县，涵盖供水、污水、热力、燃气、电力五种管线和线缆。系统通过布设压力计、流量计、漏失监测仪、气体浓度监测仪、液位计、淤泥厚度监测仪、应力计、局部放电监测等多种前端物联网监测设备，动态感知入廊管线和线缆的运行状态。结合实时接入的廊内视频、廊内环控和廊内设备状态数据，实时掌握廊体结构、廊内空气质量和廊内设备运行情况。通过分析和研判因压力管道漏水、燃气泄漏、电缆破损等

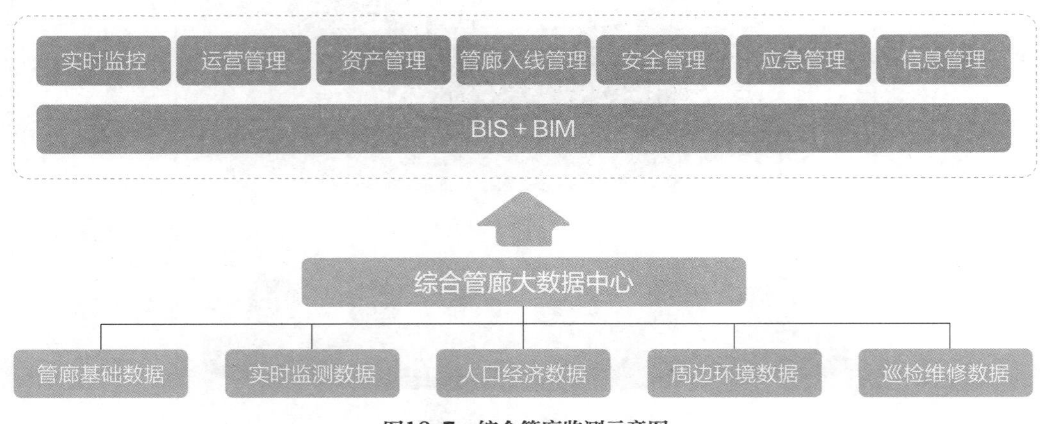

图12-7　综合管廊监测示意图

现象造成的廊内水灾、火灾、爆炸等事故的影响后果进行预测，有效避免或降低事故带来的人员伤亡和经济损失，该系统7×24小时不间断地为合肥市入廊管线和线缆的正常运行保驾护航。

12.3 建设成效

12.3.1 系统运行效果

合肥城市生命线安全运行监测系统投入运行已有5年多时间，取得显著成效。

一是抓实“一图览”，实现风险可视化。城市桥梁矗立在空中，燃气、供水、排水、热力等管网深埋在地下，过去对于风险隐患感知不到、发现不了。现在通过三维可视化地理信息平台，自动汇聚前端感知信息，以“一张图”形式立体呈现，对异常情况动态显示、实时更新，做到一目了然、一键推送，实现数据可取、可控、可用、可靠。系统运行以来，共成功预警燃气管网泄漏、沼气浓度超标、供水管网泄漏、路面塌陷等突发险情6000多起，风险监测能力实现“一降一升”，“降”的是地下管网事故发生率下降60%，“升”的是风险排查效率提高70%。

二是抓实“一网控”，实现监测智能化。以往城市安全管理主要靠人力，效率低、准确度差。城市生命线安全工程通过前端传感器实现精准感知、通过监测系统实现精准分析、通过监测中心实现精准推送，构建了城市安全智慧化、全链条的管理网络，大幅度提升了城市管理效率。目前，城市生命线安全工程已建立20 多个智能化预警模型，平均每天处理数据500亿条，每月推送预警信息92.8条，已成功预警燃气管网泄漏216起、供水管网泄漏64起、水厂泵站运行异常45起、重型车辆超载4705起，实现各类型城市生命线监测运行状态透彻感知、智慧分析、精准处置。

三是抓实“一体防”，实现处置联动化。以往城市基础设施安全都是以行业监管为主，“九龙治水”、合力不够。现在通过监测中心，第一时间将预警信息推送到行业主管部门和运营企业，由牵头行业部门协同抓好风险处置，形成多部门联动的新型应急处置机制。2017年以来，多部门联合开展风险处置308起，排除风险492个。2017年9月22日深夜，监测中心发现西一环居民密集区一处地下空间燃气浓度超爆炸下限，燃气泄漏填充长度超50m，影响范围涉及2个加油站、7个住宅区、3个学校和2个大型商场，监测中心立即联动合肥市城乡建设局、应急管理局和燃气集团，同时智能输出精准开挖、应急队伍调配和群众疏散方案。经过现场抢修协同作业，提前消除了可能引发重大人员伤亡的安全隐患。

四是抓实“一表清”，实现保障科学化。以往城市建设，由于不了解地下管线情况，经常发生误挖管线事故和“马路拉链”现象。合肥市围绕城市生命线建立了地下综合管线地理信息系统，对燃气、通信、供排水、电力、电梯等26种4.4万km的市政管线精准普查、登记造册、风险定位、动态更新，为轨道交通、5G基站、旧城区改造、水环境治理等城市建设提供了管线信息和分布态势，节约探测费4亿元，有效避免了重复开挖和施工风险，提升了城市建设质量。骆岗中央公园、南淝河污染源治理、十五里河治理等项目建设过程中，根据地理信息系统提供的地下管线数据，科学设计施工方案，精准避开了相关管线，既加快了施工进度，也确保了工程安全。

1．燃气管网泄漏燃爆事件预警案例

2019年9月24日9时20分，燃气监测系统发现裕溪路与幸福路交叉口附近位于郎溪路高架桥下燃气井RQ9148出现甲烷浓度超限报警，经分析研判初步判断为燃气泄漏并及时将消息推送至燃气集团。经燃气集团现场复核确认为第三方施工原因导致燃气管道泄漏，发现可燃气体已填充约$23.5m^3$，浓度“爆表”，现场充满了刺激性气味。燃气管道泄漏的位置处于老城区内，周围人口密度较大，其上方是郎溪路高架桥，车流量较大，且周边300m内有5处党政机关、9所学校、3所医院、1处中石化加油站、1座大型高架桥、1个大型商业广场等，一旦发生爆炸，会造成巨大的人员伤亡、财产损失和桥梁损伤。燃气集团立即关闭泄漏点两端截断阀进行抢修作业，至9月25日凌晨燃气管道抢修完成，避免了恶性事件的发生。图12-8为现场示意图。

2．供水管网大流量泄漏引发路面塌陷预警案例

2019年5月7日，系统监测到合肥市老城区内出现供水漏失报警。通过分析判定附近供水管网疑似存在漏水现象并立即通知供水集团，供水集团现场排查复核人员发现离报警点位约7m处一老旧钢筋混凝土材质的高压供水管道正在大流量漏水，管道下方出现爆裂，漏水量达到$1900m^3/h$，现场开挖后发现地下土壤中已明显出现空洞，随

（a）燃气泄漏现场示意图

（b）现场施工破坏

（c）现场抢修开挖

图12-8　燃气管网泄漏燃爆事件现场示意图

（a）现场开挖情况

（b）形成明显空洞

（c）现场大流量漏水

图12-9　供水管网大流量泄漏引发路面塌陷事件现场示意图

时面临路面塌陷风险，并已造成大量经济损失。经现场分析认为该事件主要是由于老旧钢筋混凝土材质的高压供水管道受不同荷载作用，不均匀沉降导致结构破坏。监测中心现场为抢修人员提供处置决策建议（包括开挖、停水关阀等），因周围管线复杂，通过人工开挖抢修工作于24小时后完成。图12-9为现场示意图。

3．市政桥梁重车满载堵塞引发结构安全预警案例

2019年4月9日0时15分，桥梁监测系统持续发出报警，通过系统发现繁华大道跨南淝河大桥东侧出城方向开始发生堵车，半小时后车道完全堵塞，堵车车辆基本为渣土车、搅拌车等重型车辆，桥梁单侧车道已完全处于满负荷运行，系统监测数据出现大幅度波动。通过数据分析研判认为桥梁结构在持续重载作用下，桥面铺装层的病害将会快速扩展，同时对结构耐久性能和抗疲劳性能将造成巨大影响，甚至可能对桥梁运行安全带来风险隐患，监测中心立即通知桥梁管理养护部门进行协调处置。截至2时44分，在交警部门的支撑配合下道路恢复正常运行，系统报警全部解除，随后监测中心对该桥梁持续进行重点监测，对结构性能进行综合风险评估，为相关桥梁部门后期保养等提供决策技术支持。图12-10为现场示意图。

4．公路桥梁支座位移与温度非相关性报警案例

2019年5月，通过桥梁监测系统发现环巢湖路跨南淝河大桥拉线位移DY2与温度指标出现非相关性报警，通过对该点位历史累计监测数据和附近多类型监测指标数据进行耦合分析初步认为桥梁东侧北端伸缩缝可能出现异常，为确保分析准确性，监测中心立即组织进行现场勘察。经现场复核最终确认桥梁该点位西侧桥墩南端盖梁与挡块处未拆除的模板完全“抵死”，且因堵塞严重导致东侧北端伸缩缝出现劳损现象并

（a）现场堵车情况

（b）铺装层坑槽病害

图12-10　市政桥梁重车满载堵塞引发结构安全事件现场示意图

（a）盖梁处与未拆除模板抵死

（b）伸缩缝断裂

图12-11　公路桥梁支座位移与温度非相关性报警事件现场示意图

已形成较大裂缝，极大降低了桥梁该位置结构强度，对后期桥梁的安全运行可能带来风险隐患。监测中心立即将该情况上报桥梁相关部门，建议尽快拆除西侧桥墩位置模板，及时更换伸缩缝，保障桥梁健康安全运行。图12-11为现场示意图。

12.3.2　经济社会效益

1．集约建设城市生命线工程安全运行监测系统，提高效率降低成本

通过为合肥市政府、城乡建设委员会、交通运输局、市政工程管理处、公路管理局、排水管理办公室、热电集团、供水集团、燃气集团等相关单位和部门提供跨部门、跨行业的综合服务，从整体上提升管理效率，降低建设和运营成本，有效提高合肥市城市生命线工程安全运行整体监测水平，提升城市生命线安全风险管控能力。

2．有效降低合肥市城市生命线工程安全事故造成的经济损失

目前合肥市地下管网数量庞大、新老并存、结构复杂，各种城市生命线事故时有发生，对城市的正常运行产生较大威胁。通过项目建设和运行，有效加强城市生命线的安全管理，减少灾害事故的发生，降低城市生命线及其次生衍生灾害事故造成的经济损失。

3．助力合肥市“公共安全产业”发展，推动产业升级

通过城市生命线工程安全运行监测项目实施，自主研发了监测预警前端感知设备、安全监测系统等一系列核心技术和装备，从传感器、成套化装备、系统集成应用等方面带动物联网、大数据等产业发展，整合上中下游产业，在环境安全、信息安全、交通安全、城市安全、防灾减灾安全等相关突发事件监测、预警、处置、救援的相关产业链上形成集聚优势，为合肥市高新技术产业发展做出重要贡献，推动我国城市安全领域产业化。

12.3.3　模式全国推广

合肥市城市生命线工程安全运行监测项目成果得到省市领导和国家部委的高度认可。2021年6月17日，全国安全生产电视电话会议，国务院副总理刘鹤要求全面推广安徽合肥成立城市生命线安全运行监测中心、建立城市生命线安全监测系统的经验做法。住房和城乡建设部刊发工作简报《合肥市加强城市生命线工程安全监测　推动提升城市安全运行管理水平》，供全国各地学习借鉴。2021年8月7日，科技部部长王志刚到清华大学合肥公共安全研究院考察时，对城市生命线的创新成果给予充分肯定。2021年7月6日，国务院安全生产委员会办公室副主任宋元明调研时指出：“合肥模式”是落实创新发展的范例，要求扩大应用范围。2021年7月19日，安徽省委全面深化改革委员会召开第十二次会议，通过了《关于推广城市生命线安全工程“合肥模式”的意见》，立足“省会示范、辐射各市、服务全国”定位，在全省范围内复制推广合肥城市安全发展的经验做法。

目前，建设成果正于佛山、淮北、徐州、杭州、武汉、福州、乌鲁木齐、大连、佛山、宜昌、滨州等十多个城市推广应用。以合肥市为城市安全云总部基地，逐步覆盖全国各地市的基础设施安全运行监测服务，深度挖掘城市生命线运行规律，提升城市防灾减灾能力，推动城市安全产业集聚，为建设智慧安全城市、实现城市精细化管理、主动式安全保障提供科技和服务支撑。

12.4 经验总结

随着城镇化快速推进，城市生命线分布越来越广、数量越来越多、负荷越来越重，因腐蚀老化、疲劳蜕化和操作使用不当、管理维护不及时等带来的安全隐患日益突出，十堰“6·13”燃气爆炸事故、郑州“7·20”特大暴雨灾害教训惨痛。城市生命线安全工程“合肥模式”有效发挥科技“哨兵”作用，把风险放在一线来解决，解决好燃气泄漏触发火灾爆炸、供水泄漏引发路面塌陷、桥梁受损诱发交通瘫痪等多灾种耦合难题，构筑起立体“前置防线”，全面提升城市安全韧性，让“安全线”成为“安心线”，实现了城市生命线安全运行风险的可防可控，让城市更加聪明智慧，让人民更加安全无忧。“合肥模式”的实践经验可以总结为以下四点。

1．以场景应用为依托，织密城市生命线风险防控网络

以点、线、面相结合，逐步建立起城市生命线工程安全运行监测系统，构建燃气、桥梁、供水、排水、热力、综合管廊、消防、水环境八大领域立体化监测网络。2015—2017年实施一期工程，覆盖5座桥梁、2.5km燃气管网、24.9km供水管网。2017—2021年实施二期工程，覆盖51座桥梁、822km燃气管网、760km供水管网、254km排水管网、201km热力管网、14km中水管网、58km综合管廊共2.5万个城市高风险点，布设100多种、8.5万套前端感知设备，透彻感知各类型城市生命线监测运行状态。一、二期工程总投资约10.5亿元。目前正在实施三期工程，推进主城区和新建城区监测预警能力全覆盖，并延伸至肥东、肥西、长丰、庐江、巢湖等县市重点区域，新增6万余个城市高风险监测点，全面提升城市安全风险防控能力。

2．以智慧防控为导向，打造城市生命线安全运行中枢

针对城市生命线工程权属复杂、多部门交叉、缺乏统一技术支撑等难题，2017年，合肥市成立国内首个城市生命线工程安全运行监测中心（以下简称监测中心），作为市级机构纳入市安全生产委员会，形成由市政府领导、市委国家安全委员会办公室牵头、多部门联合、统一监测服务的运行机制。监测中心主要有三项职能。监测值守，建立7×24小时值守制度，根据监测系统自动报警信息提醒，值守人员第一时间发现并利用专业研判模型，确定报警位置和分析周边影响情况，实时上报系统报警和研判信息。分析研判，结合危险源、防护目标、人口交通等数据，对报警信息进行综合分析和风险预警分级，及时向市政府、市委国家安全委员会办公室、市城乡建设局、市交通运输局等主管部门和燃气集团、供水集团等权属单位推送风险警情和安全隐患分析报告，定期提供城市安全风险综合分析月报、季报和年报。辅助决策，及时为现场风险处置提供抢险、开挖、泄漏点位溯源等技术支持，对可能引发的次生灾害进行趋势预判。

3．以创新驱动为内核，构建城市生命线科技治安路径

在人才队伍、平台建设、关键技术突破等方面持续发力，为城市生命线安全运行提供强劲创新动力。人才队伍方面，以清华大学一流高校、公共安全一流学科、范维澄院士领衔的一流团队为基础，集聚了一支国家顶级公共安全研究团队。目前核心科研人员120人、技术开发人员350余人，60%以上具有硕士、博士学位，院士、长江学者、国家“百千万”人才工程、国家杰出青年11人。平台建设方面，建成世界耦合灾种最多、亚洲最大的公共安全科技基础设施——巨灾科学中心，该中心获批合肥综合性国家科学中心交叉前沿研究平台和产业创新转化平台，正以此为基础申报国家城市基础设施技术创新中心。关键技术方面，先后攻克城市高风险空间识别、跨系统风险转移和耦合灾害分析等“卡脖子”关键技术，申请专利和软件著作权300多项；研发出一批国内首创产品，燃气传感器在地下空间使用寿命突破5年，供水管网检测智能球在25km范围内泄漏定位精度达到2m。标准规范方面，主持编制安徽省地方标准《城市生命线工程安全运行监测技术标准》《安徽省城市生命线安全工程建设指南（试行）》等，规范安徽省城市基础设施安全监测系统技术指标、管理流程和运维准则，填补了国内本领域标准编制空白。

4．以市场运作为抓手，夯实城市生命线产业发展支撑

以市场化方式提升城市安全综合支撑能力，支持科技成果加快产业化步伐。做好“无中生有”文章，2015年8月，合肥市建投公司与清华大学合肥公共安全研究院孵化成立城市生命线安全监测专业化公司，获得省首台（套）重大技术装备认定，从事城市生命线工程系统研发、工程建设、运营维护和成果转化等业务，启动产业化之路。做好“小题大做”文章，出台适应产业发展各阶段性特点的支持政策，推动优质资本与清华大学合肥公共安全研究院转化企业对接，加快城市生命线工程复制推广。截至2021年，城市生命线工程累计实现产值36亿元、上缴税收2.5亿元。做好“借题发挥”文章，深度挖掘电梯安全、消防安全、环境安全、安全文教等细分产业，助力清华大学合肥公共安全研究院打造全国消防安全云总IP，目前服务60多个城市、2万余家企业、5万余家商户，接入面积超6.2亿m^2，提供保险额度超过40亿元。

第13章

“佛山经验”——综合城市风险感知与监测

13.1 基本情况

佛山市投入2.26亿元高起点规划、高标准建设智慧安全佛山一期项目，构建“五平台合一、三中心一体”的城市安全治理“一网统管”体系，实现对全市城市安全运行的“一网纵观全局、一网感知态势、一网研判预警、一网指挥调度、一网协同共治”，推动佛山市应急管理体系和能力现代化。

1．提升城市安全风险评估能力，实现“一网纵观全局”

搭建“可视化信息汇聚、数字化研判分析、智能化辅助决策、精细化指挥调度”的应急管理综合应用平台，整合汇聚全市35个单位的7493.1万条基础数据、73918路监控视频、7616km管网数据，构建了总量超过25TB的城市安全大数据资源池，实现跨区域、跨层级、跨部门、跨系统、跨业务的数据融合，形成城市安全运行状态“全景画像”。

2．提升城市安全风险监测能力，实现“一网感知态势”

建设燃气、桥梁、排水、消防、企业、轨道、电梯、交通、林火、三防等10大监测专项，以佛山市中心城区城市基础设施和高风险行业领域企业作为试点，布设13120套物联网传感器，对全市7座桥梁、204.7km燃气管网地下相邻空间、78km^{2}范围易涝区域、12家消防安全重点单位、40家高风险企业、21.5km地铁保护区、100部重点监管电梯实现24小时在线监测和自动预警，2021年至今累计处置各类警情2985起（2021年2228起；2022年1—5月757起）。

3．提升城市安全风险预警能力，实现“一网研判预警”

编制佛山市城市安全运行监测中心运营管理制度、业务培训大纲、报告编制规范等一系列制度规范，指导监测中心运营团队对城市安全运行态势进行7×24小时值班值守、监测预警和综合研判。自2021年1月至2022年6月，累计发布台风、林火、强降雨等预警分析报告共177份。在5月强降雨防御过程中，监测中心派出技术骨干与市三防指挥部开展联合值守，利用佛山市应急管理综合应用平台汇聚全市气象预警预报、风雨水情监测数据和风险隐患点信息，实现对三防自然灾害的全域感知、短临预警、数据智能，滚动出具26份连续强降雨分析报告，其中专报11份、快报15份，为市三防指挥部全面掌握全市灾情、科学调整应急响应级别、做好防御措施提供科学辅助决策支持。

4．提升城市安全风险处置能力，实现“一网指挥调度”

聚焦“全灾种”、瞄准“大应急”，着力建设应急现场指挥通信系统，打通市、区、镇、村四级指挥网络，加强和规范市、区、镇（街道）三级应急指挥中心及应急现场指挥通信保障能力建设，充分运用4G/5G、卫星通信、无线通信等多种网络链路和指挥车、无人机、单兵图传、数字集群、卫星电话等多种通信设备，保障事故灾害一线、现场指挥部、后方指挥中心在极端情况下的通信畅通，切实解决应急指挥处置“最后一公里”问题。

5．健全城市安全治理体系，实现“一网协同共治”

编制印发《佛山市城市安全运行风险监测预警联动工作机制》，明确各级行业主管部门监管职责及城市基础设施权属单位主体责任，规范监测报警信息推送、分级响应、联动处置和闭环管理流程。推动珠江西岸城市群安全应急联动合作机制建设，优化应急资源配置，提高应急救援效率，降低应急管理成本，形成防范应对突发事件的强大合力。按照“技术复用、资源共享、机制联动、集约共建”原则，向周边城市推广复制智慧安全佛山经验成果，先后与肇庆、江门、清远、云浮、珠海等地市签署应急联动合作协议，并与中山市、澳门特别行政区达成初步合作意向。

13.2　主要做法

通过汇聚佛山市各部门数据、新建的城市监测数据以及整合各类城市基础数据的基础上，结合各业务管理部门的实际需求，对各部门实际管理的城市单元进行安全应用专项的建设，以满足各部门城市精细化管理的需要。佛山市城市安全运行监测中心，佛山市城市安全运行监测物联网和城市安全运行综合管理应急指挥系统，包括燃气安全专项、桥梁安全专项、排水安全专项、消防安全专项、高风险企业安全专项、轨道交通安全专项、电梯安全专项、道路运输车辆安全专项、森林防火安全专项、三防安全专项共十个专项应用。

13.2.1 燃气安全专项

佛山市全市建有超5000km燃气管线，燃气管网安全运行也面临诸多挑战。首先，管线最早建设年限为1992年，运行年限久远，且市内主干燃气管网与雨水、污水、电力管线存在众多交叉点，老城区燃气泄漏爆燃事故风险突出；其次，老旧市政管网改造工程大幅增加第三方施工破坏燃气管线的风险；此外，地铁运营产生的杂散电流易造成燃气管网干扰，产生燃气泄漏风险。

燃气安全专项聚焦城市燃气管网及相邻空间的泄漏燃爆风险，对禅城区、南海区、顺德区试点范围内的204.7km燃气管网及其地下相邻空间进行风险识别及实时泄漏感知，实现了监测预警、研判分析和抢险处置全流程管控，建立了7×24小时专业技术值守，打通了一般、较大、重大事件三级预警和快速联动响应机制。

1．精准识别燃爆风险，精准锁定监测范围

根据城市燃气管网相邻地下空间爆炸事故演化过程，结合公共安全“三角形理论模型”，对城市级燃气管网相邻地下空间进行风险评估并分级，从而确定监测范围。

2．结合模型科学预判，优化布设监测点位

城市地下管网错综复杂，地下空间种类繁多，数量庞大，为便于更加科学合理地进行布点的设计，专项建立了对燃气管线相邻地下空间监测点位布设模型及优化布点方法，实现了佛山市燃气管线相邻地下空间监测效益的最大投入产出比。同时基于沼气与燃气实时变化特征的差异性，构建基于实时监测数据的燃气与沼气辨识技术，使得城市级大规模燃气管网相邻地下空间精准监测成为可能。

3．适应南方气候特点，研发高性能监测设备

针对地下空间高湿度、高腐蚀性、易爆炸、电磁屏蔽、夏季暴雨洪涝水淹等问题，选用了清华大学合肥公共安全研究院自主研发的激光型可燃气体监测仪，与国内外同类产品相比，在燃气探测灵敏度、抗恶劣环境、工作寿命方面达到超高水平。

4．事前防控实时监测，打造监测预警系统

基于事前防控的安全管控理念，系统汇聚地上空间各类社会信息和地下空间各类管网信息，对燃气管线相邻地下空间可燃气体浓度进行实时监测，实现燃气泄漏及时报警预警，为燃气管线巡检抢维提供辅助决策支撑。系统主要有泄漏溯源分析、可燃气体扩散分析、地下空间爆炸分析等核心功能。

13.2.2 桥梁安全专项

佛山市地处珠江三角洲，是重要水陆交通枢纽，截至目前，佛山公路桥梁数量有600多座。佛山市桥梁主要特点为：交通流量大、重载车辆多、船只撞击风险大、部分桥梁服役时间长。

因此，项目重点选取了佛山市7座风险较大，具有代表性的桥梁进行安全监测，如紫洞大桥是一座建于1996年的双塔单索面特大斜拉桥，主桥技术状况等级为三类，有重载车辆通过，且跨主航道，有船只撞击风险。针对每座桥梁自身的既有病害，结合桥梁的结构形式，并综合考虑佛山市台风多发等自然环境因素影响，对桥梁进行安全监测，全方位感知桥梁安全状态。

通过实时监测桥梁主梁应变、挠度、振动响应、倾斜以及索力指标，实现桥梁结构异常报警及安全评估。

基于桥梁动态阈值技术、多源异构数据融合分析技术及模态分析技术等，实现桥梁结构异常报警。当桥梁外界荷载效应发生变化时，桥梁相应位置应变的量化响应超过设定的阈值，系统就会自动发出报警，从而实现桥梁结构对外部荷载感知的量化观测和比对（应变）。一旦出现报警或者异常，系统会第一时间通过短信、电话等方式通知桥梁管理养护单位。

系统基于城市桥梁状态指数（BCI），并结合桥梁实时监测数据及桥梁既有病害信息，对桥梁安全状态的综合评估，可实现桥梁在出现超载、撞击事件后，第一时间对桥梁安全状况进行评估，作为桥梁突发事件预警，辅助应急处置；此外，系统定期对桥梁结构监测数据进行分析，并出具监测月报，作为养护巡检等的长期处置管理依据。

13.2.3 排水安全专项

佛山市属亚热带季风性湿润气候，年平均降雨量在1600—2000mm之间。每年佛山市受台风侵袭影响，短时间内的强降雨给现有排水系统带来沉重负担，导致城市内涝事件频发。同时佛山市内主干河涌多达569条，河涌两岸地势相对较低，雨水管道排入河涌的水头差小，遭遇大雨时受河涌水位顶托作用，容易引发河水倒灌现象。早期市政排水管网采用的设计参数标准偏低，排水能力小于1年一遇的雨水管网长约1143km，约占现状排水管网总长的1/3。旧城区内河涌两侧地块的排水系统绝大多数都是采用合流制，旱季污水夹带的杂质不断沉积，使河涌和排水管渠的淤积越来越严重，大大降低了其原有的排水能力。

排水安全专项通过流量计、液位计等前端感知设备以及物联网监测等技术手段，实现对排水管网运行状态的全面感知、实时监控；基于监测数据的综合分析与处理，通过排水专项的模型分析，提前预测或识别出风险事件，做好预案和部署，实现了排水运行的智能分析、科学决策，最大化提升现有排水系统的排水能力，并且通过信息化、智慧化建设实现各种需要的信息和数据共享，使各级工作人员可更加高效、协同行动。

1．精准识别城市排水管网风险隐患，确定监测范围

充分考虑城市易涝点、防汛工程、河道河涌、城市重要防护目标等分布情况，以及排水管网问题现状情况，对排水管道安全运行状况进行充分分析评估，同时参考佛山市水务局和禅城区水务局等排水设施管理养护单位的建议，结合排水防涝监测对排水分区封闭性技术要求，选择禅城区张槎街道、祖庙街道和石湾镇街道三个街道辖区约78km^2的区域作为排水安全重点监测范围，并将广东省水文局佛山分局内涝监测预警系统覆盖的城市易涝点和重要隧道数据，接入城市安全监测系统中做综合监测预警。

2．排水管网前端智能监测设备布设和数据利用

针对由于管道老化、管道淤堵、负荷过大、地面沉降等因素导致的排水管网运行故障，在监测范围针对性布设了15套流量计、66套液位计、31套河道水位计和6套雨量计，实现对可能出现或已经发生的管道渗漏、错接、入渗、溢流、淤堵等问题进行预测预警与研判分析。同时复用泵站运行状态数据、水文局易积水点数据、视频在线监测数据、河涌水位信息以及气象局暴雨预警信息，为城市暴雨内涝模型校验提供基础数据，为防汛指挥调度提供辅助决策支持。

3．建设排水安全监测预警系统

实时采集前端设备的监测数据，全面掌握排水系统运行状态，基于在线监测数据与模型模拟建立排水安全监测预警系统，实现排水管网系统运行故障及运行风险的早期预警、趋势预测和综合研判。另外，系统支持排水运行高风险区域定期巡检和养护计划的制订，提供管网规划改造建议，生成健康诊断分析与安全评估报告，得出防汛最佳处置方案供决策者采纳。

市三防指挥部从预警、会商、响应等环节利用指挥系统指挥各级各部门响应、精准定位灾害点、点对点调度防汛责任人、实时视像监测灾情，大大提升佛山市城市排水安全运行管理水平和服务水平，保障城市排水设施运行管理、防汛应急指挥等工作有序实施，提升排水安全精细化管理水平，切实保障佛山市的排水安全。

13.2.4　消防安全专项

随着佛山市城市化进程不断加快，城市消防安全既面临高层、地下、化工、老式民宅等“老毛病”，又面临新建筑、新材料、新能源、新技术、新项目及人口老龄化等衍生出来的“新问题”，火灾致灾因素日益增多、火灾后果愈发严重，城市消防安全管理压力大幅上升。佛山市2020年市级消防安全重点单位约有28家，项目对部分重点单位及其他单位共12家进行消防安全试点监测。

佛山市消防重点单位面临如下风险：（1）电气火灾风险，如经华大厦、综合批发市场大楼建设年份较久，电路设施老化，又存在私接乱拉电线，不规范使用电气设备，使用超大功率设备等行为；（2）未及时发现线缆温度过高、剩余电流过高、设备漏电等隐患；（3）部分单位缺乏消防管理专业化能力，消防管理人手不足，难以及时消除消防水压过低等隐患。

消防安全专项软件应用系统接入佛山市城市消防远程监控系统中的火灾自动报警系统数据，通过对重点单位安装独立式感烟传感器、独立式报警设备、水系统监测设备、电器火灾监测设备、消控主机设备以及物联网监测等技术手段，实现对建筑物内火灾状态、消防设施运转情况的全面感知、实时监控，获取建筑消防设施运行状态、消防隐患等数据；基于监测数据智能分析，结合专业分析模型，在保证有效探测疑似火灾的同时降低误报率，实现建筑物火灾的高效管理，为构建佛山市城市火灾防控体系提供信息化支撑手段。

消防安全专项采用社会化服务托管的方式进行维保，实现了真正的闭环管理流程。针对企业单位消防责任人日常加强对消防主机与消防传感器的巡检，对报警主机进行及时复位处理，降低误报率与设备故障率，强化单位消防安全责任意识。同时，对业主单位进行防火宣传，针对违规吸烟、消防设施整改等内容进行宣传教育，从源头上降低城市火灾风险。

13.2.5　高风险企业安全专项

佛山市现有高风险工贸企业约34825家，共有在营危险化学品生产、经营（带存储）、使用企业1760家。高风险企业安全专项重点建设和接入了全市范围内七类重点监管行业40家单位，包括危险气体生产类、涂料油漆树脂制造类、高炉煤制气类、金属冶炼加工类、液氨使用类、液氯使用类、石油储运/冶炼类等。

通过前期调研，企业风险主要发生在储罐区、生产车间及仓库。金属冶炼和石油化工企业可能发生储罐液位和压力异常；危化品生产企业的生产车间和仓库易发生可燃气体泄漏，容易发生有毒有害物质泄漏和爆炸事故，导致人员伤亡；石油化工和危险气体生产企业存在的不安全行为发生次数较多，存在潜在风险。

高风险企业安全专项系统是基于安全监管局现有风险点危险源地理管理系统、综合安防管理平台的企业生产基础信息、安全生产风险信息、监控视频等数据，以及在此基础上首批部署建设安全运行监测物联网的40家高风险企业而进行设计；通过智能摄像机、温度监测仪、可燃气体监测仪、有害气体检测仪、压力监测仪、液位检测仪等设备的安装，持续监测企业可燃气体泄漏、有毒有害气体泄漏、储罐液位和压力异常，生产车间温度异常、热成像检测异常、未佩戴安全帽等险情。高风险企业安全专项软件应用系统分为以下几个子系统：基础数据管理子系统、风险分级管控子系统、风险源实时监测与报警子系统、预测预警分析子系统、风险源应急处置子系统，通过各个子系统的协同配合，实现对高风险企业安全的风险管控、预警处置与数据管理。

13.2.6 轨道交通安全专项

佛山市轨道交通有在建的2号线、3号线，规划中的4号线、6号线、11号线等多条线路。轨道交通处于大规模建设阶段，同时施工项目多，涉及技术复杂，风险隐患点多，为了加强对建设施工项目及安全保护区的安全管控，虽然采取了一些安全管理手段，但仍有尚需完善之处，包括：安全保护区安全监测无相应的技术手段支撑、建设施工项目风险隐患信息不能获取以及轨道交通应急机制缺乏政府统一协调机制等。

轨道交通安全专项重点选取了21.5km已经在运行的广佛线佛山段及66.5km建设施工中的佛山地铁3号线，重点监测地铁保护区周边的第三方施工。

轨道交通安全专项软件应用系统主要围绕轨道交通建设施工安全和保护区安全两方面内容进行建设，包括轨道交通建设安全基础数据管理、监测预警和辅助分析等模块。此外，通过从佛山市铁路投资建设集团的城市轨道交通工程安全风险管理系统中接入3号线风险数据（包括地质风险、施工用电风险、周围管线风险、施工设备风险、人员安全风险等）、隐患清单数据（一级、二级和三级隐患数据）、监测预警数据（水平及垂直位移数据、水平及垂直收敛数据、水位、空洞等）、综合预警（综合风险高的重大预警数据）及应急数据（应急预案、应急资源、应急指挥体系等），在广佛线佛山段保护区共计布设215套电子界桩，同时接入保护区施工点基坑监测报警和预警数据、周围基础设施监测数据及保护区地质沉降信息，在此基础上形成轨道交通施工项目及保护区的综合风险管控。通过监测地铁保护区内振动、电子标志（牌）的倾斜、电子标志（牌）的位移，实时发现保护区内可能对地铁既有结构造成破坏的非法施工等活动，为佛山市轨道交通筑起一道安全屏障。

13.2.7 电梯安全专项

电梯安全专项接入了佛山市约4万部电梯的基础数据，佛山市电梯有总量大、老旧电梯多、维保单位多等特点，本期项目选取禅城区、南海区的100部电梯作为电梯安全运行监测试点。

电梯安全监测系统是通过物联网、云计算和大数据等信息技术手段，对电梯海量信息的融合分析和大数据挖掘，实现对电梯安全的全风险链有效监管、运行监测分析、故障精准排除和应急联动救援目标；通过对风险因素全面透彻的感知，对电梯运行数据和信息的全面互联互通，通过对电梯运行中的不安全行为、不安全状态和不安全环境进行实时在线监测，对电梯运行风险隐患和事故进行智能化处置，并实现高效、科学的预测预警，创新电梯安全管理模式。

电梯安全专项软件应用系统分为两个子系统：电梯基础数据管理子系统和电梯实时监测报警子系统。其中，电梯基础数据管理子系统应用于电梯行业各方面的监督管理，对全市电梯安全状况做出测评，为监管部门履行监察职能提供数据依据；电梯实时监测报警子系统主要功能包括实时在线监测、视频综合管理和报警管理，对电梯运行状态进行实时监测，当发生报警时及时将报警信息推送至维保单位及相关单位，进行维修处置。

13.2.8 道路运输车辆安全专项

道路运输车辆安全专项重点关注佛山市的“两客一危一货”、客运班车、出租车等总共8类车辆，总共3万多辆车。

道路运输车辆安全专项完成了对全市上述车辆实时在线数据的接入。实现了对人、对车、对路三个维度的风险分析，构建驾驶员的画像、企业的画像、道路的画像。通过驾驶员画像，分析驾驶员的不安全行为，及时进行预防和疏导，防患于未然。

道路运输车辆安全专项系统是基于交通运输局现有智能公交信息整合平台对佛山市七类重点监管车辆的基础信息、卫星定位、动态监管等数据进行设计的。道路运输车辆安全专项软件应用系统分为以下几个子系统：基础数据管理子系统、风险分析预警子系统、实时监测报警子系统、辅助决策子系统。其中，基础数据管理子系统实现对监管车辆经营企业基础数据、车辆基础数据、车辆入网上线数据、车载终端卫星定位数据、禁止危货车辆驶入区域数据、所涉各类危险货物对应的物理化学性质、危险特性、应急处置措施数据，以及对应的全市危化品应急装备、应急物资、救援队伍、专家库信息数据的管理，主要实现道路运输车辆基础数据的查询、更新与维护、统计分析，提高基础数据的准确性，建立高道路运输车辆安全信息精细化的档案管理模式。风险分析预警子系统实现佛山市重点监管的道路运输车辆运行风险研判、风险动态分级以及多级预警。基于城市安全运行监测中心对全市安全运行态势数据的综合分析，结合车辆卫星定位数据，对车辆运行前方道路交通风险进行动态评估分析。实时监测报警子系统，基于车辆卫星定位数据、车载行驶记录仪车辆运行状态数据，对车辆运行过程中的车辆自检异常、超速行驶、疲劳驾驶、偏离路线、驶入禁区、违规停车等行为进行实时监测报警，并通过综合一体化监控系统进行针对性跟踪监管。根据后期智能化车载终端部署，支持监控中心用户对车载终端设备的广播功能，可选择多台设备或框选区域，启动广播，实现对该框选区域下设备的语音广播功能，如车辆突发异常情况，及时向沿途重点车辆进行警示通告，提高警惕，并注意减速避让。辅助决策子系统通过对运输车辆大数据汇总分析及概览、黑名单企业车辆重点监控、危货车辆事故处置资源一键协调实现对道路运输管理的辅助决策。

由于道路运输车辆安全专项数据种类多、数量大、信息丰富，因此需要结合业务深化大数据分析模块，为应急及其他业务深化大数据辅助分析服务，实现企业及行业监管部门对车辆的实时监管，有效监督驾驶员行为、实时分析研判并发布城市道路安全态势，提升车辆运营安全，实现道路运输科学高效的安全管理新模式。

13.2.9　森林防火安全专项

佛山市有林地面积约77983.26公顷，约占全市总面积的五分之一，在提供良好的生活环境的同时也存在较大的森林火灾风险。佛山市的森林火灾风险主要表现在：（1）风险高：森林面积大，野外用火数量多，每年冬春干旱季节更是山火多发；（2）监测难：缺乏有效的监测手段，传统的人工巡检方式无法满足“打早、打小、打了”的要求，亟须采用智能化手段进行全域监测；（3）处置难：森林防灭火工作应急处置中，无法精准地掌握植被、地形地貌、气象信息、物资仓库、防护目标等基础数据，而火灾蔓延的趋势主要依赖指挥官的经验，难以精准预测；（4）复盘难：采用文字、音频、视频等方式对森林事件进行记录，易导致林火事件复盘时间线程不明，复盘信息不直观。

森林防火专项聚焦佛山市森林防火中面临的主要风险，采用全市动态风险评估、重点区域实时动态烟火识别监测等多种方式，打造了一套涵盖风险评估、监测预警、应急处置和时间复盘的全流程森林防火系统。

首先，依靠多因子耦合森林火灾风险评估技术，基于公共安全三角形模型，从致灾因子的危险性，承灾载体的脆弱性，防灾减灾应对能力入手，综合考虑植被、地形、气象、救援队伍、物资等信息进行耦合分析，实现市、区县、镇街精细化小时级风险分析评估，科学指导森林防火工作；然后，基于风险评估结果，在全市重点风险区域选择高点监测摄像头位置，累计布设21套高点智能烟火识别系统，通过可见光、红外光、多光谱专业监控，实现对森林火情的360° 动态巡航，超视距巡航，智能火焰、烟雾和燃烧物快速精准识别，高精度火点位置精确定位，火情信息多渠道精准推送，同时，结合卫星热点分析数据、无人机巡查数据、人工巡山数据形成天空地立体化综合监测网；其次，当有火灾发生时，根据火点位置信息、实时气象信息、地形信息、植被分布信息、火场动态变化更新信息等数据，采用清华大学多源异构森林火灾蔓延预测技术，快速运算火场边界随时间推演的蔓延范围，实现秒级的火灾蔓延模拟分析，为指挥官提供决策支撑；最后，在事后通过时间轴的方式对事件进行复盘分析，直观呈现指挥官下达的各项决策命令、各类资源调配情况、投入救援的部门、救援人员情况等。

13.2.10 三防安全专项

佛山市属亚热带季风性湿润气候，地处华南多雨区，雨量充沛，年平均降雨量在1600—2000mm之间，每年均会受到台风侵袭的影响。佛山的大小河涌共有3000多条，作为主要排涝设施的主干河涌有569条，总长度为1840.59km。南海区与顺德区主干河涌较多，三水区与高明区山体多，易受极端天气引发地质灾害影响。

据排查统计，佛山市现有重要地质灾害危险点和隐患点105处，涉及地面塌陷、滑坡、不稳定边坡、泥石流等多类隐患，目前针对地质灾害管理仍采用人工巡检等传统手段，对于滑坡、崩塌、泥石流风险征兆无法快速识别。崩塌监测必须包括裂缝计、倾角加速计、雨量计；土质滑坡必测项包括位移、裂缝和雨量等；岩质滑坡必测项包括位移、裂缝和雨量等。当前佛山市缺少相关监测传感器覆盖，不具备专业的监测预警分析能力。

智慧安全佛山一期项目三防专题版块主要应对台风、强降雨、洪水灾害，版块根据三防事件处置全流程进行设计，包括监测预警、防御准备、应急处置和事件复盘四个模块。其中，监测预警模块实现台风、雨情、水情、风情、工情的监测和预测信息的汇聚、分析处理，再以多种形式进行可视化。同时接入降水预报、卫星云图、雷达回波、风速风向、风流场的信息，以图层的方式在应急指挥一张图上进行叠加展示。

主要包括台风监测预警、雨情监测预警、河湖水情监测预警、水库水情监测预警、风情监测预警、气象信息图层、内涝监测预警等；防御准备模块实现对三防应急响应启动后的人员转移安置、船舶归港与人员上岸、风险隐患排查治理、防护目标风险防控工作情况的接收汇聚，进行救援力量和三防物资的预置，实现救援和物资的保障；应急处置模块通过对三防防御工作中的突发事件信息进行汇聚，实现周边力量、周边物资的快速查询，并基于融合通信系统实现应急突发事件的快速任务下发，实现突发事件的快速处置；事件复盘模块针对三防历史事件进行管理，对历史事件全过程监测和处置数据进行汇聚，结合事件等级、事件标题、现场图片视频等关键信息，通过时间轴和列表等多种方式展示历史事件，实现历史信息分类统计、动态信息统计和区域分布统计，以柱状图、雷达图、折线图、点位图等多种统计图表方式进行直观展现，实现对历史事件的汇总展示。

13.3 建设成效

13.3.1 实战成效

自2021年1月至2022年6月，监测中心累计处置警情2974起，其中一级报警481起（燃气一级报警1处，沼气一级报警455起、排水1级报警23起、高风险企业一级报警2起）；二级报警539起（燃气二级报警4处、沼气二级报警501起、高风险企业二级报警1起、排水二级报警33起）；三级报警1618起（燃气三级报警1处、高风险企业三级报警1577起、电梯三级报警6起、排水三级报警34起）；四级报警336起（林火四级报警336起）。通过与佛山市应急管理局通力合作，监测中心协同市有关部门和权属单位对以上所有警情进行了及时处置，出具了各类专项报告132份，有效发挥了平台监测预警和辅助决策的科技信息化支撑作用。

自2021年1月至2022年6月，监测中心共参与保障各类安全专题培训、应急演练、全市各类专题会议以及国家部委、省、市、军队等各级领导和专家参观考察等各类会议一百余次，获得应急管理部、住房和城乡建设部、省应急管理厅等参观来宾的高度认可。全年累计刊发新闻报道一百余篇，受到新华网、中国新闻网、中国网、人民日报社等多家国内权威媒体的广泛报道。

项目的建设符合国家和省市对城市安全运行管控的指导思想，以佛山市各领域实际业务需求为出发，业务需求清晰明确。项目建成后，提高了佛山市和谐安全、城市精细管理和城市运行能力，提升了企业和居民服务的能力，具有良好的社会效益和经济效益。

1．燃气安全专项

通过布设在燃气管网及周边的排水井、排污井、电力井等地下相邻空间的3765套可燃气体监测仪和600部户内燃气监测仪，2022年1月至6月共处置有效报警点位962处，其中户外燃气报警6处（燃气一级报警1处、燃气二级报警4处、燃气三级报警1处）、户外沼气聚集报警956处（沼气一级报警455处、沼气二级报警501处）。现场处置情况如图13-1所示。

（a）2021年1月现场处置燃气泄漏二级报警（1）

（b）2021年1月现场处置燃气泄漏二级报警（2）

（c）2021年1月现场处置燃气泄漏二级报警（3）

（d）2021年1月现场处置燃气泄漏三级报警

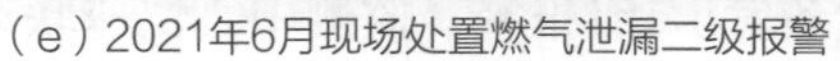

（e）2021年6月现场处置燃气泄漏二级报警

（f）2022年2月现场处置燃气泄漏一级报警

图13-1　燃气专项现场处置情况

2．桥梁安全专项

桥梁安全专项整体运行正常，各监测桥梁未见结构数据明显异常。其中，高明大桥养护单位在巡检过程中发现部分横隔板或连系梁端部出现破损，监测中心根据高明大桥监测数据，向养护单位提供分析建议报告，具体情况如下。

监测中心根据桥梁管理养护单位提供的资料及系统对高明大桥半年来的监测数据分析，索力、挠度、应变、倾角值在监测期间数据平稳，未发生较大突变，监测中心出具分析报告并提供相关养护建议。

监测中心通过对佛山市交通运输局提供桥梁资料及桥梁重点部位监测数据的分析，定期向桥梁的维护单位提供桥梁健康安全监测月报、季报、年报，并在报告中提出管理养护建议。

3．排水安全专项

排水安全专项共处置有效报警90起，其中1级报警23起，二级报警33起，三级报警34起。每月监测预警趋势见图13-2。

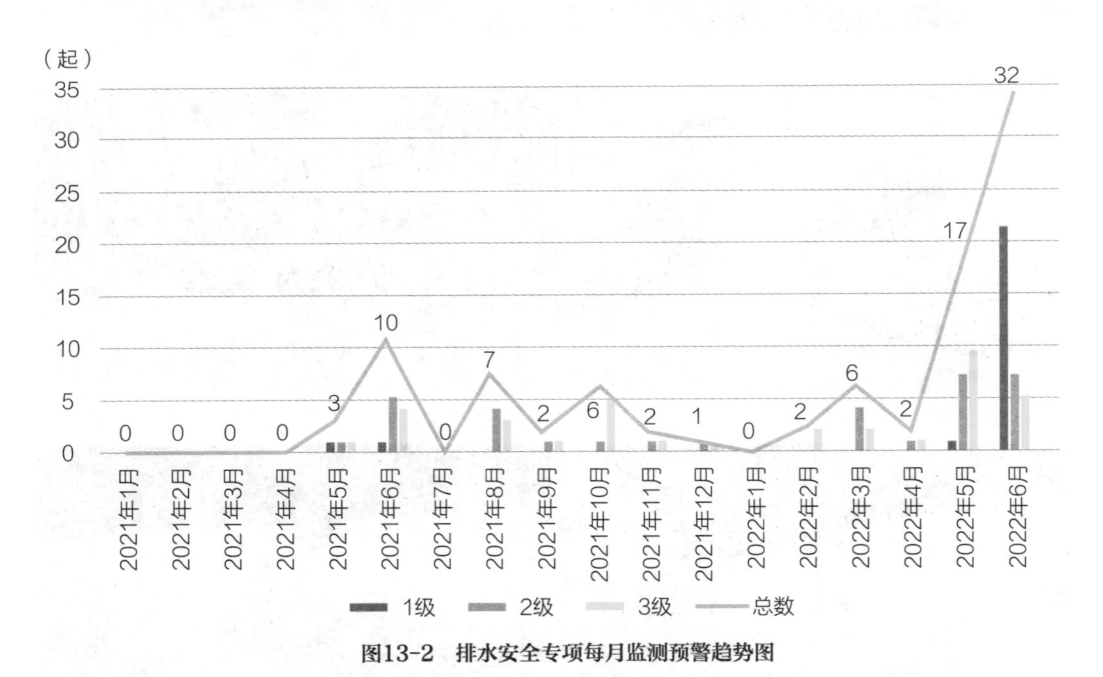

图13-2　排水安全专项每月监测预警趋势图

报警分析情况如下。

（1）一级报警

2021年6月，禅城区陶瓷城附近内涝监测设备发出1级报警，监测中心快速联动禅城区住房城乡建设和水利局通报内涝情况，配合相关单位进行内涝处置工作。短时特大降雨是造成本次内涝的主要原因，禅城区降雨量达到139.5mm。降雨发生时，内河涌水位较高，造成禅城区陶瓷城区域地下管网及路面排水不畅，由于此点位地势低洼，且周边合流管及下游青柯涌排蓄能力有限，遇强降雨易引发此处内涝。

（2）二级、三级报警

报警主要原因为连续强降雨造成地下管网及路面排水不畅，管网水位、内涝站点水位和河道水位升高，引发报警。报警信息及现场处置如图13-3所示。

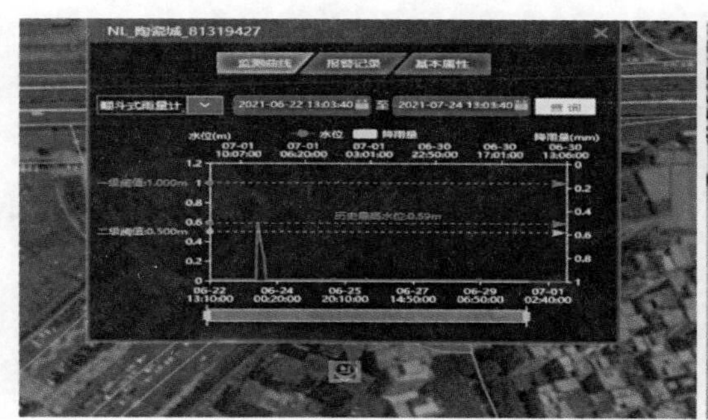

图13-3 排水专项监测报警信息及现场处置图

4．消防安全专项

项目实施以来，有12家物业单位通过平台的监测报警服务，多次迅速处理电气火灾预警，有效地在火灾形成前消除隐患。同时，通过向各单位出具消防隐患分析报告，提出了消防隐患整改建议，并通过系统跟踪整改后的效果，为物业单位掌握消防安全风险提供帮助。

2020年4月3日，监测到某园区地下车库防火点感温探测器报警，值守人员立即联动物业管理单位进行核查，经确认为变压器短路起烟导致温感报警，因处置及时，现场未发现明火，未造成损失。

通过持续监测发现，佛山市消防重点单位面临的风险如下：（1）电气火灾风险，如部分大楼建设年份较久，电路设施老化，又存在私接乱拉电线，不规范使用电气设备，使用超大功率设备等行为；（2）多次监测到线缆温度过高、剩余电流过高、设备漏电等隐患。

智慧安全佛山一期项目选择的试点单位覆盖了商业综合体、学校、医院、写字楼、住宅小区等人员密集场所，为进一步提高城市抵御火灾风险的综合能力，建议从保障消防规划落实、加大对区域火灾隐患整治力度、推进社会化火灾防控体系构建、强化多元消防队伍建设、提高消防装备配备水平等方面加强社会消防安全工作。

5．高风险企业安全专项

项目建设以来，通过与企业工作人员核对设备故障信息，联系企业负责人进行技术整改、维护，企业完成整改并及时更新设备维护信息；对于常报视频传感器安全帽检测告警的企业，企业安全负责人加强培训和查处力度，提高对工人安全防护用具佩戴情况的重视程度；对其生产工艺设备运行状况参数、可燃和有毒气体浓度以及厂（站、库）区视频监控数据进行监测，实现风险源运行状态的实时感知、异常状态的提前报警、现场情况的全面掌握，辅助综合应急处置，有效提高高风险企业安全运行能力。

自2021年1月至2022年6月，通过对佛山市40家高风险企业重点区域的持续监测，共处置有效警情1580起，其中一级报警2起，二级报警1起，三级报警1577起。月度高风险企业报警详情如图13-4所示。

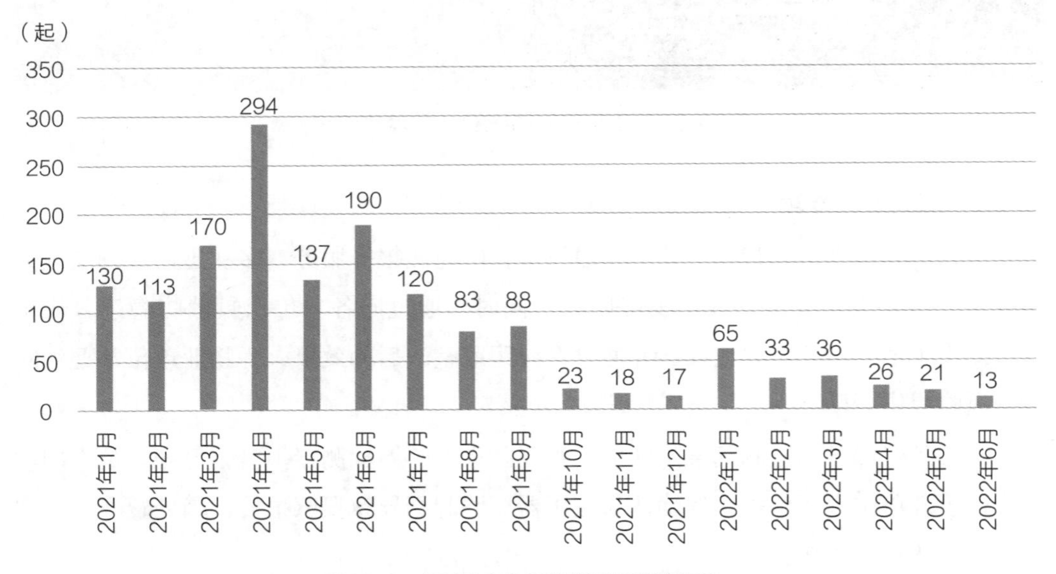

图13-4　高风险企业月度监测预警趋势图

高危企业专项监测报警数量共计1580起，其中一级报警2起，均为液位传感器报警，报警原因为企业罐内加料过多或液位低于阈值下限触发报警；二级报警1起，报警原因为液氨运输车进入企业，车体温度过高，导致红外视频报警；三级报警1577起，均为未佩戴安全帽报警。报警数量总体上呈先上升后下降趋势。专项监测初期，企业员工安全意识淡薄，存在大量的生产不规范行为，导致报警数量较多，监测中心逐步探索与企业联动处置警情。报警信息见图13-5。2021年8月，佛山市印发《佛山市城市安全运行风险监测预警联动工作机制》，监测中心在监测到警情后按照联动处

图13-5　高危企业专项监测报警信息图

置机制及时联动企业进行处置，促进企业安全监管意识提高，警情逐渐减少；2022年1月，临近春节假期，安全生产进入关键时期和敏感时期，企业员工的安全意识逐渐懈怠，相关警情有所上升，监测中心及时向企业通报有关情况，并通报市应急管理局危化科进行督查整改，有效遏制报警上涨势头。

6．轨道交通安全专项

项目运行以来，轨道交通安全专项运行正常，未出现警情。佛山市城市安全运行监测中心对轨道交通2号线南庄站周边、轨道交通2号线季华西路周边，进行地质沉降分析预警1次；参与处置佛山地铁3号线中山公园附近地面塌陷事故，出具研判分析报告1份。具体情况如下。

（1）南庄地质沉降预警

1）轨道交通2号线南庄站周边

沉降现象：该地面沉降区域紧挨南庄站地铁站登贤大道道路两侧，最近的直线距离约100m，整个区域总体呈南向北展布，沉降量2—20cm，沉降发育强度与登贤大道距离呈正相关，即越靠近登贤大道地面沉降现象越明显。

原因分析：属于附加荷载形成的地面沉降，第二阶段的地面沉降是在第一阶段的基础上，形成原因可能是地铁施工抽排地下水影响。

2）轨道交通2号线季华西路周边

沉降现象：该地面沉降区域紧挨季华西路，位于道路东南侧，最近的直线距离约50m。整个区域总体呈北东向展布，面积约0.14km^2，沉降量2—40cm，沉降发育强度自西北往东南逐渐减弱，地面沉降发育强度与季华西路距离呈正相关，即越靠近季华西路地面沉降现象越明显。

原因分析：①该区域软土厚度大，一般在15—25m，最大将近30m，是地面沉降形成的有利位置；②该商业区虽建成时间较短，但建筑物普遍较矮，使用的地基普遍较浅，且建设时填土较厚，可能未做到充分夯实，使填土具有较大的可压缩性，是地面沉降形成的有利条件；③该区域靠近河道，地下水位受河道水位变化影响明显；④紧挨该区域的季华西路地下为佛山市轨道交通2号线，盾构施工过程抽排地下水使地下水水位短时发生较大幅度下降，水位变化对软土自身固结有较大影响。

（2）佛山地铁3号线中山公园附近地面塌陷

2022年5月25日，佛山市禅城区祖庙街道河滨路文沙桥桥底河滨路转入市场位置出现地面塌陷情况。监测中心针对事件原因、处置情况、周边区域、周边建筑情况、沉降监测数据等进行分析，出具1份研判分析报告。

7．电梯安全专项

自2021年1月至2022年6月，通过对佛山市100部电梯的物联网监测，监测并处置6起电梯三级报警。具体案例如表13-1所示。报警图片详见图13-6。

电梯安全专项报警案例　　表13-1

序号	日期	报警类型	报警位置	报警原因
1	2021 年 5 月 19 日	困人报警	佛山市某产业园 F 座电梯困人报警	轿顶钢丝绳牵引装置内部卡入异物，电梯进入待维修状态导致人员受困
2	2021 年 7 月 1 日	困人报警	佛山市某产业园 D 座 4 号梯电梯困人报警	电梯运行接触器故障
3	2021 年 7 月 12 日	困人报警	佛山市某小区二期 2 栋 6 号梯单边电梯困人报警	被困人向电梯内搬运货物，用货物挡住电梯门时间比较久，导致电梯关门后死机
4	2021 年 7 月 26 日	困人报警	佛山市某小区二期 3 栋 8 号梯右梯电梯困人报警	高压电房总闸跳闸导致电梯断电
5	2022 年 3 月 14 日	困人报警	佛山某园区 F 座 3 号梯困人报警	电梯进水
6	2022 年 4 月 30 日	困人报警	佛山某园区 D 座 1 号梯困人报警	电梯通信板故障

通过与维保单位、物业单位建立了处置联动机制，处置了多起电梯运行事故，形成了警情处置的闭环化管理，缩短了救援时间，提高了救援效率，并为维保单位提供了维保建议，提升了电梯运行安全系数。

8．道路运输车辆安全专项

项目运行以来，道路运输车辆安全专项运行正常。监测中心通过对行车轨迹的数据分析研判，发现2起化学品车辆非正常停车的预警，并提供了车辆信息、非正常停车的位置、停车时长等信息，监测中心及时联动南海区应急管理局现场核查，成功查

图13-6 电梯专项监测报警信息图

获危化品偷运窝点，处置情况如下。

（1）2020年底，监测中心通过系统分析，发现多辆危化品运输车辆存在违规停车情况，经过与南海区应急管理局交流，怀疑该批车辆存在偷运危化品行为。监测中心对车辆行驶轨迹进行分析，排查非法窝点位置，并提供了危化运输车信息。

（2）2020年12至2021年1月，南海区应急管理局、南海区交通运输局、南海交警支队及事发街道根据制定的行动计划，进行了大规模联合执法，精准打击了某公寓附近的非法窝点，共缴获非法化学品数十吨，查获数辆非法运输危险品的车辆，同时发现一家有资质的危运公司承包的一辆危运车辆涉嫌多项管理或违反交通法规的行为，并将有关情况发函抄告交通部门。

9．森林防火安全专项

2022年上半年，佛山市五区共计发布25次森林火险预警信号，其中发布森林火险黄色预警信号10次，森林火险橙色预警信号10次，森林火险红色预警信号5次。2022年上半年佛山市各区发布森林火险预警情况如表13-2所示。

2022年上半年佛山市各区发布森林火险预警情况列表　　表13-2

预警信号类型	等级	区域				
		禅城	南海	顺德	三水	高明
森林火险	黄色	2	2	2	2	2
	橙色	2	2	2	2	2
	红色	1	1	1	1	1

通过21处森林火灾高点监测设备（2021年初安装6处，12月8日后21处全部安装完成）对佛山市高明区、南海区、三水区、顺德区进行林区高点监测，累计报警1852起（均为四级报警），报警原因包含村居日常用火产生烟雾、“烧荒”，“烧秸秆”“烧地头”“工业烟气”等。

根据系统报警统计（图13-7），燃烧秸秆、烧垃圾、烧田埂沤土灰的传统耕作习惯、烧香烛都是引起报警的主要原因。具体报警情况见图13-8。

自2021年来监测中心共参与处置4起火情（表13-3），其中监测范围内3起、监测范围外1起，监测中心接警后，立即启动应急处置联动机制（图13-9），出具前期分析

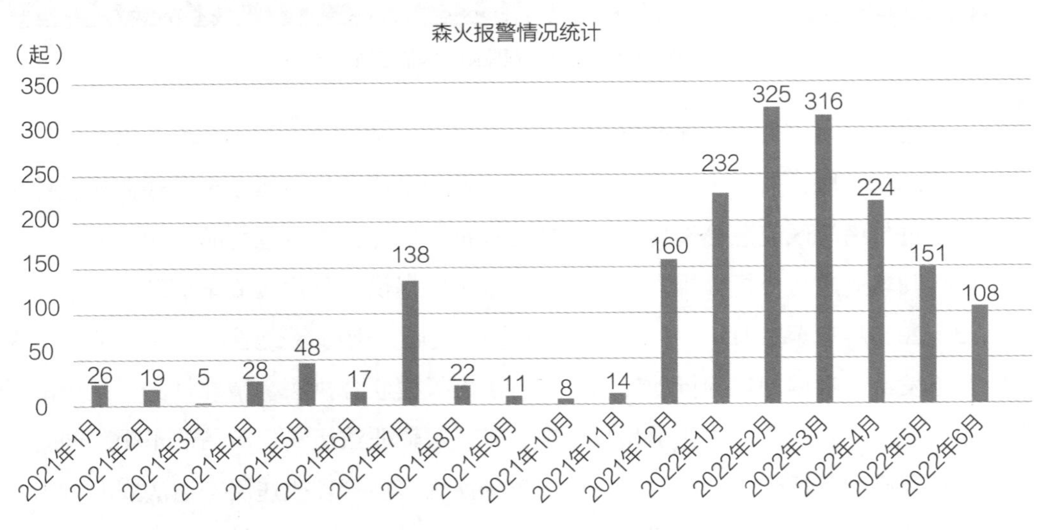

图13-7　森火报警情况统计

图13-8　智能高点视频监控摄像头监测报警照片

2021年来监测中心参与处置火情情况　　表13-3

序号	日期	案例名称
1	2021 年 5 月 23 日	江门鹤山市森林疑似火警
2	2021 年 9 月 13 日	三水区白坭镇中昂翠屿湖附近突发山火
3	2021 年 12 月 2 日	肇庆市四会市东城街道黄泥塘疑似火警
4	2022 年 3 月 8 日	高明区更合镇高村附近火情

图13-9　森林防火突发事件应急辅助处置

报告，为现场应急处置提供技术支撑。

10．三防安全专项

项目自建设以来分别在防御2021年7号台风“查帕卡”、2022年“5・10”强降雨、“6・14”洪水、3号台风“暹芭”发挥了作用，有效进行了辅助决策分析。其中在“6・14”洪水事件中，佛山市最高启动Ⅱ级应急响应，佛山市41个成员单位在佛山市城市安全运行监测中心进行联合办公和值班值守，有效发挥了三中心合一的能力。

2021年以来影响佛山的台风如表13-4所示。

2021年以来影响佛山的台风　　表13-4

台风名称	台风分析
2021年第7号台风“查帕卡”	2021年7月18日于南海海面生成，7月19日加强为台风级，7月24日停止编号。“查帕卡”给佛山市带来大风、暴雨到大暴雨的影响，佛山市启动Ⅳ级响应
2021年第17号台风“狮子山”	2021年10月4日于南海海面生成，10月8日加强为热带风暴，10月10日停止编号。“狮子山”给佛山市带来暴雨到大暴雨的影响
2021年第18号台风“圆规”	2021年10月8日于太平洋洋面生成，10月13日加强为台风级，10月14日停止编号。“圆规”给佛山市带来了8级大风影响，佛山市启动Ⅳ级响应
2022年第3号台风“暹芭”	2022年6月30日于南海海面生成，7月2日加强为台风级，7月4日停止编号。“暹芭”给佛山市带来强烈风雨影响，并诱发多个龙卷风，佛山市启动Ⅳ级响应

三防工作保障情况如图13-10所示。

13.3.2　荣誉获奖情况

“智慧安全佛山”项目先后被广东省应急管理厅评为“广东智慧应急研究基地”，被省委党校确定为“中共广东省委党校（广东行政学院）现场教学示范点”，受邀参加国务院安全生产委员会办公室在安徽合肥召开的城市安全风险监测预警工作现场推进会。

1．荣获“广东智慧应急研究基地”授牌

2021年6月30日上午，广东智慧应急研究基地授牌仪式在广东省应急管理厅举行，佛山城市安全研究中心作为全省第一批智慧应急研究基地接受了授牌，现场见图13-11。佛山城市安全研究中心配备2000余平方米办公场地、400余平方米应急智能装备成果展厅及专业人才队伍，团队承接了广东省重点领域研发课题，今后将为广东省应急关键技术研究和成果转化提供技术支撑。

2．荣获省委党校“现场教学示范点”授牌

2021年9月8日上午，省委党校举办授牌仪式，佛山市应急管理局被省委党校确定

（a）在监测中心召开五区防汛会商会议

（b）三防成员单位进驻监测中心联合值守

（c）监测中心技术人员现场操作无人机

（d）无人机航拍芦苞站点水位情况

图13-10 三防工作保障情况

图13-11 清华大学公共安全研究院“广东智慧应急研究基地”授牌仪式

为17个现场教学示范点之一。佛山市应急管理局作为省委党校应急管理和超大城市智慧安全建设的现场教学点，是综合展示佛山城市安全和应急管理水平的重要窗口。双方合作开展各层次应急管理实训教学，为健全国家应急管理体系，提升党员干部应急管理业务知识和防范化解风险、应急指挥处置等各方面能力添砖加瓦。

3．参加国务院安全生产委员会办公室城市安全风险监测预警工作现场推进会

国务院安全生产委员会办公室在安徽合肥召开城市安全风险监测预警工作现场推进会，选定佛山市等18个城市作为国家城市安全风险综合监测预警平台建设试点。会上对佛山市通过搭建城市安全运行综合监测预警平台，建设9大风险监测专题，推动城市安全风险监测预警从安全生产领域延伸至自然灾害领域，打造监测中心、指挥中心、研究中心三位一体的城市安全风险监测预警建设模式表示充分肯定，希望佛山市能持续做好城市安全“智慧大脑”建设，解决城市风险监测预警中专业技术力量不足、工作持续性不强等瓶颈问题，持续探索城市风险监测预警的“佛山模式”。

佛山市将以国家安全发展示范城市创建试点为契机，持续推进“智慧安全城市”二期项目建设，充分利用社会力量优势，提升城市安全风险综合监测的专业性、全面性，进一步提升监测预警能力、数据汇聚能力、综合分析能力、应急处置能力，坚决防范遏制重特大事故发生。

13.4　经验总结

智慧安全佛山一期项目以先进的城市安全管理理念为指导，按照“风险管理、关口前移”的发展思想，充分利用物联网、大数据、云计算、人工智能等信息技术，站在城市综合安全的角度，构建全方位、立体化的城市安全网，形成统一的城市安全运行预警及分析大数据平台，建立协同高效的城市安全管理及风险防控新模式，打造“智慧安全佛山”。该项目实现佛山市城市安全管理模式从被动应对向主动保障、从事后处理向事前预防、从静态孤立监管向动态连续防控的转变，为佛山市安全示范城市的建设奠定基础，最大限度提升佛山城市韧性，将佛山市建设成为全国安全发展示范城市的标杆。

项目的建设充分借鉴国内相似项目的建设经验，利用佛山市现有信息化资源和既有设施，科学规划智慧安全佛山建设，切实制定各个阶段的建设目标与时间进度安排，确保了系统如期建设和上线运行，并在实战中验证了建设效果，为智慧安全佛山建设的长远发展夯实了基础。

项目涉及的系统总体技术框架、关键技术路线等都是采用信息领域成熟先进技术，系统采用的硬件、安全产品等均为成熟稳定产品，在国内同领域有着广泛的应用，具有良好的技术保证；项目建设符合国家有关政策法规和技术标准规范的要求，依托佛山市现有各部门信息化系统建设现状，具有相对完善的建设基础。

自智慧安全佛山项目试运行以来，通过佛山市城市安全监测中心的建立，依托佛山市城市安全研究中心本地化力量，建立了与各部门协同联动处置机制，发现风险及时预警，提供警情信息，给出辅助决策建议，缩短了处置时间，防范了风险发生，遏制了险情恶化，有效地保障了佛山市人民生命及财产安全。在集团领导的带领下，各项工作有序开展。项目组将继续提升项目建设成果，充实数据资源和平台支撑能力，将监测工作延伸至更多监测种类、更大监测范围，完善运维运营机制，提高应急效益，真正做到“预警精细化、指挥可视化、决策智能化”，为佛山市城市安全发展提供坚实的安全保障。

当前，佛山市正以国家城市安全风险综合监测预警工作体系建设试点为契机，积极运用信息技术为应急管理赋能增效，持续建设提升城市安全“智慧大脑”，立足防大汛、抗大洪、抢大险、救大灾，组织开展巨灾应对能力评估和情景构建，模拟洪涝、台风、地震等极端自然灾害下城市安全“压力测试”，健全完善巨灾情景应急处置机制，推动城市安全治理体系和治理能力现代化，努力把佛山市打造成粤港澳大湾区城市安全管理模式试验区，为城市高质量发展提供坚实的安全保障。

第14章 安徽省城市基础设施安全建设

14.1 基本情况

安徽省认真贯彻住房和城乡建设部关于开展新型城市基础设施建设等工作部署，统筹发展和安全，围绕绿色城市、宜居城市、韧性城市、智慧城市建设，深化城市燃气、桥梁、供水、排水防涝等城市基础设施安全监管，推进城市安全运行“一网统管”，全面提升城市运行效率和城市安全韧性，为人民群众营造安居乐业、幸福安康的生产生活环境，提升城市治理体系和治理能力现代化水平。

按照住房和城乡建设部《关于进一步加强城市基础设施安全运行监测的通知》等工作要求，结合城市体检与城市更新，安徽省编制《安徽省城市基础设施安全运行监测试点建设方案》，对标查找问题短板，充分发挥现代信息技术作用，系统治理“城市病”，赋能城市建设管理与城市更新。以全省推广城市生命线安全工程“合肥模式”为抓手，夯实城市信息模型（CIM）平台数据基础，推进城市韧性建设；以加快推进城市市政基础设施智能化改造升级为依托，提升城市基础设施运行质量品质；以推进城市运行管理服务平台建设为目标，推动城市治理“一网统管”。

其中，全省加快城市生命线安全工程建设是安徽省住房和城乡建设事业高质量发展的成功案例，根据国务院有关领导指示要求，在全国有条件的城市全面推广，有效防范城市安全事故（事件）发生。2021年7月，安徽省委全面深化改革委员会会议作出推广“合肥模式”的工作部署，省委、省政府成立以省政府主要负责同志任组长的高规格领导小组，16个省辖市成立相应领导机构，省住房和城乡建设厅认真履行领导小组职责，实行专班推进。在工作中，安徽省依托清华大学合肥公共安全研究院的技术支撑，立足“省会示范、辐射各市、服务全国”的目标定位，聚焦城市安全重点领域，有序推进城市生命线安全工程建设。

安徽省将依托合肥城市生命线安全工程运行监测中心，升级建设覆盖全省的省级监管平台，与各市监测中心互联互通、数据实时共享，与省应急指挥系统衔接，实现对各市城市生命线安全工程建设、运行、维护、预警、处置情况的监督管理，为各市在运行监测、预警研判等方面提供技术服务，并通过大数据分析建模对全省行业发展提供决策支持。同时，整合各市现有资源，建设各市城市生命线安全工程监测中心和网络，覆盖燃气、桥梁、供水、排水、热力、电梯、综合管廊等重点领域，实现与省级监管中心数据实时共享，打造城市生命线安全工程“1+16”运行体系，形成全省城市生命线安全工程监测网。鼓励各市结合实际拓展轨道交通、消防、输油管道等特色应用场景。各地要通过多种途径筹措工程建设资金，鼓励社会资本通过多种方式参与工程建设；工程运行维护采用政府购买服务方式。开展工程诊断与预防、运行监测与预警、防灾减灾与处置等关键技术攻关，推动物联感知、智能巡检、现场处置、应急救援等装备和产品迭代升级，打造全国公共安全领域科技创新策源地。

安徽省城市生命线工程建设的总体目标是：到2022年，基本构建以燃气、桥梁、供水为重点，覆盖16个市建成区及部分县（市）的城市生命线安全工程主框架；其中合肥市率先实现市县全域覆盖，率先建成国家安全发展示范城市。到2025年，实现城市生命线安全工程全面覆盖，城市安全风险管控能力显著增强，力争16个市全部建成国家安全发展示范城市，形成城市安全发展的“安徽样板”。

14.2　主要做法

安徽省在推广“合肥模式”、推进城市生命线安全工程建设中形成的主要做法可概括为“五个抓”。

一是抓基础，夯实城市生命线安全数据“底座”。

完整准确的地下管网地理信息是城市生命线监测系统建设的基础。按照住房和城乡建设部关于开展城市地下管线普查、加强城市地下空间利用和市政基础设施建设等工作部署要求，从2015年起，在全省范围内开展了地下管线普查，建立了地下管网数据库并实行动态更新，2017年，省政府办公厅印发了指导意见，在全省范围启动推进城市地下管网地理信息系统和安全运行监测系统建设，16个省辖市和45个县（市）先后完成系统建设，累计普查供水、排水、燃气、电力、电信等近十类地下管网约9万km，覆盖城市建成区面积超过1280km^2。这为“合肥模式”的形成打下了基础，也为安徽省全面推广“合肥模式”打下了基础。

二是抓标准，建立城市生命线安全技术规范。

把建立有效的技术标准规范作为全面推进城市生命线安全工程建设的重要前提，组织编制并发布实施《城市生命线工程安全运行监测技术标准》，规范监测系统技术指标、管理流程和运维准则。会同省应急管理厅、清华大学合肥公共安全研究院印发《安徽省城市生命线安全工程建设指南（试行）》，指导全省城市生命线安全工程设计、建设、运行、维护、管理等工作。

三是抓统筹，打造城市生命线安全"1+16"运行体系。

通过打造城市生命线安全"1+16"运行体系，构建全省城市生命线安全工程监测网。"1"就是省级监管平台，目前已基本完成搭建，形成了全国第一个规模化的省级城市生命线安全运行数据中心，初步形成全省城市生命线工程风险"一图览"、监督"一网管"，与16市现有系统互联互通、数据实时共享。"16"就是各市建设城市生命线安全工程监测中心，安徽省按照"两步走"原则推进。第一步是一期工程建设，目前各市已完成建设任务，全省各地级城市建成覆盖燃气、供水、排水、桥梁等四个城市基础设施重点领域的安全监测系统，全省一期共安装各类监测传感设备15.33万套，实现对燃气13857km、供水6341km、排水8754km、桥梁325座的风险可见、可知、可控；第二步是二期工程建设，目前已启动谋划，主要包括燃气终端（工商户和家庭）、消防、电梯、窨井盖、黑臭水体、热力、综合管廊等领域，因地制宜探索建设路面塌陷、轨道交通、路灯、长输油气管线等特色应用场景。

四是抓机制，运用市场逻辑资本力量凝聚建设合力。

与国家开发银行安徽省分行开展城市生命线安全工程战略合作，明确"十四五"期间分行为安徽省城市生命线安全工程建设提供100亿元的信贷资金支持。与人保财险安徽省分公司在城市生命线安全工程建设、工程质量安全等领域开展合作，通过保险金融工具的运用，创新"保险+科技+服务"模式，完善以保险为兜底的全过程闭环机制。安徽省和合肥市国资平台联合设立城市安全产业投资基金，支持安徽省城市安全产业创新发展。

五是抓产业，培育打造城市生命线安全产业集群。

城市生命线安全建设覆盖技术研发、设备制造、运营服务等环节，兼具物联网、大数据、云计算、移动互联、人工智能、区块链等新兴技术，产业链条长，市场前景广阔。安徽省在推进城市生命线安全工程建设中，注重培育发展城市生命线安全产业集群，16个省辖市政府分别与清华大学合肥公共安全研究院签订城市生命线安全工程合作协议，明确各市政府指定所属国资平台与清华大学合肥公共安全研究院成果转化企业合肥泽众公司合资成立本地化公司，作为各地工程建设实施主体。安徽省加大公共安全产业布局，发展软件开发、智能制造、安全装备、物联网等关联产业，培育公共安全领域瞪羚企业、独角兽企业，着力打造公共安全科技服务总部基地和国家级公共安全产业集群。

14.3　建设成效

安徽省城市生命线安全工程建设和运行取得明显成效，在全国率先实现省域地级城市全覆盖，成功预警燃气管网泄漏、供水管网泄漏、桥梁超载、路面塌陷等突出险情近3700起，初步构建了城市安全发展“四大基础”。

一是构建组织保障基础。

省市均成立了领导小组，省长亲自部署推动，并在全国燃气专题整治会议上作经验交流。省领导多次召开会议，专题研究布置。住房和城乡建设部派人员来皖专题考察，安排安徽省在全国“新城建”会议上作经验交流，并部署在全国重点城市试点推广。天津、江苏、贵州等12省52市住房城乡建设部门来皖考察，积极推介“合肥模式”。

二是构建整体监测基础。

全省一期工程完成投资24.5亿元，监测覆盖燃气管网及其相邻空间13857km、供水管网6341km、排水管网8754km、桥梁325座，基本实现了主城区重大风险的全覆盖。其中，合肥市四县一市一区全部进入运行阶段，形成了县域城市生命线建设运行模式。省级监管平台与各市监测中心实现互联互通、数据实时共享，初步构建城市生命线安全工程“1+16”运行体系，累计预警处置152起地下空间可燃气体聚集险情，及时消除了重大燃气安全隐患，有力保障了城市运行安全。

三是构建技术标准基础。

联合国内优势科研团队，积极创建国家城市基础设施安全技术创新中心、国家城市安全与应急制造业创新中心。发布实施城市生命线工程安全运行监测技术地方标准和建设指南，指导全省推广城市生命线安全工程的技术指标、管理流程和运维规程，技术标准填补了国内本领域编制空白，目前已完成国家标准立项评审。支撑住房和城乡建设部编制《城市基础设施安全运行监测技术导则》《城市运行监测指标及评价标准》，总结可复制、可推广的城市基础设施运行监测建设模式和经验。

四是构建产业支撑基础。

以市场逻辑、资本力量谋划助推城市生命线产业做大做强，推动组建由80余家优质企业组成的建设联合体。推动组建城市生命线产业集团公司，围绕数据云平台、监测服务、孵化培育三方面核心业务，构建面向政府、企业及家庭的工业互联网平台，带动城市生命线技术、产品和服务走向全国。已在19个城市生命线安全工程（燃气）上线运行、21个城市落地实施、5个城市签约启动。创新社会化推广商业模式，构建以生命线安全云和消防安全云“两朵云”为牵引的城市生命线安全工程推广模式，由“卖产品”向“场景生态、服务集成”转变。

14.4　下一步工作措施

下一步，在住房和城乡建设部支持指导下，安徽省将以全国城市基础设施安全监测省级全域试点为契机，着力夯实城市信息模型（CIM）数据底座，着力深化城市建设管理运行等领域场景应用，加快提升完善城市生命线安全工程建设运行水平，着力打造城市安全发展“安徽样板”，重点推动“四个加快”。

一是加快数字化赋能。

开展CIM平台建设，推进建立全省城市建筑物、基础设施等三维数字模型，打造智慧城市的数字空间底座，拓展开发“CIM+”应用，增强城市安全风险防范治理能力。

二是加快应用场景示范。

聚焦城市全生命周期安全管理需求，突出城市安全重点领域和区域，加快安徽省城市生命线安全工程二期建设，全面覆盖市县，打造广域覆盖的风险感知立体网络，并逐步向自然灾害、道路交通、水利设施等领域拓展，为全国推广提供体系化应用场景实践。

三是加快技术创新引领。

推动安徽创造、安徽制造、安徽建造融合发展，加快国家城市基础设施安全技术创新中心、国家城市安全与应急制造业创新中心、国家安全与应急装备检测认证中心、安徽省城市生命线安全监测中心等“四大中心”建设，更好地支撑“合肥模式”走向全国。

四是加快产业集群布局。

协同央企等相关单位，依托城市生命线产业集团，积极运用工业互联网思维创新商业模式，探索投资、建设、运营一体化模式，加速全国市场布局，打造安徽省城市生命线安全“行业、产业、企业”全链条。

第15章

王建沟流域水污染预警溯源精细化监管

15.1 基本情况

1．政策背景

（1）我国高度重视流域生态保护和高质量发展。

2016年，习近平总书记发表《推动长江经济带高质量发展》的重要讲话，此后在2018年和2020年进一步指示要“深入推动”和“全面推动”长江经济带高质量发展，把修复长江生态环境摆在压倒性位置，指示要科学运用中医整体观，追根溯源、诊断病因、找准病根、分类施策、系统治疗。2019年9月18日，习近平总书记在主持召开黄河流域生态保护和高质量发展座谈会时强调，黄河流域生态保护和高质量发展是国家战略，保护黄河是事关中华民族伟大复兴和永续发展的千秋大计，对维护社会稳定、促进民族团结具有重要意义。2021年5月14日习近平总书记在推进南水北调后续工程高质量发展座谈会上强调，要加大生态保护力度，持续抓好输水沿线区与受水区的污染防治和生态环境保护工作。

（2）我国水污染防治攻坚战持续深入推进，亟须探索新思路。

2018年5月18日，习近平总书记在全国生态环境保护大会上指出：“要深入实施水污染防治行动计划，保障饮用水安全，基本消灭城市黑臭水体，还给老百姓清水绿岸、鱼翔浅底的景象。”2019年2月1日，习近平总书记在《求是》杂志发表重要文章《推动我国生态文明建设迈上新台阶》，指出要加大力度推进生态文明建设、解决生态环境问题，坚决打好污染防治攻坚战。2021年1月，生态环境部部长黄润秋在谈及“十四五”环境保护发力点时指出，深入打好污染防治攻坚战要探索新思路，要进一步强化源头治理、系统治理、整体治理；要更加突出精准治污、科学治污、依法治污；要推动污染防治攻坚战在关键领域、关键指标上实现新突破。

2020年8月19日，习近平总书记在安徽合肥考察时，对巢湖提出更高要求：“一定要把巢湖治理好，把生态湿地保护好，让巢湖成为合肥最好的名片。”2021年5月安徽省在《2021年全省生态环境工作要点》中强调：继续实施水污染防治行动，强化地表水国家考核断面水质目标管理，力争国家考核目标顺利完成，消除劣Ⅴ类水体。2021年7月，安徽省委书记李锦斌在省级总河长会议上强调，要坚持以习近平生态文明思想为指导，推深做实河湖长制，着力打造人水和谐幸福河湖“安徽样本”；要把水环境改善好，推进“清江清河清湖”专项行动。

2．安徽省流域水环境现状

安徽省境内有长江、淮河、新安江和巢湖四大水系，次级流域水系发达、跨省市县行政区较多，流域生态保护和水污染防治工作需统筹考虑多要素、各方面，在协同推进上下游、左右岸方面面临巨大挑战。

安徽省已建设国控、省控监测断面300余个。在环保督察与环境执法力度逐年提升的背景下，流域水体监测断面水质不达标、黑臭反弹等现象依然时有发生。在水环境治理中，水污染的原因往往要归结到“岸上”。也就是说，源头防控才可治本，只有精准定位污染问题，查清污染来源，落实监管措施，才能在四大流域做到水环境的长治久清。但由于流域水环境污染受工业企业废水排放、城镇生活污水排放、污水处理厂不达标排放、农业面源等诸多方面的影响，水环境监管缺少水污染精细化“防”的技术手段，难以快速发现偷排超排等违法现象，难以及时发现雨污管网的错接混接和入流入渗，难以快速精准找到污染源头并与一线监管和执法行为联动。因此，亟须基于水污染预警溯源技术，建立流域水环境污染精细化防治监管体系，通过科技手段，实现跨层级、跨部门、跨区域的一体化、精细化防控。

3．发展趋势

水污染防治是一项复杂、庞大的系统工程。从污染源到污染传输路径（雨污管网、泵站、污水处理厂、排口等）到最终的受纳河湖，存在着偷排漏排、管网错接混接、排口晴天出水及初期雨水污染等各种各样的问题，需要精细化的应对措施。控源截污、管网改造、污水处理厂提质增效、河道清淤等投资大、周期长的工程措施，在达到系统治理的同时，也存在着防治效果易反弹的现实问题。究其根本原因，是环境监测数据对治理工程的支撑作用不足，应通过优化治理工程中水环境污染溯源防控的经费配比，提升水污染溯源对污染防治的精细化支撑作用，进而保障治理工程效果最大化且长效保持。

2019年9月生态环境部发布《生态环境监测规划纲要（2020—2035年）》提出，我国环境监测对污染防治攻坚战的精细化支撑不足。现有监测网络的覆盖范围、指标项目等尚不能完全满足生态环境质量评估、考核、预警的需求。污染溯源解析等监测数据深度应用水平有待提升。并提出发展目标：到2030年，污染源自行监测与监督监测的精细化水平全面提升，实现污染源智能识别、精准定位、实时监控；大数据智慧管理与分析应用水平大幅提高，综合评估、精准预测、污染溯源、靶向追踪能力显著增强。

因此，水污染防治应坚持“以防促治、以防保治、以防免治”的水环境精细化监管理念，即通过建立覆盖污染产生、污染传输和污染受纳全过程的“源—网—站—厂—河”精细化监测监控“防”线，减少直排进入环境的污染负荷，减轻污染治理压力，促进治理工程效果提升；在治理工程完成后，通过精细化的“防”，最大限度避免新的污水直排，长效保持治理工程效果，避免黑臭反复；通过精细化溯源监管，可及时发现并防止绝大部分污水直排进入流域水体，进而能够免去不必要的水环境治理工程的实施，节约大量人力物力和财政资金。这一理念也较好地契合了习近平总书记关于“治好‘长江病’，要科学运用中医整体观，追根溯源、诊断病因、找准病根、分类施策、系统治疗”这一重要方法论。

随着我国生态文明体制改革不断推进，水污染防治攻坚战持续深入，水污染防治社会化服务力度进一步加大，亟须建立智慧化、服务化的流域水污染溯源与精细化监管体系。

4．已有基础

清华大学公共安全研究院早在2014年就开始了水污染溯源方面的技术研究和装备研发，并逐步在饮用水源地、工业园区、黑臭水体等方面进行示范应用。2017年，在原环境保护部推荐下，清华大学公共安全研究院牵头并组织中国环境监测总站、生态环境部长江流域生态环境监督管理局生态环境监测与科学研究中心、江苏省苏州环境监测中心、广东省深圳生态环境监测中心站等单位共同承担了科技部国家重点研发计划“水环境污染快速识别与预警仪”项目（项目编号：2017YFF0108500），开展了“水质多特征污染溯源技术研发和仪器研制、饮用水源地综合预警”“工业园区快速溯源”“水污染事故应急监测溯源应用示范以及工程化和产业化”等课题任务，攻克了水质多光谱指纹溯源分析、管网拓扑溯源分析等技术。该技术已获得国家发明专利《一种快速实现水污染溯源的方法》（ZL201210150830.3），并基于专利技术研发水质多特征污染溯源仪，实现水质监测、预警和污染溯源。

截至2021年6月，水污染预警溯源技术及精细化监管模式已在安徽、广东、北京、湖北、江苏、四川、云南、山西、宁夏等多省市流域进行了示范应用。

（1）合肥王建沟流域、湖北猇亭区通过建设覆盖“源—网—站—厂—河”的多级监测预警溯源网，形成了覆盖城市小流域排水系统各个环节的全面水污染防控能力。在此过程中，清华大学合肥公共安全研究院开发了监测数据智慧溯源分析模型并建设起长效运营能力，形成一套特色的“及时发现问题、快速解决问题”的运营管理模式，实现了流域水污染常态化、精细化的“同防共治”。

（2）广东深圳茅洲河流域、四川攀枝花钒钛高新技术产业园区采用固定监测+移动监测、线上预警+线下排查以及水质多特征溯源比对的技术体系，建立起高效的“监测—预警—溯源—执法”联动机制，为环境监管工作提供准确的污染指向信息。

（3）湖北枣阳、安徽六安等城市面向河流断面水质超标、污水处理厂进水超标等问题，结合点位排污规律、管网结构和水质多特征检测、分析、溯源技术，综合水质采样与人工排查多种方式开展溯源排查，勘查偷排管路、确认排放路径和排放方式，精准锁定非法排污企业，形成取证执法闭环，大大提升监管效力。

水污染预警溯源技术及精细化监管模式在国内多地得到实践应用，大大节省水污染治理资金，具有较大推广价值。

15.2 主要做法

合肥市经济技术开发区联合清华大学合肥公共安全研究院，共同构建了王建沟流域水污染预警溯源精细化监管系统，建设水污染预警溯源网，实现从源头实时监测到水样自动采集、监测数据分析、污染预警与溯源等功能。

1．同防共治机制落地，形成长效防治能力

水污染防治涉及住建、环保、国土、水利、农业、林业、海洋等多个部门。无论是在项目建设时，还是在建成后的运营方面，均需要各层级各部门横纵联动形成合力、协同发挥作用。建设层面，坚持系统思维和目标导向，将污染源、排水管网和河道作为有机系统，整合涉水部门，围绕水质目标，打破职能壁垒，建立“源—网—站—厂—河”全过程防控体系（图15-1）。在运营层面，发现的问题分发调度给相应部门处理处置。例如合肥王建沟项目由经开区管委会分管副主任牵头统筹，以河长制为抓手，区建发局（河长办）负责项目建设，区环境分局、城管局、公用公司等业务部门及应用单位密切配合，依托清华大学合肥公共安全研究院建设了长效运营能力，共同研究水污染防治同防共治落地方法，在王建沟流域开展了水污染溯源与精细化监

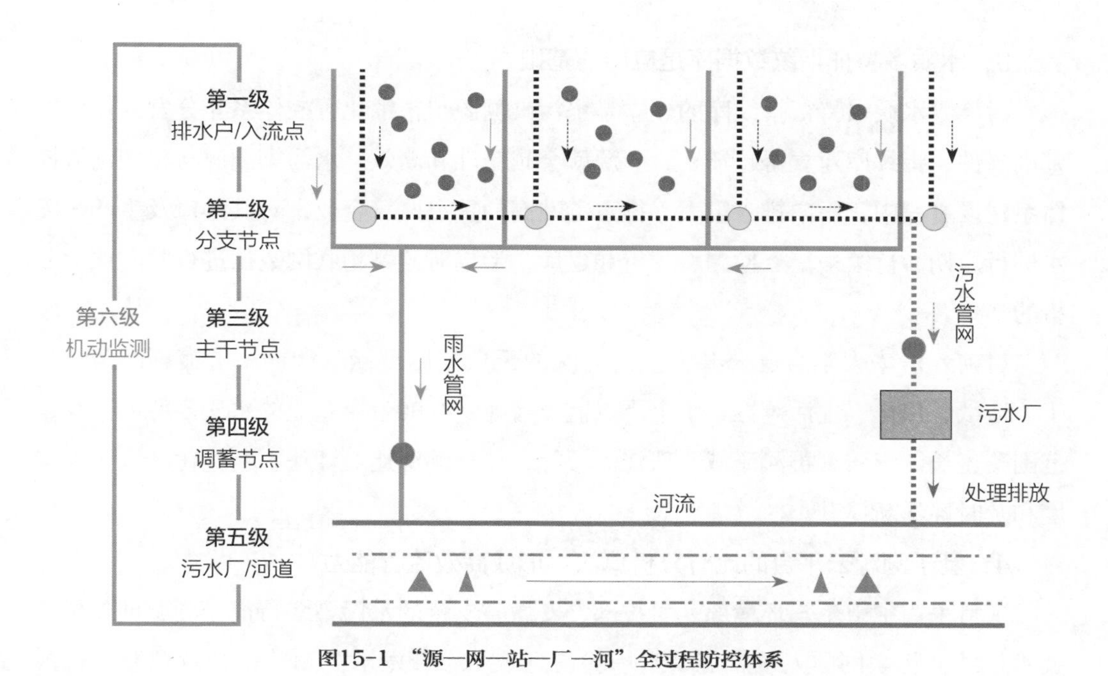

图15-1　“源—网—站—厂—河”全过程防控体系

管示范工作，针对污染监管防治过程中的各类问题，建立了一套“及时发现问题、快速解决问题”的运营管理模式，能够快速发现水污染各类问题并加以解决，实现了王建沟流域水污染常态化、精细化的“同防共治”。

2．以防促治理念指引，形成全面防控能力

为保证水污染溯源与精细化管控体系经济高效，清华大学合肥公共安全研究院已形成一套科学的评估体系。在开展建设前，系统评估流域或城市水系统现状，科学设定预警溯源物联网，通过溯源站与趋势分析站相结合、水质水量协同、监测监控协同、在线点位与人工采样相结合，构建水污染精细化“防”线，在实现建设投资经济性的同时，能保证问题发现与预警、溯源分析与排查的高效、精准，节省治理投资。例如，合肥王建沟项目加大水污染“防”的投入，建设了覆盖“源—网—站—厂—河”（19家重点企业、300km排水管网、1个雨水泵站、1家污水处理厂和5km河道）的多级监测预警溯源网，在污染高风险点位建成长期溯源监测能力，在更广大范围或局部细节点位建成灵活机动的移动溯源监测能力，并针对污染事件或可疑区域建设了应急溯源排查能力，形成了覆盖城市小流域排水系统各个环节的全面水污染防控能力。污染防治投入加大，解决了“治理效果易反弹”的难题，使水环境持续改善和长效保持，反过来通过“以防促治、以防保治、以防免治”，节约了大量治理资金。

3．水质多特征指纹数据库是应用的基础

污染源水质多特征指纹库的建立是水污染溯源与精细化管控体系充分发挥作用的基础条件，指纹库建立得越翔实，溯源就会越精准和高效。水污染溯源与精细化管控体系建设过程中，面向排水量大、排水毒性高的重点监管企业，对其排口及生产线废水进行短期、持续采集、检测、分析和建库，形成对监测物联网数据进行实时比对分析的支撑。

目前，清华大学合肥公共安全研究院的云数据库已涵盖印染、电镀、医药、化工、造纸、焦化、生活等近三十个重点监管行业、4000余家企业的水质多特征指纹，范围覆盖长江流域、黄河流域、珠江流域等，使得溯源比对算法不断优化，溯源准确度和及时性不断提升。

4．基于溯源云平台的比对分析算法，形成高效监管能力

项目采用了由生态环境部、科技部、安徽省支持的水污染多特征云溯源创新核心技术，结合物联网、人工智能等新一代信息技术，开发了监测数据智慧溯源分析模型，通过技术创新和实践积累，形成了一套行之有效的溯源排查技术，将发现违法排污到锁定污染源头的耗时从原来的数周缩短到几小时到几天内，还能不断发现和修正管网中雨污混接点、入流入渗点及其他运行问题，使得管网持续提质增效，技术创新提升了监管效率。

5．开展运营服务，污染防治分类施策，形成精细化监管能力

依托清华大学合肥公共安全研究院运营服务力量，对项目、流域进行24小时值守，采用“在线监测+线下排查+云端溯源+源头防治”的服务模式，提供快速反应的现场排查、实验室检测、云溯源分析相结合的及时溯源排查服务，为查明水污染事件超排偷排漏排源头、污水处理厂进水超标排污源头问题、区域雨污管网混接准确部位、排水暗管诊断、排水管网漏点诊断等具体问题，实现水污染防治工作“查得清、查得快、查得准、证据全、判得明、防得好”。

例如，合肥市王建沟项目在运营期内，对流域精细化监管采取污染防治分类施策，针对城市生活污染源，从管网入手，对雨污混接点进行精准诊断和手术刀式整改，尤其适用于不具备大规模改造的管网的提质增效；针对企业污染源，通过溯源技术精准溯源，与环保执法联动快速制止违法排污行为，形成执法威慑；对施工等其他生产活动产生的废水乱排，与公用公司联动快速处置。随着经验积累，监管精细化程度不断提高，如开展初期雨水监测和截污减少城市面源污染，与防涝防汛相结合减少雨天污染溢流污染等。开展运营服务，对污染防治分类施策，把问题精

准定位到具体环节和具体地点，让相关责任部门可以直接处置，形成精细化监管能力。

15.3　建设成效

“以防促治”的水污染溯源与精细化监管技术及模式在全国多座城市落地应用，均取得了显著成效，主要体现在以下几个方面。

1．有效减少污染排放，环境效益显著

合肥市王建沟水质从之前的劣Ⅴ类提升至2020年稳定的Ⅲ-Ⅳ类水，COD、氨氮、总磷等污染物排放量大幅减少；广东省深圳市茅洲河流域松岗段江碧工业区总排口重金属铜、镍、铬等指标由原来的平均值5mg/L以上稳定降低到1mg/L以下，总镍、总铜、总氰、总磷等指标的超标率由原来的33%、7.7%、12.7%、49.5%改善到目前的全部达标状态，深圳市江碧工业区污染问题基本得到控制。效果见图15-2。

2．企业违法排污行为得以及时发现

深圳市茅洲河流域江碧工业园项目通过整合水质异常溯源情况及相关节点水质多特征信息，成功帮助环境监察人员锁定偷排污水企业，并配合当地生态环境局经过突击检查、执法采样、现场笔录等程序，最终处该企业1239万元罚款，并吊销排污许可

图15-2　项目建成后环境效益明显

证，这笔罚单也成为深圳市首笔千万元环保罚单。湖北枣阳市沙河下游段污染溯源排查过程中，发现某化工企业排口水样与沙河下游多点位水样的水质多特征相似度达到90%以上，在进一步的精准勘查中，发现该企业在污水处理站臭氧灭菌池私设水泵和临时软管，存在违规将废水存入洒水车并利用下雨天气直接外排的行为，环保执法人员固定证据后成功完成取证执法。

3．有效识别雨污管网错接混接现象，避免污水直排入河

合肥市王建沟项目依靠综合风险分析模型及管网拓扑模型，有效识别管网异常排放信息及雨污混接汇水范围，通过管网健康风险评估，累计诊断混接错接企业2家，雨污混接10处，雨天溢流隐患11处，避免污水直排入河。

4．保护污水处理厂免受进水水质超标的冲击

安徽省六安市污水处理厂溯源排查服务，依托点位排污规律、管网结构和水质多特征检测、分析、溯源技术，综合线下人工排查，成功锁定造成污水处理厂进水超标的“真凶”。快速、准确的污染溯源有效保护了污水处理厂进水免受水质波动的冲击，为污水处理厂的稳定运行提供了强有力保障。

15.4 经验总结

在国家流域治理保护、水污染防治、黑臭水体精细化监管等相关政策指导下，清华大学合肥公共安全研究院、北京辰安科技股份有限公司与应用单位协同创新，共同探索出一套特色的水污染防治新模式，不断积累相关经验。

1．坚持“以防促治、以防保治、以防免治”的水污染防治理念，把常态化精准化防控作为首要任务

实践证明，在流域治理、黑臭水体整治、水环境治理中同步建设水污染溯源与精细化监管系统和运营服务，加大污染防控投入，将水污染防治从“以治为主”转为“防治兼顾”是可行的，可以确保水污染防治长期效果，从全局上能够提升水污染防治资金使用效益，是适应当前形势和“十四五”生态环境保护需求的。

2．坚持横纵联动、强化合力，把多部门精细化协同监管作为重要保障

多部门精细化协同监管模式是水污染防治的必要条件，信息共享，协同处置才能发挥新技术与系统的效用。

3．坚持问题导向、源头防控，把物防、技防、人防三位一体的防控手段作为关键举措

水污染防治精细化是减少环境水体污染的必经之路。通过新技术应用，建设精细化溯源监测物联网（物防）、精细化的溯源分析技术（技防）、精细化溯源排查服务（人防），打造物防、技防、人防三位一体的精细化水污染防线，对污染源头和路径，有一个、溯一个、堵一个，实现精准治污、科学治污、依法治污。

4
展望篇

第 **16** 章

发展趋势

16.1 智能监测产业的机遇

衡量城市基础设施建设的两大要素是产业规模和布局。产业规模通常指的是该产业在国家经济活动中的产出规模或经营规模，既可以用生产总值也可以用产出量表示。国家和政府在制定相关产业领域的发展政策时，往往需要优先考虑合适的产业规模，结合当地的城市布局，开展纵向科学的规模与布局相结合的政策实施。

市政基础设施指政府为向当地居民提供生产或生活所需服务设施而资助的各类市政基础设施的项目。项目类别包括公共建筑（市政建筑、学校、医院）、交通基建（公路、铁路、桥梁、管道、运河、港口、机场）、公共空间（公共广场、公园、海滩）、公共服务设施（供水和处理、污水处理、电网、大坝）以及其他实体资产和设施。2011—2020年期间，我国城市市政公用设施建设固定资产投资总额一直处于增长状态，自2018年突破2万亿元大关之后，截至2020年，投资额达到了2.22万亿元，如图16-1所示。

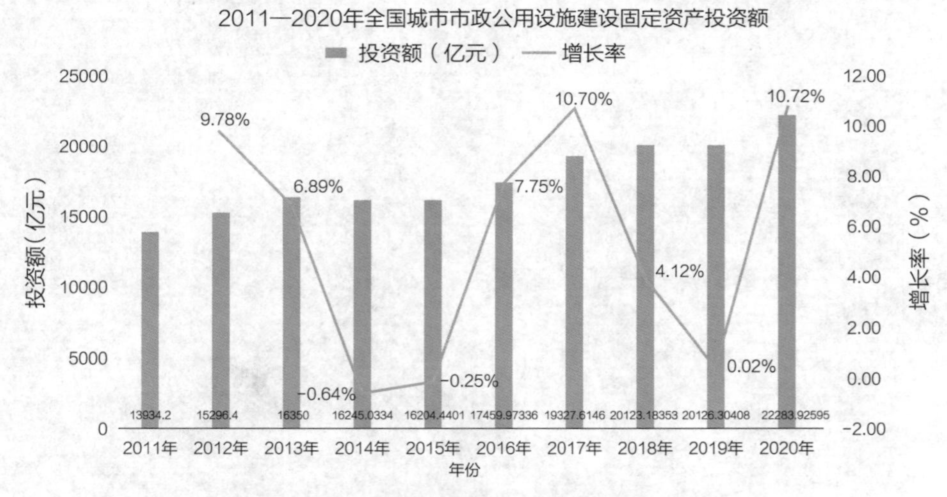

图16-1 2011—2020年全国城市市政公用设施建设固定资产投资额

16.1.1 政策机遇

自2012年住房和城乡建设部发布《关于开展国家智慧城市试点工作的通知》以来，我国开始探索智慧城市建设、运行、管理、服务和发展的科学方式。2016年"十三五"规划中指出加强城市基础设施建设，加快我国市政基础设施建设改造进程，尤其是加强科技支撑的保障措施让城市安全水平进一步提高。"十四五"规划中进一步指出统筹推进传统基础设施和新型基础设施建设，加快市政传统基础设施数字化改造，加强泛在感知、终端联网、智能调度体系建设，打造系统完备、高效实用、智能绿色、安全可靠的现代化基础设施体系。在我国长期建设规划的大背景下，市政基础设施智能监测行业不断发展，正处于日新月异的加速成长期，在国家经济政策的支持下，市政基础设施智能监测行业也正呈现其强大的生命活力。

16.1.2 市场机遇

从行业形势看，市政基础设施智能监测行业正在被全世界智慧城市领域发展进程所推动。目前我国大多数城市基础设施智能化监测正处于飞速发展的阶段，以引入当下先进的信息技术和管理理念，建立大数据管理平台，推进城市建设向数字化智能化的方向发展。例如杭州智能化井盖监测方式，通过对城市井盖安装智能型井盖识别卡，进而对井盖的位置和状态进行识别监控，对有问题的井盖能够通过现代监控设备了解其状态，这样不仅能够有效减少井盖丢失的现象，更重要的是确保了人员和资产的安全。同时，国家相关政策的出台在产业发展中发挥着巨大的指导和促进作用。在住房和城乡建设部印发《关于加强城市地下市政基础设施建设的指导意见》后，全国各地陆续发布省、市"十四五"时期重大基础设施建设规划，从党中央、国务院到各级地方政府，都对市政基础设施的建设予以高度重视，通过对产业发展给予科技政策支持，促进我国市政基础设施行业发展，推动了市政基础设施智能监测领域的成长进程。结合两个机遇，目前国内外对市政基础设施智能监测领域的需求、国内外利于产业发展的整体环境以及智能监测领域发展的向好态势共同造就了属于市政基础设施智能监测产业的时代机遇。

16.2 智能监测产业发展

16.2.1 夯实智能监测技术基础

市政基础设施智能监测技术是建立在各种传感器基础上的，而在传统传感器范畴中，无论各类局部传感器还是整体传感器都无法摆脱功能单一的缺点，在进行基础设施智能监测时，都存在各自的局限性。在进行市政基础设施安全监测时，需要安装大量种类繁多、系统结构复杂的传感器，才能监测到真正需要的信号，但繁多的传感器监测到的海量数据中夹杂了诸多干扰信号，难以有效分离出损伤识别的数据和健康评估真正需要的数据。例如，在桥梁基础设施安全监测领域中，各类应力、应变计仅用来测量应力、应变的变化，光学测距仪、GPS等仅用来测量结构的挠度变化，加速度计只可测量结构的动态参数。而在监测中很难预测结构的最大应变位置，只能根据理论模拟推算出传感器的布设位置，且如果要同时满足监测的精度和广度要求，需要布设的传感器和信号导线的数量会很大。例如，在主跨度为1990m的日本明石海峡大桥安装的结构安全监测系统就包含了12种传感器，极大地增加了建造成本，也增加了管理上的难度。

近些年，由于光纤类传感器在传统传感器中具有更高的灵敏度、更为良好的稳定性、使用寿命长以及可进行分布式测量等优点，光纤类传感技术不断发展并逐渐应用于各行业。但由于其精度往往低于传统传感器、采样频率低不适用于大规模的动态监测等问题，光纤类传感器仍无法在市政基础设施智能监测领域广泛应用。促进智能监测产业发展，需发展高端芯片、核心技术零部件和元器件，加快研发具有一专多用、满足监测精度兼具时效性的监测传感器，推动市政基础设施智能监测传感器技术革新，提升自主创新能力，夯实自主可控的智能监测产业技术基础。

16.2.2 筑牢智能监测数据安全屏障

基础设施智能化转型依赖于信息网络，融合于传统基础设施，在给经济社会发展带来新动能的同时，势必将其自身安全问题及面临的网络安全风险从信息世界带到传统的物理世界。市政基础设施监测数据是国家网络信息安全的重要部分，而市政基础设施正成为各种力量的网络攻击目标，特别是国家网络战对象。2020年初，“白象”“海莲花”等境外APT黑客组织利用特种木马对我国医疗机构进行窃密攻击。近两年，委内瑞拉电力系统频遭网络攻击，导致全国大范围断电进而引发关键基础设施运行中断。2020年12月，“太阳风”供应链攻击事件导致美国数百个关键部门和机构遭到攻击。可见，市政基础设施一旦遭遇网络攻击，波及面更广、破坏性更大。

在高度数字化的今天，市政基础设施行业的数字化、网络化、智能化程度越来越高，基础设施监测数据安全在市政基础设施安全防护中的分量也越来越重，一旦基础设施监测数据出现安全问题，便会将整个城市的基础设施暴露在网络攻击的风险之下，进一步将会影响城市基础设施安全运行甚至给国家安全带来巨大威胁。加强智能监测产业数据安全，应加大对数据安全创新企业和领军人才的扶持，吸引更多的人才进入数据安全行业。加大数据安全相关企业激励政策支持，形成“政产学研”共促智能监测产业数据安全格局，大力建设智能监测产业数据安全屏障。

16.2.3 推进产业资金多元化发展

当前，中国经济总量已破百万亿元大关，人均GDP达到8.57万元，但我国各地区的发展仍然是不平衡、不充分的，如图16-2所示。这就导致以京津冀城市群、长三角城市群、粤港澳大湾区、成渝城市群、长江中游城市群、中原城市群、关中平原城市群等城市群为主的城市经济带在市政基础设施智能监测产业资源投入力度较大，市政基础设施数字化转型进程也较为快速。

我国城市市政基础设施领域需投入大量资金，而其投资渠道往往是各地区政府部门主导、社会资金投入力度低。社会资金具有持续性发展能力，能够促进现代化城市的长远发展，促进城市市政基础设施建设资金的多元化发展。市政基础设施领域现有的资金模式优势在于能够对资金投入数据进行详细分析，加强对市政基础设施资金的管理力度。

推进智能监测产业发展，应在持续加大财政资金对智能监测产业的支持力度，提高产业资金政策的普惠性、易得性的同时，鼓励社会自由资金参与投入产业资金链。加强现有产业引导基金统筹使用，建立市场化基金运作平台，吸引社会资本参与投资本市鼓励发展的重点产业。鼓励无政府引导基金出资的社会私募基金投资当地高精尖

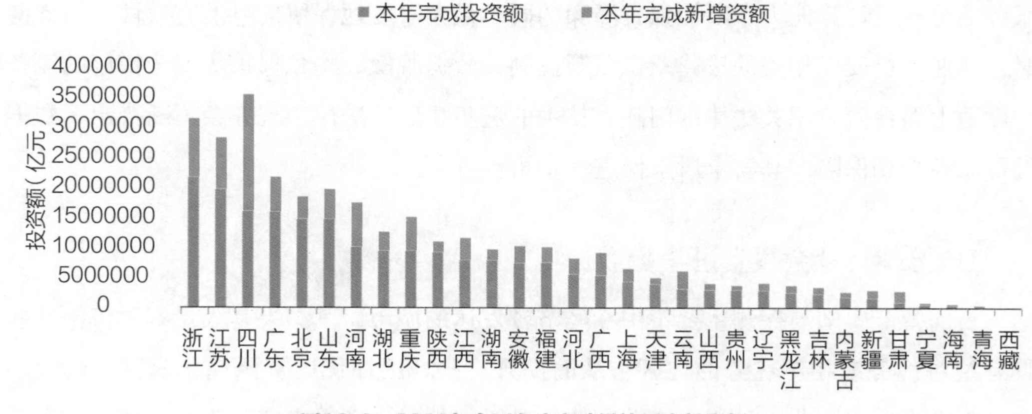

图16-2 2020年全国各省市政设施固定投资额

产业项目，推进智能监测产业资金多元化发展，激发产业活力。

16.3 未来趋势

16.3.1 新科技全面融入智能感知与监测技术

2021年“十四五”规划发布，在第五篇《加快数字化发展 建设数字中国》中第十五章第一节“加强关键数字技术创新应用”，明确提出：聚焦高端芯片、操作系统、人工智能关键算法、传感器等关键领域，加快推进基础理论、基础算法、装备材料等研发突破与迭代应用。加强通用处理器、云计算系统和软件核心技术一体化研发。完善开源知识产权和法律体系，鼓励企业开放软件源代码、硬件设计和应用服务。随着近些年来城市的智能化与网联化不断推进，5G、NB-IoT等通信技术进一步成熟，相应的服务器终端有了更加强大的数据采集、云监控和实时处理的能力。像数字孪生、沉浸式现实和移动全息技术等前沿技术在未来城市场景下踏入发展的主舞台，可视化的三维全景感知与监测或将逐渐取代传统的平面图形信号感知监测系统，表征形式进一步升级。海量的感知与检测数据可以随时被调用与分析，数据驱动型的智能感知与检测将成为主要趋势。无论是城市生命线的动态监测还是市政设施的智能感知，随着新科技的融入，其技术将上升一个新的台阶。

16.3.2 数据安全风险进一步可控

随着智能化时代的来临，数据的安全性必须引起足够的重视。未来不同产业之间合作力度进一步加大，对于同一份源数据会由更精确细致的降噪模型进行处理，变成符合各个感知与检测场景要求的数据格式，随着我国智能设备的边缘计算能力和云端服务的分布式计算能力不断加强，降噪的同时最大限度地保留信息的有效性，与此同时，从业人员安全相关的法律意识不断提高，数据脱敏、隐私保护等安全措施的完备力度迈上新台阶。相关法律部门随着技术的进步相应的法律法规亦会不断推出，数据的可靠性得到保障，其安全风险便进一步可控。

16.3.3 社会投资进一步增长

目前智能感知与探测主要集中在经济较发达的城市，其结果是大量资源流向这些具有绝对优势或相对优势的地区，从而提升这些地区在优质资源优化配置中的吸引力，未来将采取产业链升级、产业间结构升级、技术创新等方式，为相关产业的发展打造良好的环境，培育适合的土壤，相关技术的耗费成本进一步降低，而可靠性进一步加强，从而让更多的民间投资者进入该领域，在我国协调发展的战略下，相关政策的落实会起到更加重要的作用，当大量资金的涌入，也会进一步促进市政基础设施智能感知与探测相关技术的发展，形成良好的正循环作用。

第17章 发展建议

新时期现代城市发展产生了新的需求，市政基础设施监测也将面临一系列的挑战与机遇。在当今各大城市智能化、网联化建设进程中，市政基础设施监测尚处于起步阶段：在制度层面，无论是总体规划、体制机制，还是法律法规、标准体系都尚待完善；在技术层面，实时感知、监测与预警等关键技术尚待应用落地；在人才层面上，亟须吸引一批综合型人才，不断提升行业创新能力。针对上述三个层面难点问题，现给出如下六点发展建议。

17.1 科学制定市政基础设施监测顶层设计和总体规划

在“十四五”规划战略背景下，智慧城市发展呈现新形态，城市规模扩张，经济快速发展的同时也给城市管理者带来诸多难题，其中在城市生命线运行过程中出现的管理维护成本高、故障险情定位难等问题尤为突出，其根源在于当前我国大部分城市基础设施智能监测服务起步晚、城市管网监测覆盖率低、监测手段匮乏、跨部门联动性弱。因此，在未来的市政基础设施监测服务建设过程中，应着力从区域总体规划和协调联动机制两个发展建设中的重要方面入手。现以“合肥模式”与“佛山经验”为城市生命线的智能感知与监测建设为参照，给出市政基础设施总体规划和联动机制的推进思路。

从总体规划上，将市政基础设施监测服务建设过程划分为应用层、平台层、网络层和感知层四个层次，首先，在应用层面明确市政基础设施监测平台总体功能需求，合理划分重点、非重点监测预警区域；其次，根据需求和所划分区域，找准搭建智能感知与监测网络的关键技术和总体解决思路；再次，在网络层面解决数据传输、数据融合、数据安全等问题，提高监测网络功能的及时性、准确性与可靠性；最后，在感知层面重点关注监测传感器的质量、数量与布设方式，优化传感器在整个城市的布设网络设计和底层感知方法，以达到全城市基础设施感知全覆盖和全时段监测效果。

从联动机制上，建议当地政府设立以安全生产委员会为领导组长，成立城市生命线安全协调联动工作领导小组，由各政府部门分管领导牵头，成员包括应急、住建、交通、公安、市场监管、自然资源、能源、城管等相关部门负责人，依托第三方专业力量成立城市生命线安全运行监测中心，提供监测预警和辅助决策支持服务，建立“政府统筹领导、多部门协调联动、统一监测服务”的分级联动工作机制，并进一步完善市政基础设施智能感知与监测的总体规划，明确关键建设时间节点和关键科学技术难题，厘清未来市政基础设施改造和智能化发展需求，稳步提升市政基础设施监测智能化一体化水平。

17.2　完善市政基础设施监测法律法规和标准体系

随着城市进程的快速发展，技术不断迭代更新，因体制机制、法律法规滞后等因素，现行法律法规与新市政基础设施建设间的矛盾问题日益凸显。例如由于市政基础建设法律法规不健全，建设过程中质量监管体系不完善，质量监管人员职责分配不明确等原因，导致市政基础设施建设总体质量不高，进一步影响监测设施的布设、监测的稳定性及准确性，不利于智能监测设施发挥应有效用。此外，由于缺乏相对完善的监测标准和布设规范，当前使用的监测设备产品品质和监测网络布设方案良莠不齐，更不利于市政基础设施智能感知与监测一体化网络的搭建和发展。因此，针对高架桥梁、地下空间、轨道交通、电网及高压管廊、自来水管网、燃气管道、热力管网、城市人员密集区等各类高风险区域，可由相关行业主管部门组织业内专业人员梳理现行安全技术标准、管理规范，增加规范种类，更新技术内容，重点评估各类标准、规范的可行性，全面指导和规范市政基础设施智能感知与监测建设过程的实施。同时，引入“工业互联网+风险管控”的做法，将技术标准、规范嵌入平台系统中。

17.3　支持物联网感知基础技术研发和智能化监测关键技术突破

物联网技术是支撑市政基础设施智能感知与监测的基础技术，是搭建整个智能化监测网络的基石，在未来技术发展过程中，物联网技术落地应用效果直接影响到市政基础设施监测数据质量和传输效率，为此，必须将研发新一代高精度、低时延的传感器作为发展重点，以基础技术支撑顶层设计，以顶层设计指导基础技术的应用方向，从而形成一个相互促进、相互依存的协调发展环境。

此外，由于物联网技术仅从数据采集层面提供了基础支撑，而智能感知与监测过程不仅包括数据采集和呈现，也包括智能化监测与预警。当前市政基础设施（包括燃气管网、供水管网、排水管网、供电管线、供热管网、桥梁等）均属于重点监测对象，一旦出现损伤或者破裂，便会对其周围的建筑或者居民产生较大的威胁。因此，在推进市政基础设施监测服务过程中，应着力突破针对重点监测对象的智能化监测技术，由此，以精准而全面的风险研判和智能预警平台为依托，为城市管理者对潜在风险进行排查和防控提供决策辅助，从而确保市政基础设施的安全稳定运行，保护人民生命财产安全。

17.4 依托智能感知与监测信息化技术，打造智慧城市数据底座

智慧城市是把新一代信息技术充分运用在城市各行各业中，基于创新的城市信息化高级形态，其建设过程以实现信息化、工业化与城镇化深度融合为目标，进一步提高城镇化质量，实现精细化和动态管理，提升城市管理成效和改善市民生活质量。市政基础设施智能感知与监测网络建设中的大数据、物联网、云计算、区块链等关键技术深化了城市安全风险信息共享水平，智能感知应与智慧社区、智慧交通、智慧医疗等智慧城市重点发展领域的应用场景深度融合，贯穿于基础设施规划、建设、运营、管理的全流程，实现基础设施的全链条保护，通过统一汇聚城市级GIS数据、BIM模型、IoT数据等多源多维数据，构建三维数字空间、智慧能力中枢等基本要素，形成对城市的全域立体感知体系，为智慧城市建设夯实数据底座。

17.5 迎合本地发展需求，因地制宜建设智能感知网络

不同地理环境、历史背景和政策方针等因素导致不同城市之间的发展不平衡，因此市政基础设施智能感知与监测建设不能千篇一律，而应依据城市社情和基础设施布局，有针对性地调整建设方法与手段，因地制宜推进本地市政基础设施监测智能化发展。例如，由于地理环境的差异，南方地区的大部分城市对于供热管网的监测需求较少，主要确保燃气、供水、排水基础设施的安全稳定运行；而北方地区则更为重视供水、供热等管网的监测与风险预警。由于城市发展程度的不同，智能监测网络的布局、数据载荷和建设难度也会有所差异，如“北上广深”等大型城市，由于城市建筑

林立、人口众多，管线布局复杂，相较于小城市，其在改造建设过程中存在更多困难与挑战。此外，监测过程中的多源数据融合和数据传输效率以及监测预警的及时性等性能问题也会遇到众多考验。因此，在已有的模块化建设经验的基础上，应将因地制宜地发展城市基础设施智能感知与监测建设作为未来建设智能感知网络的科学指导思想。

17.6　加强市政基础设施监测综合型人才培养，提升行业科技创新能力

当前，市政基础设施监测的建设过程需要掌握物联网技术、地理信息技术、云计算技术、人工智能技术等多方面的人才协调配合。但是，由于市政基础设施智能感知与监测还处在起步阶段，人才储备较为薄弱；综合性人才培养不足、培养体系不健全、专业人才“引不进，留不住”是目前较为紧迫的三个问题。因此，有必要加强专业人才队伍建设，完善人才培养体系，与各大高校开展高水平合作，积极推进科学界智能感知与监测技术先进成果应用落地，构建多学科交叉的创新团队，提升行业科技创新能力，加快建立市政基础设施智能感知与监测创新体系。

参考文献

[1] 《中国大百科全书》（第二版）编辑部．中国大百科全书[M]．2版．北京：中国大百科全书出版社，2011.

[2] 杜嘉丹，秦潇，田小波，等．我国新型城镇化过程中市政基础设施发展特征[J]．市政技术，2021，39（9）：188-194.

[3] 付丽丽．IPCC报告显示：气候变化严峻性数千年未见[N]．科技日报，2021-10-20（003）.

[4] 李鹏，易立新，王晓荣，等．重要基础设施的依赖性模型及应用[J]．中国安全科学学报，2010，20（2）：59-63，178.

[5] 张晖．物联网新基建架起通往数字世界的桥梁[N]．人民邮电，2021-11-30（005）.

[6] 吴学梅．大数据赋能市域社会治理现代化研究——以江西省赣州市为例[J]．领导科学论坛，2022（5）：119-122.

[7] 孔岚，周婷，朱磊．5G赋能新型智慧城市[J]．中国电信业，2022（1）：28-31.

[8] 张祺媛，李良，叶海纳，等．基于5G和北斗技术的城市基础设施安全监测系统建设探讨[J]．邮电设计技术，2022（5）：28-32.

[9] 康正宁．智慧城市的基础设施投资效率、机理与投入产出分析[D]．上海：上海社会科学院，2020.

[10] 刘汝华．城市燃气管网SCADA系统监测终端设计与实现[D]．济南：山东大学，2015.

[11] 马良涛，韩晶．燃气输配[M]．北京：中国电力出版社，2004.

[12] 冯国梁．城市燃气管网及相邻空间风险评估技术研究与应用[D]．北京：清华大学，2019.

[13] 侯龙飞．燃气管线相邻地下空间爆炸风险定量分析与安全监测[D]．北京：北京理工大学，2018.

[14] 袁梦琦，侯龙飞，付明，等．城市燃气管网燃爆风险防控技术[M]．北京：科学出版社，2021.

[15] 陶文亮，李自立，李龙江．杂散电流研究现状及展望[J]．贵州化工，2010，25（1）：31-34.

[16] 翟金媛．城市燃气SCADA系统的设计[D]．广州：华南理工大学，2010.

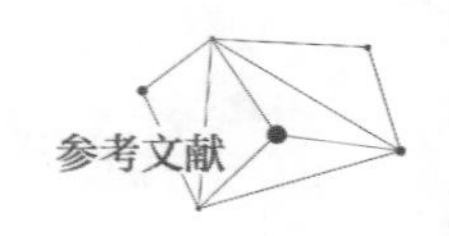

[17] 张明光．城市燃气管网在线仿真技术及应用的研究[D]．济南：山东建筑大学，2011.
[18] 高怡臣．沈阳燃气SCADA系统的设计与应用[D]．沈阳：东北大学，2009.
[19] 邴济先．燃气SCADA系统的分析与建设[D]．济南：山东大学，2011.
[20] 张铁军．城市燃气管网SCADA系统设计与实现[J]．石油化工自动化，2012，48（2）：49-52.
[21] 杨晓峰，李晓红，卢义玉，等．基于数字PID控制技术的燃气SCADA系统[J]．煤气与热力，2010，30（1）：20-23.
[22] 王晓鹏．基于物联网的燃气SCADA系统设计与实现[D]．西安：西安电子科技大学，2018.
[23] 袁宏永，侯龙飞，苏国锋，等．一种可燃气体检测系统及监测方法：CN108961692A[P]．2018-12-07.
[24] 袁梦琦，钱新明，侯龙飞．一种气体浓度检测仪：CN205786531U[P]．2016-12-07.
[25] 全国风险管理标准化技术委员会．风险管理 术语：GB/T 23694—2013[S]．北京：中国标准出版社，2014.
[26] 郭晓晓，汤杨．泄漏孔径对液氨储罐泄漏事故后果影响规律分析[J]．四川化工，2022，25（6）：48-51.
[27] 王莉莉，王梦珠，吕妍，等．高压天然气管道泄漏事故喷射火危害分析[J]．武汉理工大学学报（信息与管理工程版），2016，38（4）：410-414.
[28] 王大庆，高慧临，董玉化．天然气管线泄漏射流火焰分析[J]．天然气工业，2006，26（1）：134-137.
[29] 郑长青．天然气长输管道喷射火事故影响因素模拟分析[J]．安全、健康和环境，2014，14（7）：48-51.
[30] 何杰，蒋琪，朱广社，等．天然气管道失效喷射火危害模型研究[J]．天然气与石油，2022，40（2）：7-13.
[31] 任丹．天然气管道泄漏蒸气云爆炸后果评估方法研究[J]．化工设计，2019，29（6）：14-17，1.
[32] 李虎，戴晓威，何宁．蒸气云爆炸事故后果模型对比分析研究[J]．华北科技学院学报，2019，16（2）：61-66.
[33] 梁开武，蔡治勇，刘春．天然气管道蒸气云爆炸事故影响因素动态分析[J]．中

国安全生产科学技术，2016，12（S1）：65-69.
[34] 刘茂，余素林，陈红盛，等．输气管道的蒸气云爆炸灾害的风险分析[J]．南开大学学报（自然科学版），2002，35（2）：84-89.
[35] 王鹏飞．燃气爆炸对综合管廊及邻近地铁隧道影响研究[D]．西安：西安工业大学，2022.
[36] 端木维可，李润婉，朱丽榕，等．城市排水管网燃气聚集燃爆风险评估框架研究[J]．科技创新与应用，2022，12（20）：33-36.
[37] 龙驭球，崔京浩，袁驷，等．力学筑梦中国[J]．工程力学，2018，35（1）：1-54.
[38] 张宇峰，徐宏，倪一清．大跨桥梁结构健康监测及安全评价系统研究与应用进展[J]．公路，2005（12）：22-26.
[39] Lauzon R G. Connecticut's past experience and future plans for instrumentation of highway bridges[C]. Proc. North Am. Workshop on Instrumentation and Vibration Anal. of Hwy. Bridges. UCII'95, 1995.
[40] Aktan, A.E., Helmicki, A.J., Hunt, V.J.Issues in health monitoring for intelligent infrastructure[J]. Smart Materials and Structures, 1998(7): 672-692.
[41] Mufti, A.. Guidelines for structural health monitoring[M]. ISIS Canada, 2001.
[42] Shahawy M A, Arochiasamy M. Field instrumentation to study the time-dependent behavior in Sunshine Skyway Bridge[J]. Journal of Bridge Engineering, 1996, l(2): 76-86.
[43] Curran P., Tilly G. Design and Monitoring of the Flintshire Bridge[J]. Structural Engineering International, 1999, 3 (9): 225-228.
[44] Andersen E Y, Pedersen L. Structural health monitoring of the Great Belt East Bridge[A]. Proceedings of the 3rd Symposium on Strait Crossings[C]. J. Krokeborg(ed.), A.A.Balkema, Rotterdam, Netherlands, 1994: 189-195.
[45] Brincker R, Frandsen J B, Andersen P. Ambient response analysis of the Great Belt Analysis[A].Proceedings of 18th International Modal Analysis Conference[C]. San Antonio, Texas, 2000: 26-32.
[46] 严煦世，范瑾初．给水工程[M]．4版．北京：中国建筑工业出版社，1999.
[47] 王晨婉．基于贝叶斯理论的供水管道风险评价研究[D]．天津：天津大学，2010.
[48] Hossein Rezaei, Bernadette Ryan, Ivan Stoianov. Pipe failure analysis and impact of dynamic hydraulic conditions in water supply networks[J]. Procedia Engineering,

2015, 119.

[49] Goulter I C, Kazemi A. Spatial and temporal groupings of water main pipe breakage in Winnipeg [J]. Canadian Journal of Civil Engineering, 1988, 15(1): 91-97.

[50] 赵乱成．给水管道损坏的主要原因和对策[J]．给水排水，1997（12）：55-58.

[51] 中华人民共和国住房和城乡建设部．室外给水设计标准：GB 50013—2018[S]．北京：中国计划出版社，2019.

[52] 国家环境保护总局．地表水环境质量标准：GB 3838—2002[S]．北京：中国环境科学出版社，2002.

[53] 中华人民共和国国家卫生健康委员会．生活饮用水卫生标准：GB 5749—2022[S]．北京：中国标准出版社，2023.

[54] Jafar R, Shahrour I, Juran I. Application of Artificial Neural Networks (ANN) to model the failure of urban water mains[J]. Mathematical & Computer Modeling, 2010, 51(9): 1170-1180.

[55] Li W, Ling W, Liu S, etal. Development of systems for detection, early warning, and control of pipeline leakage in drinking water distribution: a case study [J]. Journal of Environmental Sciences, 2011, 23(11): 1816-1822.

[56] 戴婕，张东．上海市供水管网信息化平台构建与应用[J]．给水排水，2015（12）：104-107.

[57] Kara S, Karadirek I E, Muhammetoglu A, et al. Real time monitoring and control in water distribution systems for improving operational efficiency[J]. Desalination & Water Treatment, 2016, 57(25): 11506-11519.

[58] 中华人民共和国住房和城乡建设部．消防给水及消火栓系统技术规范：GB 50974—2014[S]．北京：中国计划出版社，2014.

[59] 魏源源，张杰，唐建国．城镇排水管道混接调查及治理技术研究与要点解析[J]．给水排水，2022，58（8）：123-127.

[60] 严双飞．小区雨污分流改造的设计方法探讨[J]．净水技术，2022，41（S1）：253-258.

[61] 方燕，傅大康，李继红，等．雨污混接分流制区域河道水质与降雨事件的响应关系[J]．中国给水排水，2021，37（7）：107-113.

[62] 王捷．上海市分流制排水地区雨污混接综合治理研究[D]．兰州：西北师范大学，2019.

[63] 徐祖信，汪玲玲，尹海龙．基于水质特征因子和Monte Carlo理论的雨水管网混接诊断方法[J]．同济大学学报（自然科学版），2015，43（11）：1715-1721，1727.

[64] 王春．武汉市东西湖区城市排水管网典型“病因”诊断技术研究[D]．武汉：湖北工业大学，2021.

[65] 梁风超，吕谋，苗小波，等．关于污水管网淤积的技术研究[J]．中国环境管理干部学院学报，2018，28（3）：75-77，89.

[66] 陈艳莉．浅谈老城区市政排水管网改造问题[J]．居舍，2017，（31）：8，119.

[67] 付博文．城市污水管道中污染物沉积特性研究[D]．西安：西安建筑科技大学，2016.

[68] 张宁．关于城市排水管道系统存在问题的探讨[J]．科技创新导报，2015，12（30）：160-161.

[69] 文碧岚，李树平，沈继龙，等．排水管道淤积状况模拟分析[J]．给水排水，2015，51（7）：151-157.

[70] 谢志平．重力流排水管中污物淤积情况和淤积高度的测定[J]．建筑技术通讯（给水排水），1977（3）：34-35.

[71] 蒙丽丽．城市排水管网渗漏的危害[J]．轻工科技，2012，28（7）：105-106，108.

[72] 周伟奇，朱家蓠．城市内涝与基于自然的解决方案研究综述[J]．生态学报，2022，42（13）：5137-5151.

[73] 刘媛媛，刘业森，郑敬伟，等．BP神经网络和数值模型相结合的城市内涝预测方法研究[J]．水利学报，2022，53（3）：284-295.

[74] 李鹏，徐宗学，赵刚，等．基于SWMM与LISFLOOD-FP模型的城市暴雨内涝模拟——以济南市为例[J]．南水北调与水利科技（中英文），2021，19（6）：1083-1092.

[75] 黄华兵，王先伟，柳林．城市暴雨内涝综述：特征、机理、数据与方法[J]．地理科学进展，2021，40（6）：1048-1059.

[76] 栾震宇，金秋，赵思远，等．基于MIKE FLOOD耦合模型的城市内涝模拟[J]．水资源保护，2021，37（2）：81-88.

[77] 唐少虎，朱伟，程光，等．暴雨内涝下城市道路交通系统安全韧性评估[J]．中国安全科学学报，2022，32（7）：143-150.

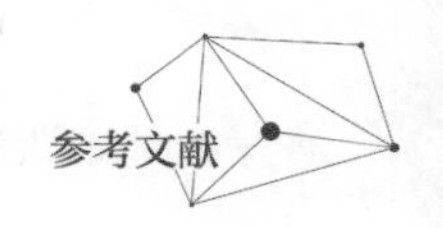

[78] 刘曾美，熊腮敏，雷勇，等．城镇内涝防治中市政排水与水利排涝的标准衔接研究[J]．水资源保护，2022，38（1）：125-132.

[79] 唐钰嫣，潘耀忠，范津津，等．土地利用景观格局对城市内涝灾害风险的影响研究[J]．水利水电技术（中英文），2021，52（12）：1-11.

[80] 宋英华，李玉枝，霍非舟，等．城区内涝条件下城市公交——地铁双层交通网络的脆弱性分析[J]．安全与环境工程，2021，28（2）：114-120.

[81] 赵丽元，韦佳伶．城市建设对暴雨内涝空间分布的影响研究——以武汉市主城区为例[J]．地理科学进展，2020，39（11）：1898-1908.

[82] 黄曦涛，李怀恩，张瑜，等．基于PSR和AHP方法的西安市城市内涝脆弱性评价体系构建与脆弱度评估[J]．自然灾害学报，2019，28（6）：167-175.

[83] 侯精明，郭凯华，王志力，等．设计暴雨雨型对城市内涝影响数值模拟[J]．水科学进展，2017，28（6）：820-828.

[84] 袁媛．基于城市内涝防治的海绵城市建设研究[D]．北京：北京林业大学，2016.

[85] 尹志聪，郭文利，李乃杰，等．北京城市内涝积水的数值模拟[J]．气象，2015，41（9）：1111-1118.

[86] 张冬冬，严登华，王义成，等．城市内涝灾害风险评估及综合应对研究进展[J]．灾害学，2014，29（1）：144-149.

[87] 肖涛，滕严婷，汪维，等．基于水量水质分析的雨水管网状态诊断研究[J]．给水排水，2020，56（2）：121-124.

[88] 巴振宁，王鸣铄，梁建文．基于改进F-ANP方法的市政排水管网运行安全风险评估[J]．安全与环境工程，2020，27（6）：208-216.

[89] 刘威，董婉琪．基于AHP-熵权法组合赋权的排水管网风险评估方法研究[J]．安全与环境学报，2021，21（3）：949-956.

[90] 王智恺．城市市政排水管网运行安全风险评估及工程示范[D]．天津：天津大学，2019.

[91] 周骅，特大排水管涵安全评估及健康管理关键技术研究[R]．上海：上海市城市排水有限公司，2018-11-15.

[92] 方少乾，李晶．城市排水管网安全监控平台设计[J]．科技展望，2016，26（14）：167.

[93] 中华人民共和国住房和城乡建设部．水文基本术语和符号标准：GB/T 50095—2014[S]．北京：中国计划出版社，2015.

[94] Pearson LJ, Coggan A, W Proctor. A sustainable decision support framework for urban water management[J]. Water Resources Management, 2010, 4(2): 363-376.

[95] 高宗军，田红，张春荣．水环境评价概述[J]．山东科技大学学报（自然科学版），2007，26（1）：20-22.

[96] 尹澄清．城市面源污染的控制原理和技术[M]．北京：中国建筑工业出版社，2009.

[97] 赵旻．水质检测分析中重金属检测技术的应用[J]．化工管理，2022（5）：31-33.

[98] 王玮雅，丁园，陈怡红．某冶炼厂周边土壤重金属污染现状分析与评价[J]．江西科学，2019，37（3）：401-404，419.

[99] 叶兆木，彭瑶，赵芳，等．水环境现状调查及评估方法分析[J]．环境影响评价，2022，42（3）：92-96.

[100] Yang F, Zhang S, Sun C. Energy infrastructure investment and regional inequality: Evidence from China’s power grid[J]. Science of the Total Environment, 2020, 749(142384).

[101] Yang T, Long R, Li W. Suggestion on tax policy for promoting the PPP projects of charging infrastructure in China[J]. Journal of Cleaner Production, 2018, 174(133-8).

[102] He Y, Zhu Y, Chen J, et al. Assessment of energy consumption of municipal wastewater treatment plants in China[J]. Journal of Cleaner Production, 2019, 228: 399-404.

[103] 陶崟峰．水环境监测及水污染防治探究[J]．资源节约与环保，2022，2：60-72.

[104] 奚旦立，孙裕生，刘秀英．环境监测 [M]．北京 ：高等教育出版社，1996.

[105] 欧阳雪．浅析水环境监测的现状及发展[J]．建材与装饰，2017（18）：128.

[106] 刘京，周密，陈鑫，等．国家地表水水质自动监测网建设与运行管理的探索与思考[J]．环境监控与预警，2014，6（1）：10-13.

[107] 阮志华．水质自动监测站运行管理常见问题和解决方法探讨[J]．环境工程，2013（31）：594-596.

[108] 计红，韩龙喜，刘军英，等．水质预警研究发展探讨[J]．水资源保护，2011，27（5）：39-42.

[109] 刘仁涛．水污染应急技术预案智能生成模型建立及案例应用[D]．哈尔滨：哈尔滨工业大学，2018.

[110] 姜明岑．基于水质指标的流域水环境预警技术研究与应用[D]．北京：中国地质

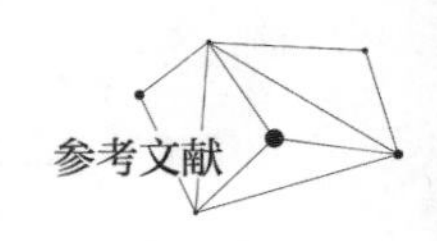

大学（北京），2019.

[111] Diehl, P, Gerke T, Jeuken A D, et al. Early Warning Strategies and Practices along the River Rhine[M]. The Rhine.Springer Berlin Heidelberg, 2006: 99-124.

[112] Grayman W M, Vicory Jr A H, Males R M. Early warning system for chemical spills on the river[M]. Security of Public Water Supplies. Springer Netherlands, 2000: 91-100.

[113] Gullick R W, Gaffney L J, Crockett C S, et al. Developing regional early warning systems for US source water[J]. American Water Workd Association, 2004, 96(6): 68-82.

[114] 梁鸿，王文霞，蒋冰艳，等．水污染预警溯源技术应用案例研究[J]．环境影响评价，2021，43（2）：56-60.

[115] 郑易生．中国环境发展与评论[M]．北京：社会科学文献出版社，1998.

[116] 刘燕生．官厅水系水源保护[M]．北京：中国环境科学出版社，1995.

[117] 刘燕生．北京市自然保护史志[M]．北京：中国环境科学出版社，1995.

[118] 杜霞，武佃伟．对官厅水库水环境治理问题的思考[J]．北京水利，2004（1）：30-32.

[119] 王华东，张义生．环境质量评价[M]．天津：天津科学技术出版社，1986.

[120] 申献辰，部晓雯，杜霞．中国地表水资源质量评价方法的研究[J]，水利学报，2002（12）：63-67.

[121] 杨永宇．黑河流域水环境因子分析及水环境质量综合评价[D]．宁夏：宁夏大学，2017.

[122] 徐祖信．我国河流单因子水质标识指数评价方研究[J]．同济大学学报．2005，33（3）：321-325.

[123] 薛巧英．水环境质量评价方法的比较分析[J]．环境保护科学，2004，30（4）：4.

[124] 门宝辉，梁川．水质量评价的物元分析法[J]．哈尔滨工业大学学报，2003，35（3）：358-361.

[125] 孙平，王立，刘克会，等．城市供热地下管线系统危险因素辨识与事故预防对策[J]．中国安全生产科学技术，2008，4（3）：4.

[126] 王彦逍．供热地埋管泄漏导致地表温度异常的机理研究[D]．天津：河北工业大学，2017.

[127] 赵锴．热力网故障诊断方法研究[D]．北京：华北电力大学，2012.

[128] 曹学文，王庆．气液两相流管道泄漏规律模拟[J]．油气储运，2017，36（8）：969-975.

[129] 刘国彬．地埋管道散热与泄漏对周围土壤温度的影响[D]．天津：河北工业大学，2016.

[130] 陈述，李素贞，黄冬冬．埋地热力管道泄漏土体温度场光纤监测[J]．仪器仪表学报，2019，40（3）：138-145.

[131] Benjamin Apperl, Alexander Pressl, Karsten Schulz.Feasibility of Locating Leakages in Sewage Pressure Pipes Using the Distributed Temperature Sensing Technology[J]. Water, Air, & Soil Pollution, 2017, 228(2).

[132] Mohammedhusen H, Manekiya, Arulmozhivarman. P. Leakage Detection and Estimation using IR Thermography[J]. International Conference on Communication and Signal Processing, 2016:1516-1519.

[133] 田琦，吕淑然．基于AHP的城市供热管网泄漏风险分析[J]．安全，2020，41（11）：9-15.

[134] 孙路，付明，汪正兴，等．蒸汽管网疏水系统安全监测预警技术研究[J]．安全与环境学报，2023，23（7）：2340-2345.

[135] 高扬．供热管网泄漏检测模型的建立与诊断[D]．哈尔滨：哈尔滨工业大学，2015.

[136] 朱丽榕，杨阳，刘爱辉，等．直埋供热管网安全运行风险评估[J]．轻工科技，2021（11）：5.

[137] 于晨龙，张作慧．国内外城市地下综合管廊的发展历程及现状[J]．建设科技，2015（17）：3.

[138] 谭忠盛，陈雪莹，王秀英，等．城市地下综合管廊建设管理模式及关键技术[J]．隧道建设，2016，36（10）：13.

[139] 白海龙．城市综合管廊发展趋势研究[J]．中国市政工程，2015（6）：4.

[140] 李晓珑．城市地下综合管廊建设管理模式及关键技术[J]．居舍，2018（4）：39.

[141] 郭佳奇，钱源，王珍珍，等．城市地下综合管廊常见运维灾害及对策研究[J]．灾害学，2019，34（001）：27-33.

[142] 庄丽，马婷婷，刘兰梅，等．耦合协调理论下综合管廊运维灾害风险研究[J]．佳木斯大学学报（自然科学版），2020，38（5）：4.

[143] 柴康，刘鑫．基于模糊聚类分析的综合管廊多灾种耦合预测模型[J]．灾害学，

2020，35（4）：206-209.

[144] 杨勇，张坚，何钦，等．某市中心城区综合管廊项目结构安全监测系统应用研究[J]．广东土木与建筑，2021，28（1）：32-37.

[145] 李高林．城市综合管廊内附属设施控制方法探讨[J]．现代建筑电气，2018，9（5）：6.

[146] 凡伟伟，许令顺，郑宝中，等．一种关于综合管廊内的管线泄露风险评估方法：CN110188981A[P]．2019-08-30.

[147] 袁宏永，侯龙飞，付明，等．一种基于控制力的城市地下综合管廊风险评估方法：CN110675038A[P]．2023-09-29.

[148] 赵秀雯，柴建设．城市埋地天然气管道系统脆弱性评估指标研究[J]．中国安全生产科学技术，2011，7（7）：5.

[149] 何家权．浅谈城市天然气管道脆弱性评估[J]．现代物业（上旬刊），2011，10（8）：116-117.

[150] 侯强．雨水管网脆弱性分析与应急对策研究[D]．青岛：青岛理工大学，2014.

[151] 周超，信昆仑，陶涛，等．供水管网爆管风险评估及可视化研究[J]．城镇供水，2015（1）：3.

[152] 凡伟伟，郑宝中，董毓良，等．基于风险矩阵法的廊内供热管线风险评估研究与应用[J]．城市勘测，2019（S01）：5.

[153] 王翔，周诗雨，郭一斌，等．基于结构方程的地下综合管廊火灾风险评价研究[J]．消防科学与技术，2021，40（5）：4.

[154] 付明，谭琼，袁宏永，等．城市生命线工程运行监测标准体系构建[J]．中国安全科学学报，2021，31（1）：153-158.

[155] 袁宏永，苏国锋，付明，等．城市生命线工程安全运行共享云服务平台研究与应用[J]．灾害学，2018，33（3）：60-63.

[156] 朱海伦．系统集成理念下我国安全与应急产业发展模式探讨——清华大学合肥公共安全研究院的实践[J]．中国应急管理，2021（5）：22-33.

[157] 合肥市：风险看得见　城市更安全　城市生命线工程安全监测成效显著[J]．城乡建设，2022（7）：57-59.

[158] 合肥城市生命线——24小时的智能守护[J]．中国建设信息化，2021（19）：56-57.

[159] 张楠，丁继民，程璐．城市生命线安全工程“合肥模式”[N]．中国应急管理

报，2021-09-24（001）.
[160] 范益群，王安业，于晓宇，等. 城市重大市政设施数字化转型分析[J]. 城市道桥与防洪，2022（8）：1-5，292.
[161] 卓健. 城乡交通与市政基础设施[J]. 城市规划学刊，2022（4）：121-123.
[162] 中华人民共和国国家统计局. 中国统计年鉴[M]. 北京：中国统计出版社，2020.
[163] 张文. 基于物联网技术的数字市政应用[J]. 科技视界，2015（5）：76，123.
[164] 孙福举. 市政工程交通设施施工过程质量控制[J]. 安装，2022（S2）：71-73.
[165] 沈晓波，石琥. 基于智慧城市信息化建设的云网中台探究[J]. 智能建筑与智慧城市，2022（11）：6-8.
[166] 张彦琰. 城市市政基础设施智能化管理探究[J]. 科技资讯，2022，20（8）：60-62.
[167] 李继宝，何元生，关斯琪. 市政消火栓智能监测运维管理平台设计与开发[J]. 消防科学与技术，2021，40（2）：235-238.
[168] 陈栋，张翔，陈能成. 智慧城市感知基站：未来智慧城市的综合感知基础设施[J]. 武汉大学学报（信息科学版），2022，47（2）：159-180.
[169] 周超. 基于区域分布光纤传感的桥梁健康监测技术综述[J]. 现代交通技术，2019，16（6）：1-8.
[170] 余加勇，邵旭东，晏班夫，等. 基于全球导航卫星系统的桥梁健康监测方法研究进展[J]. 中国公路学报，2016，29（4）：30-41.
[171] 杨洋，孔令宇，蔡伟康，等. 光纤形态传感器研究进展[J]. 半导体光电，2022，43（4）：642-654.
[172] 赵慧，张莹. 浅谈“十四五”规划中的新基建布局[J]. 中国信息安全，2021（4）：40-41.
[173] 张龙. 城市市政基础设施建设问题与对策[J]. 中国建筑金属结构，2022（3）：144-145.
[174] 吕锋伟. 城市市政基础设施建设中的常见问题与优化策略[J]. 中阿科技论坛（中英文），2020（8）：89-91.
[175] 任焱. 智慧城市的大脑——场景感知决策系统[J]. 中国安防，2021（12）：39-43.
[176] 吕鹏. 数字孪生城市：智能社会治理的基础架构[J]. 国家治理，2023（11）：

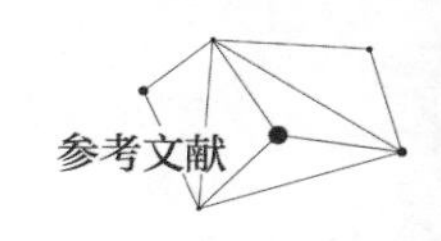

66-70.

[177] 罗恒，冯秦娜，李格格，等．虚拟现实技术应用于基础教育的研究综述（2000—2019年）[J]．电化教育研究，2021，42（5）：77-85.

[178] 王智，周志，张洪德，等．基于移动扫描技术的地铁隧道全息数据采集及应用研究[J]．城市勘测，2019（5）：107-109，115.

[179] 袁珂．全景感知技术在舰船电力线路状态监测中的应用[J]．舰船科学技术，2021，43（10）：76-78.

[180] 李润泽，姜斌，余自权，等．基于数据驱动的无人机集群故障检测与诊断[J]．北京航空航天大学学报，2022，48.

[181] 缪庆兵，孙磊，李昆霖，等．5G网络环境下雾计算框架的数据安全性[J]．重庆邮电大学学报（自然科学版），2022，34（4）：700-704.

[182]《“十四五”全国城市基础设施建设规划》印发实施[J]．工程建设与设计，2022（17）：1.

[183] 丁斌．合肥市城市生命线安全监测预警系统建设工程的做法与思考[J]．安徽化工，2021，47（5）：29-32.

[184] 郑李青．建设管线智能档案平台　助力智慧城市建设[J]．中国档案，2022（9）：66-67.

[185] 青岛市人民政府．数智引领，创新应用　着力推进新型城市基础设施建设[J]．中国建设信息化，2021（21）：22-23.

[186] 胡尚如．基于创新2.0的智慧城市规划思考[J]．城市建筑，2019，16（14）：40-41.

[187] 孙玥，张永刚，钟泽鹏．新型城市基础设施建设标准体系研究初探[J]．智能建筑与智慧城市，2021（10）：6-9.

[188] 王广清，韩金丽，方铁城，等．北京燃气集团工业互联网安全运营平台建设与实践[J]．信息安全研究，2019，5（8）：734-739.

[189] 朱俊丰，邓仕虎，李莉．数字城市地理空间框架建设在城乡规划信息化中的应用研究与实践——以长寿区规划局应用为例[J]．地理信息世界，2013，20（3）：89-92.

[190] 刘奕，张宇栋，张辉，等．面向2035年的灾害事故智慧应急科技发展战略研究[J]．中国工程科学，2021，23（4）：117-125.